额尔齐斯河流域生态保护修复与区域高质量发展战略研究

张惠远　海拉提·阿力地阿尔汗　郝海广　等 编著

中国环境出版集团·北京

图书在版编目（CIP）数据

额尔齐斯河流域生态保护修复与区域高质量发展战略
研究 / 张惠远等编著. -- 北京 ： 中国环境出版集团，
2024.12
　ISBN 978-7-5111-5748-5

　Ⅰ．①额… Ⅱ．①张… Ⅲ．①流域－生态环境保护－
研究－新疆 Ⅳ．①X321.245

中国国家版本馆CIP数据核字（2023）第254559号

审图号：新 S（2024）241 号

策划编辑　王素娟
责任编辑　宾银平
封面设计　岳　帅

出版发行　**中国环境出版集团**
　　　　　（100062　北京市东城区广渠门内大街 16 号）
　　　　　网　　　址：http://www.cesp.com.cn
　　　　　电子邮箱：bjgl@cesp.com.cn
　　　　　联系电话：010-67112765（编辑管理部）
　　　　　　　　　　010-67113412（第二分社）
　　　　　发行热线：010-67125803，010-67113405（传真）
印　　刷　北京鑫益晖印刷有限公司
经　　销　各地新华书店
版　　次　2024 年 12 月第 1 版
印　　次　2024 年 12 月第 1 次印刷
开　　本　787×1092　1/16
印　　张　20
字　　数　500 千字
定　　价　198.00 元

中国环境出版集团郑重承诺：
中国环境出版集团合作的印刷单位、材料单位均具有中国环境标志产品认证。

额尔齐斯河流域生态保护修复与区域高质量发展战略研究

编审委员会

主　任：戴武军（新疆维吾尔自治区生态环境厅党组书记）

副主任：哈尔肯·哈布德克里木（新疆维吾尔自治区生态环境厅党组副书记、厅长）

阿合卓力·艾乃斯（伊犁哈萨克自治州人大常委会副主任）

谢少迪（新疆维吾尔自治区阿勒泰地委书记）

杰恩斯·哈德斯（新疆维吾尔自治区阿勒泰地委副书记、行署专员）

成　员：李新琪（新疆维吾尔自治区生态环境厅党组成员、副厅长、正高级工程师）

潘　峰（新疆维吾尔自治区阿勒泰地区行政公署副专员）

冯东河（新疆维吾尔自治区畜牧兽医局党组成员，新疆维吾尔自治区畜牧科学院党委书记、研究员）

杨　晴（水利部水电水利规划设计总院教授级高级工程师）

刘雪华（清华大学环境学院副研究员）

阿扎提·达列力（新疆维吾尔自治区阿勒泰地区行政公署秘书长）

师庆三（新疆维吾尔自治区乌鲁木齐县县委书记）

李　筠（新疆维吾尔自治区环境保护科学研究院党委书记、正高级工程师）

赵志刚（新疆维吾尔自治区环境保护科学研究院院长、正高级工程师）

邓　葵（新疆维吾尔自治区环境保护工程评估中心副主任、正高级工程师）

尹新鲁（新疆维吾尔自治区阿勒泰地区科学技术局党组书记）

阔谢依·冲阿肯（新疆维吾尔自治区阿勒泰地区科学技术局局长）

张建忠（新疆维吾尔自治区阿勒泰地区生态环境局党组书记）

加林·哈吉肯（新疆维吾尔自治区阿勒泰地区生态环境局局长）

布力布丽·木哈提别克（新疆维吾尔自治区阿勒泰地区财政局局长）

赵群英（新疆维吾尔自治区阿勒泰生态环境监测站站长、正高级工程师）

申建文（新疆额尔齐斯河流域山水林田湖草生态保护修复工程试点项目指挥部办公室负责人）

宋春霞（新疆维吾尔自治区阿勒泰地区科学技术局正科级干部）

祝令波（新疆维吾尔自治区阿勒泰地区财政局副科级干部）

顾问组：张惠远、樊杰、谷树忠、程维明、李开明、杨晴、刘雪华、海拉提·阿力地阿尔汗、郝海广、卢文洲、李莼、赵志刚、邓葵、程艳、申建文、牛忠泽、张哲、刘晓伟、刘永萍、侯钰荣、王显丽、李周园

编写委员会

主　编：张惠远（中国环境科学研究院生态文明研究中心主任、研究员）

海拉提·阿力地阿尔汗（新疆额尔齐斯河流域山水林田湖草生态保护修复工程试
　　　　点项目指挥部科技专家办自治区科技骨干、高级工程师）

郝海广（中国环境科学研究院研究员）

副主编：张　哲（中国环境科学研究院高级工程师）

刘　浩（中国环境科学研究院助理研究员）

程　艳（新疆维吾尔自治区环境保护科学研究院正高级工程师、博士后）

程维明（中国科学院地理科学与资源研究所主任、研究员）

刘晓伟（生态环境部华南环境科学研究所高级工程师）

成　员：樊　杰（中国科学院科技战略咨询研究院副院长、研究员）

谷树忠（国务院发展研究中心资源与环境研究所副所长、研究员）

卢文洲（生态环境部华南环境科学研究所博士、正高级工程师）

牛忠泽（中国科学院新疆生态与地理研究所沙漠工程勘察设计所湿地事业部部长、
　　　　新疆维吾尔自治区林业和草原局自然保护地专家委员会委员、湿地保护专
　　　　家库成员）

孙丽慧（中国环境科学研究院高级工程师）

李诚志（新疆大学副研究员）

刘永萍（新疆林业科学院造林治沙研究所书记、研究员）

侯钰荣（新疆维吾尔自治区畜牧科学院草业研究所研究员）

阿布都马南·阿合买提哈力（共青团新疆维吾尔自治区委员会副书记、中国科
　　　　学院大学博士）

刘宝印（中国科学院科技战略咨询研究院副研究员）

杨　艳（国务院发展研究中心资源与环境研究所副研究员）

范　垚（中国环境科学研究院博士）

冯　骥（中国环境科学研究院助理研究员）

秦　岩（中国环境科学研究院助理研究员）

周婷婷（中国环境科学研究院助理研究员）

李圆圆（中国环境科学研究院助理研究员）

高　健（中国科学院新疆生态与地理研究所沙漠工程勘察设计所湿地事业部副
　　　　部长）

刘丽燕（新疆林业科学院造林治沙研究所副研究员）

王显丽（新疆维吾尔自治区环境保护科学研究院博士、高级工程师）

李周园（北京林业大学草业与草原学院博士后、讲师）

吴天忠（新疆林业科学院造林治沙研究所副研究员）

白泽龙（新疆维吾尔自治区环境保护科学研究院高级工程师）

程　刚（新疆维吾尔自治区环境保护科学研究院博士、高级工程师）

王白雪（中国科学院地理科学与资源研究所博士后、特别研究助理）

艾丽娜·海拉提（中南大学学生）

宋珂钰（中国科学院地理科学与资源研究所博士）

周　泉（生态环境部华南环境科学研究所高级工程师）

荣　楠（生态环境部华南环境科学研究所高级工程师）

努尔沙吾列·哈斯木汉（新疆维吾尔自治区环境保护科学研究院高级工程师）

张永杰（新疆维吾尔自治区林业规划院工程师）

王　悦（新疆维吾尔自治区环境保护科学研究院工程师）

刘小珍（新疆维吾尔自治区阿勒泰地区第二高级中学中教一级教师）

加得拉·阿尔青（新疆维吾尔自治区科技发展战略研究院技术人员）

序

　　生态是一个有机的系统，生态保护修复也应该以系统思维考量、以整体观念推进，以顺应生态环境保护的内在规律。习近平总书记从生态文明建设的整体视野提出"山水林田湖草是生命共同体"，强调"整体保护、系统修复、综合治理，增强生态系统循环能力，维护生态平衡"，为新时代生态保护修复指明了方向，提供了根本遵循。为贯彻落实党中央、国务院关于开展山水林田湖草沙一体化保护和系统治理的部署要求，2016年9月财政部、国土资源部、环境保护部三部委联合印发《关于推进山水林田湖生态保护修复工作的通知》，提出了实施山水林田湖生态保护修复试点工程，以"山水林田湖是生命共同体"重要理念指导实施生态保护修复工程，统筹各要素，充分整合资金、政策，对流域、区域进行整体保护、系统修复、综合治理，改变治山、治水、护田各自为战的工作格局，通过推进重点区域生态修复，全面提升各类自然生态系统稳定和生态服务功能，筑牢生态安全屏障。自"十三五"时期以来，三部委共实施6批52个山水工程项目，各地陆续开展探索实践。2022年年底，中国山水工程成功入选联合国首批十大"世界生态恢复旗舰项目"，为全球生态恢复提供了中国智慧和中国方案。

　　额尔齐斯河发源于我国新疆维吾尔自治区北部的阿尔泰山东段南麓，流经中国、哈萨克斯坦和俄罗斯，最终注入北冰洋，是我国新疆维吾尔自治区的第二大河流，也是我国唯一汇入北冰洋流域的河流。额尔齐斯河流域属于全球生物多样性热点区域和我国生物多样性保护优先区域，是我国重要生态功能区，"一带一路"核心区的重要生态屏障。该流域分布有吉木乃冰川、阿尔泰山森林、额尔齐斯河、乌伦古湖、山地、平原、荒漠、草原等多种生态系统类型，形成丰富、完整且独特的"山水林田湖草沙"生态系统，是探索山水林田湖草沙生命共同体治理模式的天然试验场。2018 年，额尔齐斯河流域被纳入国家"十三五"第三批山水工程试点。

额尔齐斯河流域自然禀赋脆弱，内部风沙地貌极其发育，水资源时空分布极度不均，植被覆盖度低，森林多沿河流分布。20 世纪中叶起，因过度开发及人类活动干扰，该流域生态系统健康和安全受到了巨大挑战。该流域陆续出现了河谷林面积萎缩、林龄老化，河谷牧草退化，高度、盖度、生物量等显著降低，土著鱼类资源严重减少、珍稀鱼类濒临灭绝等问题，生态功能不断弱化。自额尔齐斯河流域被纳入国家山水工程试点后，中国环境科学研究院、中国科学院科技战略咨询研究院、国务院发展研究中心和新疆维吾尔自治区环境保护科学研究院等研究团队开展了一系列研究工作，指导当地政府科学、系统开展保护和修复工作。在取得显著生态环境效益、经济效益和社会效益的同时，创新工作机制，形成了一套山水林田湖草沙修复治理的实践模式，为推动生态保护和修复治理提供了经验借鉴。

在系统提炼研究成果的基础上，编著形成了本著作。本著作以"山水林田湖草是生命共同体"理念为指引，以新疆额尔齐斯河流域山水林田湖草沙生态保护修复工程实施关键环节和关键科学问题为切入点，研究构建流域山水林田湖草沙基础调查评估指标体系和技术方法，摸清了流域山水林田湖草沙各系统、各要素基线状况，进而根据额尔齐斯河流域生态系统结构和功能特征，针对流域生态环境问题，集成生态保护修复技术体系与模式，因地制宜提出山水林田湖草沙生态保护修复方案，并通过研究区域复合生态系统形成机制，构建和优化生态安全格局，评价生态保护修复工程的成效，总结提炼了额尔齐斯河流域生命共同体保护修复模式，提出生态保护修复和资源可持续利用的政策建议，为额尔齐斯河流域生态保护修复工程科学实施并取得预期成效提供了科技支撑。

本著作是山水林田湖草一体化保护和修复的系统性论著，从基础理论、技术支撑和应用实践等方面全面系统地总结了额尔齐斯河流域山水林田湖草沙生态保护修复工程试点。此外，本著作提炼了操作性强、可推广的技术模式，也深入探索了有利于生态系统保护的体制机制，形成了生态保护修复的方法和模式，对其他地区生态系统保护修复和区域高质量发展战略具有重要的借鉴作用，具有较大的科学价值和现实意义。

中国工程院院士 吴丰昌

2024 年 10 月

前　言

党和国家历来高度重视新疆工作，习近平总书记多次指出新疆工作在党和国家工作全局中具有特殊重要的战略地位，他还指出，新疆是我国西北重要安全屏障，战略地位特殊、面临的问题特殊，做好新疆工作意义重大。额尔齐斯河是我国流入北冰洋的唯一国际性河流，额尔齐斯河流域是国际关注的跨境水安全问题焦点区域之一，是关系我国生态大国形象和生态权益的重要区域，是我国西北唯一与俄罗斯接壤的能源大通道，是我国西北边疆重要的战略要冲，也是我国重要的有色金属战略资源储备区，对维系中华民族永续发展具有重要意义。

山水林田湖草沙是不可分割的生态系统。"山水林田湖草是生命共同体"理念是习近平生态文明思想的重要组成部分，为推进美丽中国建设、实现人与自然和谐共生的现代化提供了根本遵循和行动指南。国家设立山水林田湖草沙一体化保护和修复工程（简称山水工程），明确了对山水林田湖草沙一体化保护和系统治理的工作思路。额尔齐斯河流域内涵盖了山水林田湖草沙系统所有的生态要素，是典型的山水工程试点区域，2018 年被纳入第三批国家山水工程试点。实施额尔齐斯河流域山水林田湖草生态保护修复工程，对于维护我国生态大国形象和北冰洋权益、确保丝绸之路经济带核心区生态安全、落实中央治疆方略、建设幸福美丽新边疆、保障西北边疆水塔长久健康和新疆高质量发展、支撑国家重点生态功能区安全和战略资源供给、探索西北干旱地区生命共同体典型模式具有重要意义。

本书对额尔齐斯河流域生态保护修复与区域高质量发展战略实践进行了深入研究和探索。全书共 10 章，第 1 章为额尔齐斯河流域概况，包括自然概况、社会经济概况以及流域主导生态功能定位，由海拉提·阿力地阿尔汗、阿布都马南·阿合买提哈力、郝海广、张哲、刘浩、努尔沙吾列·哈斯木汗、王悦等编写；第 2 章为额尔齐斯河流域生态环境基线调查评估，基于构建的生态环境基线调查指标体系、工作流程和技术方法，开展了 2018—2020 年度额尔齐斯河流域生态环境基线调查，由程艳、海拉提·阿力地阿尔汗、程维明、刘永萍、侯钰荣、李周园、张哲、秦岩、白泽龙、程刚、张永杰等编写；第 3 章为额尔齐斯河流域生态系统特征、胁迫及耦合机理研究，包括生态系统特征、生态系统胁迫分析、生态系统耦合关系特征分析等内容，由刘浩、张惠远、郝海广、孙丽慧、张哲、范垚、秦岩、李圆圆、周婷婷等编写；第 4 章为额尔齐斯河流域生态安全格局，通过构建流域复合生态系统生态安全格局，提出了生态安全格局优化提升对策建议，由孙丽慧、刘浩、周婷婷、郝海广、冯骥等编写；第 5 章为额尔齐斯河流域生态保护修复整体方案，结合生态系统退化特征和生态环境突出问题，从生态系统整体性和区域差异性出发，提出优化要素配置和工程措施，由张惠远、郝海广、李圆圆、张哲、孙丽慧、刘浩等编写；第 6 章为额尔齐斯河流域生态保护修复及其管理技术体系，构建自然生态系统健康稳定和社会经济绿色发展相辅相成的格局，改变以往"各自为政"的生态修复工作格局，形成生态保护修复关键技术整体解决方案，由侯钰荣、刘永萍、李诚志、高健、刘丽燕、郝海广、张哲、刘浩、周婷婷、孙丽慧、李圆圆、吴天忠等编写；第 7 章为额尔齐斯河流域生态保护修复成效评估，从区域整体生态修复成效、县域生态修复成效等方面开展评估，并根据生态保护修复经验提出实施项目后续建议，由张惠远、郝海广、刘浩、孙丽慧、张哲、海拉提·阿力地阿尔汗、刘小珍、刘宝印、程艳、杨艳等编写；第 8 章为建设国家公园的探索，基于流域内创建国家公园的背景与政策支持，提出建设阿尔泰山国家公园、大友谊峰国家公园等建议，由樊杰、牛忠泽、郝海广、刘宝印、阿布都马南·阿合买提哈力、海拉提·阿力地阿尔汗、李周园、艾丽娜·海拉提等编写；第 9 章为水资源开发利用与管理的问题和建议，建议加大水资源统一配置力度、合理安排水资源增量的利用结构、提高水资源利用效率以及系统提升水治理和生态保护修复能力等，由谷树忠、卢文洲、杨艳、郝海广、王显丽、张哲、周泉、荣楠等编写；第 10 章为高水平保护推动高质量发展战略，围绕流域特色，以观光、渔猎文化、乡村民俗方面作为额尔齐斯河流域高质量发展的战略等，由张惠远、张哲、郝海广、海拉提·阿力地阿尔汗、程维明、王白雪、宋珂钰、吴天忠、加得拉·阿尔青等编写。本书由张惠远主持编写，由海拉提·阿力地阿尔汗和郝海广负责统稿。

本书在编写过程中，得到了新疆维吾尔自治区有关领导以及新疆维吾尔自治区生态环境厅，伊犁哈萨克自治州人大，阿勒泰地委、行署，新疆维吾尔自治区环境保护科学研究院、新疆维吾尔自治区畜牧科学院、新疆维吾尔自治区生态环境监测总站等有关部门领导的大力支持，并得到了伊犁哈萨克自治州阿勒泰地区科学技术局"阿勒泰地区山水林田湖草方案效益评估""阿勒泰山水林田湖草生命共同体机制机理与关键修复技术研究""新疆乌伦古湖水污染成因分析与污染防治对策研究"以及"第三次新疆综合科学考察项目"等项目的资助，在此谨致谢忱。

由于作者能力所限，书中疏漏之处在所难免，恳请广大同行专家和读者批评指正。

本书编委会

2024 年 10 月

目　录

第1章

额尔齐斯河流域概况

额尔齐斯河是一条跨界河流，发源于我国境内阿尔泰山南坡，河流全长 4 248 km，全流域面积 164.3 万 km²，多年平均径流量约 950 亿 m³，其中，中国、哈萨克斯坦、俄罗斯三国流域面积分别占 3%、30% 和 67%；地表水径流量分别占 11%、21% 和 68%。本章重点介绍了新疆维吾尔自治区（简称新疆）额尔齐斯河流域自然概况、社会经济概况以及流域主导生态功能定位。

1.1 自然概况

1.1.1 地理位置

额尔齐斯河发源于新疆阿勒泰地区富蕴县阿尔泰山南坡，由两支山间源头喀依尔特河和库依尔齐斯河汇聚为额尔齐斯河，沿阿尔泰山南麓向西北流，从哈巴河县北湾出境流入哈萨克斯坦国的斋桑泊，后经俄罗斯的鄂毕河注入北冰洋，是世界第六大河——鄂毕河的上游部分。

在中国境内，额尔齐斯河全长 633 km，流域面积 4.9 万 km²。流域内汇入额尔齐斯河的主要支流均分布于主河道北侧，形成典型的梳状水系。流域南与昌吉回族自治州奇台县、吉木萨尔县、阜康市、昌吉市相连，西南与塔城地区和布克赛尔蒙古自治县相邻，东北与蒙古国接壤，西与哈萨克斯坦山水相接，北与俄罗斯相望（图 1-1）。

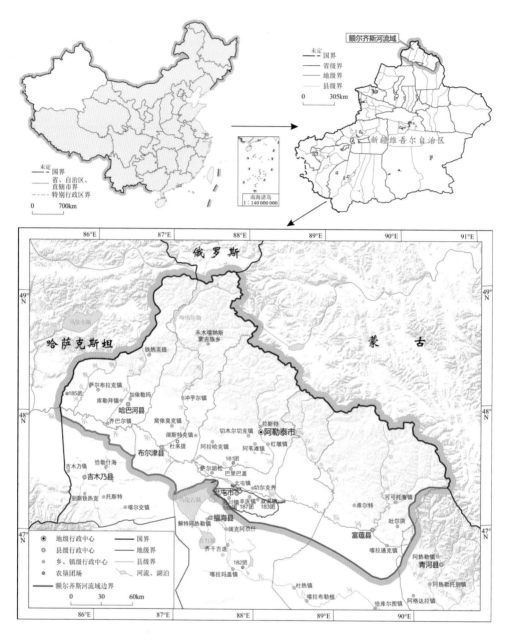

图 1-1 额尔齐斯河流域地理位置

1.1.2 地形地貌

额尔齐斯河流域北部和西北部为阿尔泰山山脉。其山势磅礴，由西北向东南横贯在流域的东北部；地势整体北高南低，西高东低，阶梯状下降；山体西北部高峻宽阔，向东南逐渐降低且狭窄，自西向东，山脊线海拔由 3 000 m 降至 2 000 m。位于山脉西部中俄接壤处的主峰友谊峰海拔 4 374 m，是流域内的最高点，额尔齐斯河在我国的流出地北湾地区是流域内的最低点。流域内东南有北塔山和卡拉麦里山，西部南面有萨吾尔山，南部为浩瀚的准噶尔盆地。以阿勒泰市、北屯市、福海县为一线，流域被大致分为东西两部分。西部地貌为"两山夹一谷"，即北部的阿勒泰山和南部的萨吾尔山夹额尔齐斯河河谷；东部为山地和平原，主要的山地有阿尔泰山山地、北塔山山地和卡拉麦里山地，平原有山前丘陵平原、两河河间平原和乌伦古河以南平原（图 1-2）。

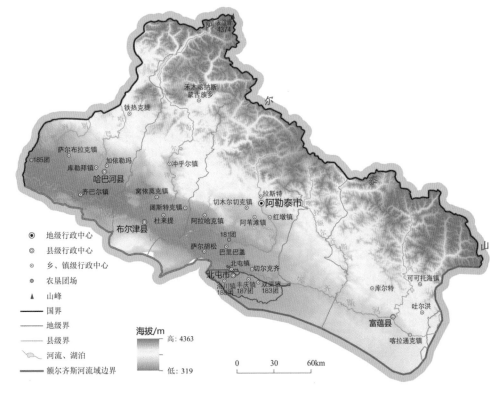

图 1-2　额尔齐斯河流域地形

流域内地质情况复杂，在整个地质历史时期中，经历了多次断裂、隆起、沉浮，出现了多种走向的断裂，形成了一系列的山间盆地和谷地等。盆地如哈巴河上游的铁列克盆地，布尔津河山口以上的冲乎尔盆地以及额尔齐斯河上游的可可托海盆地等；谷地如吐尔洪谷地、青河镇谷地和查干河谷地等；湖盆如喀纳斯湖、乌伦古湖；断块山如萨吾尔山和科克森山等。

流域内阿尔泰山地垂直分带明显，3 500 m 以上为冰川作用高山带，冰川地貌较为典型，是额尔齐斯河和乌伦古河的源头；2 500～3 500 m 为冰缘作用高中山带，主要植被有高山草甸、草原、森林草原等，土壤有高山冰沼土、高山草甸土；2 000～2 500 m 为流水作用的中山带，该地内河流深切，多峡谷深沟，地形起伏较大，阴坡为森林，阳坡为灌丛和草地等，土壤主要有棕钙土、栗钙土；1 500～2 000 m 为干燥剥蚀带，800～1 500 m 为低山丘陵带，此两地带以干旱剥蚀为主，有较多的断陷盆地和覆盖深层的第四纪沉积物，土质颗粒较细，广泛分布有黑钙土、栗钙土及棕钙土等草原及干旱草原类，是春小麦的生产基地；海拔 800 m 以下为山前倾斜平原区，呈干旱半荒漠景观，分布有山地棕钙土等，仅能作为冬季草地，平原区为第四纪沉积地层，厚度较薄，下伏第三纪为不透水泥岩，不良的灌溉易导致土地的盐渍化和沼泽化。

1.1.3 气候特征

受阿尔泰山和萨吾尔山的地形作用，有三股气流进入额尔齐斯河流域：第一股从西部沿河谷进入，第二股从塔城地区经和布克赛尔进入，第三股沿阿尔泰山北部从蒙古南下，翻过东部山谷影响本区。在这三股气流的影响下，区域气候差异明显。阿尔泰山区冬季寒冷积雪厚，年平均气温-3.6～1.8℃。该山区除富蕴县因海拔偏低气温稍高外，其他各地年平均气温均在 0℃以下。年平均风速在全区最小，年蒸发量不大。日照比较丰富，但热量资源在新疆最少。具有山区特点，山前平原丘陵区，额尔齐斯河和乌伦古河两河河间平原区和乌伦古河以南平原沙漠区，年平均气温相差不大。气温由北向南逐渐增高，年降水量由西向东减少，由南向北增加，蒸发则和降水的趋势相反。山前平原丘陵区冬季寒冷且冬长夏短。两河河间平原区冬冷夏凉，气候干燥，具有明显的荒漠气候特征。

额尔齐斯河流域地处欧亚大陆腹地，远离海洋，属于温带大陆性气候的寒冷区，纬度高，气温低，春秋相连，无明显夏季，冬季寒冷而漫长。1 月平均温度-24～-16℃，可可托海极端最低气温曾达到-51.5℃。夏季较凉爽，7 月平均气温 18～24℃。平原区年平均气温 4℃，极端最高气温及最低气温分别为 40℃和-40.8℃。无霜期一般为 128～160 天。

流域位于北半球中纬度，盛行西风环流地区。由大西洋来的气流，容易通过额尔齐斯河河谷地进入本地，并受山地抬升，在山区形成丰富的降水。降水量的地区分布特点是：

（1）山区降水多，多年平均年降水量达 478 mm，高山带可达 600～1 000 mm。海拔 2 000 m 的森塔斯站，实测最大年降水量 705 mm。平原区降水少，多年平均年降水量 142 mm。降水量明显随海拔升高而增加，随海拔的递增率在 30 mm/100 m 左右。

（2）西部降水多，东部降水少。西部的群库勒水文站海拔 640 m，多年平均年降水量 262.9 mm；东部的青河气象站海拔 1 218 m，而多年平均年降水量只有 173 mm，相差近 100 mm，准噶尔盆地边缘的二台水文站，1982 年降水量仅有 35.1 mm。

额尔齐斯河流域属于干旱、半干旱地区，蒸发量相对较大，由山区到平原，随着海拔的增加而降低，山区为 900 mm，平原为 1 000～1 400 mm。实测代表站中，水面蒸发量最大的黑山头站多年平均年蒸发量为 1 442.0 mm，最小的青河气象站多年平均年蒸发量为 911.6 mm。

1.1.4　水文水系

1.1.4.1　水系特征

额尔齐斯河共有支流 70 余条，多年平均径流量 119 亿 m^3，占阿勒泰地区总径流量的 87.4%。额尔齐斯河主要支流有克兰河、布尔津河、哈巴河、喀拉额尔齐斯河、库伊尔特斯河、卡依尔特斯河等，其中布尔津河多年平均径流量最大，为 43.23 亿 m^3，其次是哈巴河（21.68 亿 m^3）、喀拉额尔齐斯河（19.66 亿 m^3）、卡依尔特斯河（7.82 亿 m^3）、库伊尔特斯河（7.2 亿 m^3）、克兰河（6.15 亿 m^3）。此外还有 20 多条季节性河流，其中别列则克河多年平均径流量为 10.46 亿 m^3（表 1-1）。额尔齐斯河流域水系空间分布如图 1-3 所示。主要支流的特征为：

（1）克兰河。发源于阿勒泰市东北部的乌尔莫盖提达坂，大、小克兰河在洛海图汇合后称克兰河，为阿勒泰市主要供水水源。河流出山口后，经红墩镇克孜尔加的大拐湾，折向西流，在克兰奎汉处汇入额尔齐斯。克兰河全长 208.4 km，是额尔齐斯河一条主要支流，流域面积 6 000 km^2，多年平均径流量 6.15 亿 m^3，多年平均流量 19.5 m^3/s，年际变化系数 0.303。

（2）布尔津河。发源于阿尔泰山南麓的友谊峰，是额尔齐斯河干流最大的一条支流，流域地势为北高南低，流域水系呈羽状分布，上游喀纳斯河与禾木河汇合后为布尔津河，向南流至中游山区由苏木达依列克河汇入。其后，又有众多小河汇入，流出山地，进入平原，于布尔津县城西汇入额尔齐斯河干流。布尔津河河长 148.9 km，多年平均径流量为 43.23 亿 m^3，流域面积为 10 930 km^2。

表 1-1　额尔齐斯河主要支流河道特征

支流名称	位于干流的位置	集水面积/km^2	河长/km	天然落差/m	比降/‰	河口多年平均流量/（m^3/s）	河口多年平均径流量/亿 m^3
库依尔特斯河	右	1 965	68	1 210	16.13	22.53	7.2
卡依尔特斯河	右	2 940	100	930	8.75	24.52	7.82
喀拉额尔齐斯河	右	7 825	165	2 058	10.27	56.65	19.66
克兰河	右	2 663	208.4	2 240	10.42	19.5	6.15
布尔津河	右	8 422	148.9	514	3.45	139	43.23
哈巴河	右	6 111	165	500	4.51	68.4	21.68
别列则克河	右	927	130	530	4.91	6.09	10.46

图 1-3　额尔齐斯河流域河流水系

（3）哈巴河、别列则克河、阿拉克别克河。均发源于阿尔泰山南麓，河流水量主要靠山区季节性积雪融化、降水和地下水补给，自北向南汇入额尔齐斯河干流。其中，哈巴河是哈巴河县主要灌溉水源，由白哈巴河、黑哈巴河汇合而成，纵贯县境南北，主河道长 165 km，集水面积 6 111 km²，多年平均径流量 21.68 亿 m³；别列则克河地处哈巴河县西北部，流入县西部境内，主河道长 130 km，集水面积（跃进渠龙口以上）927 km²，多年平均径流量为 10.46 亿 m³；阿拉克别克河地处哈巴河县最西部，是流经中哈边界的界河，向南汇入额尔齐斯河，共用段长 73 km，集水面积 180 km²，该河流量小，推算年均径流量为 0.865 亿 m³。

（4）喀纳斯河。发源于阿尔泰山南麓的友谊峰下的喀纳斯冰川，全长约 125 km，平均宽度 50 m，最宽处可达 100 m，从东北向西南流经喀纳斯全区，另外区内还发育有水资源丰富的禾木河，与喀纳斯河交汇形成布尔津河，最终汇入额尔齐斯河干流。

（5）喀拉额尔齐斯河、库依尔特斯河、卡依尔特斯河。均发源于阿尔泰山南麓，地处富蕴县西北及北部地区，河流水量主要靠山区季节性积雪融化、降水和地下水补给，自北向南汇入形成额尔齐斯河水系，水域由东向西逐渐宽广，集水面积 12 730 km²。上述河流在县境内长度分别为 165 km、68 km、100 km；多年平均流量分别为 56.65 m³/s、

$22.53 \text{ m}^3/\text{s}$、$24.52 \text{ m}^3/\text{s}$。

（6）喀纳斯湖。位于喀纳斯自然保护区西南部，为古冰川强烈刨蚀，阻塞山谷积水形成。湖面积 45.73 km^2，湖长 24 km，平均宽度 1.9 km，平均水深 90 m，是中国内陆最深的湖泊。湖蓄水量 40 亿 m^3，湖南端出水口流量约 $50 \text{ m}^3/\text{s}$，湖面 12 月冻结，翌年 5 月解冻。

额尔齐斯河属于以季节性融雪补给为主的河流，径流年内变化的显著特点为前汛期 5—6 月约有 85% 的水量由融雪补给，后汛期 7—8 月约有 50% 的水量由雨水补给，汛期水量占全年水量的 72%～83%（高生旺等，2020）。峰量大小和历时长短，与冬春季节的积雪厚度、温度变化状况、持续高温时间以及降水量等因素有直接的关系。降雨径流大多发生在夏季，由于两河（额尔齐斯河和乌伦古河）流域内沉积层浅薄，自然调节较差，因此，枯水期基本上以裂隙水形式补给河流。由于年内分配不均匀，洪枯悬殊，特别是前汛期来水量较大，所以秋水较缺，往往造成作物后期受旱，年径流量利用率很低。

1.1.4.2　环境水文特征

流域内河水矿化度、总硬度较小，但沿流程有明显的增加趋势。各源流区由于森林、植被覆盖良好，降水量充沛，气候湿润，水体中各种离子含量很小。但随着流程的增加，气候逐渐干旱，流域的地貌景观具有明显的变化。平原地带降雨量少、植被覆盖较差，因而，河流自上而下，水体中矿化度、总硬度、Cl^-、SO_4^{2-} 等水质指标，随着流程的增加而逐渐增加。河流天然水化学组分在年内随着流量的季节性变化而变化，汛期河流水量大，径流以融雪水、雨水补给为主，水体中各种离子含量都较低，矿化度较小。而在枯水期径流以地下水补给为主，河流水量小，河水矿化度相应增加。河水总硬度为 2°～7°，属弱软水型，pH 一般为 7 左右，略偏碱性。

1.1.5　植被类型

由于额尔齐斯河流域辽阔，自然条件复杂，植被类型具有多样性。这些植被类型的形成与当地的水分、土壤、热量、海拔、地形、水文等因素分不开，同时因受到人类活动的影响而经常发生变化（秦春艳，2006）。

额尔齐斯河流域植被垂直带自下而上为：荒漠半荒漠草原、低山草原、森林草原、亚高山草原、高山荒漠。垂直分带的控制因素主要为水分与热量的综合作用。3 500 m 以上植被为苔藓类和蓟类垫状植物；2 600～3 500 m 为高山-亚高山草甸草原；1 300～2 600 m 为森林草原带；800～1 300 m 是灌木草原；植被分布下限由西向东升高，如森林下限为 1 200～1 900 m，灌木草原下限为 500～1 500 m，荒漠上限则为 500～1 100 m。

额尔齐斯河流域的植被常以乔木、灌木和草本混生为主，其中，次生林林地面积为28.24 万亩[①]，各类杨树为优势树种，占总面积的 47%。林内草本植被种类较多，是天然的割储草场和冬牧场。另外，在克兰河、哈巴河等河流和额尔齐斯河的汇合处，有大面积的芦苇群落和香蒲群落，在河湾和沿河积水湖泊内生长的水生植物有柳叶杉、水葱、牛毛毡等，还有品种较多的药用植物如旋覆花、酸模、麻黄、香附子、石竹、车前草、大芸等（图 1-4）。

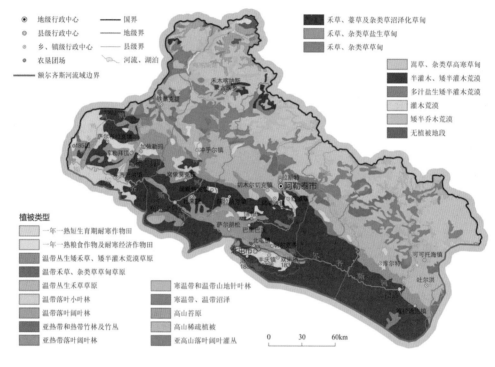

图 1-4 额尔齐斯河流域植被类型

1.1.6 土壤特征

额尔齐斯河流域自然土壤主要类型有草甸土、暗草甸土、林冠草甸土、灌溉耕种草甸土、淡棕钙土、草甸棕钙土、草甸沼泽土、淤泥沼泽土、半固定风沙土等（张和钰等，2016）。

流域内土壤肥力较高，有机质较多，但土层普遍较薄，上表层偏碱性，pH 为 8.2～8.5，下部接近中性，pH 为 7.4～7.5。河谷林地中开荒后易出现盐渍化、沼泽化现象，这是由于在该区普遍存在着第四纪地层，距离地表浅，第三纪地层中泥岩不渗水易于抬高地下水位，同时富含可溶性盐类。在强烈蒸发的情况下，盐类便在表层积聚析出，盐渍化便可发生，地下水位迅速提高至地表部位甚至淹没地表，则发生沼泽化（图 1-5）。

---

① 1 亩≈0.066 7 hm²。

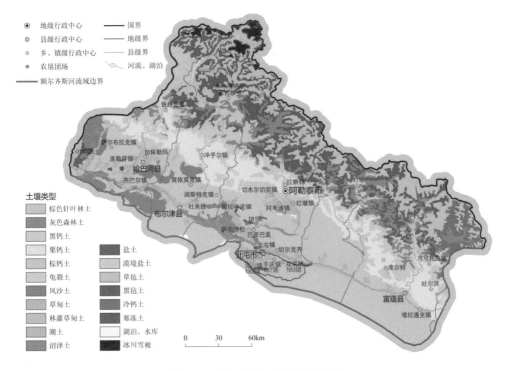

图 1-5　额尔齐斯河流域土壤类型

1.1.7　自然资源

1.1.7.1　土地资源与环境

额尔齐斯河流域现状土地利用形式以草地、未利用地（戈壁、沙地）为主，其次为耕地、林地、水域和建设用地。戈壁、沙地主要分布在南部古尔班通古特沙漠地区，林地分布在阿尔泰山、萨乌尔山区，草地主要分布在山前丘陵和河谷地区。额尔齐斯河流域土地利用情况如图 1-6 所示。

据统计，流域主要的土地利用类型为草地，面积为 2.71 万 km²，其次为未利用地，面积为 1.14 万 km²，耕地面积为 2 142.81 km²，林地面积为 7 495.61 km²，水域面积为 721.35 km²，建设用地面积为 108.62 km²。

1.1.7.2　草地资源与环境

额尔齐斯河流域草原辽阔，草质优良，是新疆重要的畜牧业基地，草原面积为 4 059.39 万亩，广泛分布于阿尔泰山南坡至准噶尔盆地北缘。目前，流域所在的阿勒泰地区累计饲草料种植面积已达 53.64 万亩、打草场 102.42 万亩。

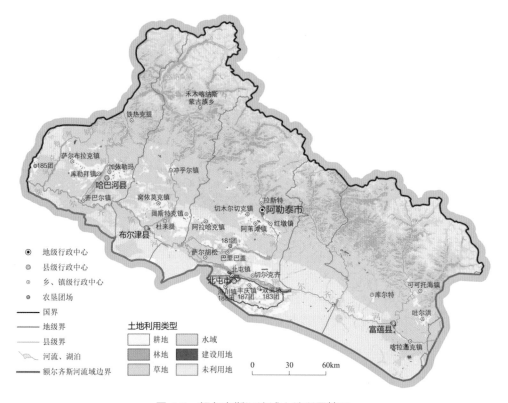

图 1-6　额尔齐斯河流域土地利用情况

1.1.7.3　森林资源与环境

额尔齐斯河流域内的阿勒泰林区是新疆第二大天然林区，现有森林面积 2 595 万亩，其中山区森林面积 980 万亩、河谷次生林面积 230 万亩、平原人工林面积 55 万亩、荒漠灌木林 1 330 万亩。木材总蓄积量达 16 696 万 m³，是地区重要的生态屏障，也是当地农牧民赖以生存的绿色生命线。

这片天然林也是我国杨柳科植物重要的种质资源库，杨柳科树种分布多且集中，是银白杨（*Populus alba*）、银灰杨（*Populus canescens*）、欧洲黑杨（*Populus nigra*）、苦杨（*Populus laurifolia*）、额河杂交杨（*Populus×jrtyschensis*）和白柳（*Salix alba*）等杨柳科植物在我国唯一的天然分布区（宋经纬等，2022）。

珍稀濒危树木有西伯利亚冷杉、西伯利亚云杉、西伯利亚落叶松、胡杨、灰杨、盐桦、梭梭、白梭梭、岩高兰等；地区特有林木包括盐桦、小叶桦、额河杂交杨、柔毛杨、土伦柳、苦杨、欧洲山杨、西伯利亚冷杉、西伯利亚云杉、西伯利亚落叶松、黑果越橘、药绿柴等。

另外，在阿勒泰地区的林海与荒漠中，还栖息着 400 多种野生动物，其中包括普氏野马、蒙古野驴、河狸、雪豹等 19 种国家一级保护动物。

1.1.7.4 水资源及环境

额尔齐斯河流域水资源总量丰富,是新疆境内仅次于伊犁地区的富水区之一,多年平均地表水资源量为 111.04 亿 m³。其中流出国外水量为 89.75 亿 m³,占 80.8%,国内使用量只占 19.2%,开发利用程度低。额尔齐斯河地下水天然补给量少,大部分是转化补给,地下水资源量占水资源总量的 1.9%,地下水资源量较少,分布在整个额尔齐斯河河谷平原区,从已开采情况来看,含水层较薄,不利于大量开采。平原浅层地下水补给量中额尔齐斯河流域占到 88%,地下水开发比例很小,极具潜力。水资源分布为西多东少、北多南少、山区多平原少;地表水年内分布主要集中于 5—7 月,占全年总量的 61%~72%,其中 6 月就占 29%~34%。

流域水域特别适应冷水性鱼类生长,共有鱼类 35(亚)种,隶属 31 属 12 科 6 目。濒危类有西伯利亚鲟、小体鲟、北极茴鱼、长颌白鲑、高体雅罗、阿尔泰杜父鱼;特有鱼类有小体鲟、西伯利亚鲟、哲罗鲑、细鳞鲑、长颌白鲑、北极茴鱼、白斑狗鱼、鲤、黑鲫(金鱼)、银鲫、贝加尔雅罗鱼、高体雅罗、阿尔泰鲹、湖拟鲤(小红眼)、丁鱥、东方欧鳊、北方条鳅、西伯利亚花鳅、江鳕、粘鲈、阿尔泰杜父鱼。其中,西伯利亚鲟、哲罗鲑、细鳞鲑、北极茴鱼、江鳕、长颌白鲑等特种冷水鱼类均系我国珍稀特有物种,也是我国淡水鱼类系统中唯一来源于欧洲水系的鱼类种质资源。额尔齐斯河及其支流是重要的特有珍稀冷水鱼类洄游通道和繁殖地,是维持生态廊道连续性和物种多样性的重要区域,这些物种都是世界珍稀动物资源,更是我国珍贵的自然资源,在我国鱼类保护中具有重要地位(王希群等,2016)。

1.1.7.5 矿产资源

额尔齐斯河流域位于哈萨克斯坦—中国—蒙古国世界级铁、有色金属成矿带中段。流域内以额尔齐斯河构造挤压带为界,北有阿尔泰成矿区,南有准噶尔成矿区,成矿地质条件优越,矿产资源丰富,矿种齐全,配套性好,是新疆重要的有色金属、黑色金属、稀有金属、贵金属和特种非金属产地。

目前,已探明了大量国家急缺或重要的矿产,全区已发现矿产四大类 94 种,占全国拥有矿种数的 54.97%,占新疆拥有矿种数的 68.12%。全地区以大、中矿床居多,评价矿床 227 处,其中大型矿床 114 个,已探明储量的 41 种矿产品潜在价值 2 000 亿元,开发前景广阔。

1.1.7.6 旅游资源

额尔齐斯河流域所在的阿勒泰地区素有"金山银水"之称,具有发展旅游业的独特优势,阿尔泰山横亘其北,准噶尔盆地平卧其南,额尔齐斯河、乌伦古河并流其中,由北向南分布着高山冰川、森林草原、河流湖泊、温泉湿地、大漠戈壁和岩画鹿石、古墓石人等旅游资源。阿勒泰地区旅游资源按区位可以划分为北部阿尔泰山山地景观旅游资源区、中部阿尔泰山山前丘陵河谷旅游资源区及东南部准噶尔盆地荒漠景观旅游资源区三大区域。有人间净土之称的喀纳斯国家 5A 级风景区、地质奇观之称的可可托海 5A 级风景区享誉国内外，它们具备申报世界地质公园和世界自然文化双遗产地的资源潜力。全区现拥有国家 A 级旅游景区 31 个。阿勒泰地区拥有不可移动文物 600 余处，其中，国家级 2 处、自治区级 15 处。阿勒泰地区有"人类滑雪最早起源地"之称，冰雪资源得天独厚，是新疆唯一产生过国家滑冰滑雪冠军的地区。阿尔泰山区年积雪时间 200 天左右，积雪平均厚度 1 m 以上，风力较小，雪量大、雪质优，是中国发展冰雪旅游条件较好的地区之一，具有建设全国冰雪运动基地的条件，已建的各类滑雪场成为人们向往的冬季旅游目的地。

1.1.8 主要生态保护对象

流域内主要生态保护对象包括自然保护区、风景名胜区、森林公园、地质公园、水源地保护区等合计 27 处。保护对象名称、面积等信息详见表 1-2。

表 1-2 额尔齐斯河流域主要生态保护情况

序号	名称	面积/km²	主要保护对象	行政区域	级别
1	哈纳斯自然保护区	2 202	森林生态系统及自然景观	布尔津县、哈巴河县	国家级自然保护区、森林公园、地质公园、湿地公园
2	白哈巴国家森林公园	483.76	森林生态系统及自然景观	哈巴河县	
3	贾登峪国家森林公园	389.85	森林生态系统及自然景观	布尔津县	
4	新疆阿尔泰山温泉国家森林公园	887.93	森林生态系统及自然景观	福海县、富蕴县	
5	布尔津喀纳斯湖国家地质公园	10 030	冰川遗迹、流水地貌	布尔津县	
6	可可托海国家地质公园	619	矿产资源及自然景观	富蕴县	
7	额尔齐斯河科克苏湿地自然保护区	990.4	湿地及动植物资源	哈巴河县	自治区级自然保护区、风景名胜区、森林公园
8	金塔斯山地草原自然保护区	567	真草原及草原动物	福海县	
9	阿勒泰科克苏湿地自然保护区	306.7	湿地及动植物资源	阿勒泰市	
10	阿尔泰山两河源头自然保护区	11 300	森林和湿地生态系统	青河县、富蕴县、福海县	
11	喀纳斯风景名胜区	10 030	森林、湿地及动植物资源	布尔津县	
12	神钟山森林公园	680.7	森林、湿地及动植物资源	富蕴县	
13	额尔齐斯河北屯森林公园	98	森林生态系统及自然景观	北屯市	
14	小东沟森林公园	14.95	森林生态系统及自然景观	阿勒泰市	
15	布尔津森林公园	88.85	森林、湿地及动植物资源	布尔津县	
16	福海森林公园	28.82	森林生态系统及自然景观	福海县	

序号	名称	面积/km²	主要保护对象	行政区域	级别
17	阿勒泰市克兰河水源地	0.10	地表水（一级）	阿勒泰市	
18	布尔津县备用水源地	18.70	地表水（二级）	布尔津县	
19	布尔津县备用水源地	5.24	地表水（一级）	布尔津县	
20	布尔津县城镇饮用水水源地	80.75	地表水（二级）	布尔津县	
21	布尔津县城镇饮用水水源地	13.31	地表水（一级）	布尔津县	
22	富蕴县库额尔齐斯镇（县城）水源地	1.35	地表水（一级）	富蕴县	水源地保护区
23	富蕴县可可托海镇水源地	1.46	地表水（一级）	富蕴县	
24	福海县团结水库饮用水水源地	1.64	地表水（一级）	福海县	
25	福海县团结水库饮用水水源地	1.97	地表水（二级）	福海县	
26	哈巴河县山口水库地表水水源地	5.32	地表水（二级）	哈巴河县	
27	哈巴河县山口水库地表水水源地	1.18	地表水（一级）	哈巴河县	

1.2　社会经济概况

1.2.1　行政区划

额尔齐斯河及其支流是阿勒泰地区农牧业生产、灌溉、渔业、工业生产用水和沿河居民的生活用水水源，流域以农牧业为主，是新疆的重要生态屏障和社会经济发展的支撑之一。流域涉及新疆阿勒泰地区阿勒泰市、富蕴县、福海县、布尔津县和哈巴河县 1 市 4 县（含乡、镇、场）、新疆生产建设兵团第十师师部及所辖 8 个团场。

1.2.2　人口数量与民族组成

2021 年，额尔齐斯河流域人口 67 万人，其中城镇人口 35.3 万人，城镇化率为 53%，少数民族人口 31.36 万人，占总人口的 46.8%，汉族约占总人口的 53.2%。额尔齐斯河流域是多民族聚居区，现有 36 个民族，其中哈萨克族、汉族、回族、蒙古族、维吾尔族、锡伯族、柯尔克孜族、乌孜别克族、满族、俄罗斯族、塔塔尔族、达斡尔族、塔吉克族 13 个民族在此地居住历史悠久。哈萨克族是额尔齐斯河流域人口最多的少数民族。

1.2.3　社会经济现状

2022 年额尔齐斯河流域社会经济现状如下：

（1）该地区生产总值为 399.71 亿元，比 2021 年增长 1.3%。其中：第一产业增加值 61.45 亿元，比 2021 年增长 3.9%；第二产业增加值 153.40 亿元，比 2021 年下降 0.9%；第三产业增加值 184.86 亿元，比 2021 年增长 2.0%。第一产业、第二产业、第三产业增加值占地区生产总值的比重分别为 15.4%、38.4%和 46.2%，第一产业占比提高 0.2 个百分点，第二产业占比提高 1.8 个百分点，第三产业占比下降 2.0 个百分点。人均地区生产总值达到 59 739 元，按可比价计算比 2021 年增长 1.4%。

（2）流域农林牧渔业完成总产值 138.33 亿元，比 2021 年增长 4.8%。其中：农业产值 65.76 亿元，比 2021 年增长 32.4%；林业产值 2.25 亿元，比 2021 年下降 32.1%；牧业产值 59.20 亿元，比 2021 年下降 14.7%；渔业产值 2.72 亿元，比 2021 年增长 24.9%；农林牧渔服务业产值 8.40 亿元，比 2021 年增长 12.8%。年末牛出栏 20.30 万头，羊出栏 130.07 万只，猪出栏 1.72 万头，活家禽出栏 48.47 万只。年末牛存栏 88.99 万头，羊存栏 198.47 万只，猪存栏 1.53 万头，活家禽存栏 34.68 万只。牛肉产量 5.65 万 t，羊肉产量 2.69 万 t，猪肉产量 0.18 万 t，禽蛋产量 0.45 万 t，生牛奶产量 23.37 万 t。完成人工造林面积 1.95 万亩，封沙育林面积 0.3 万亩，退化林修复 0.55 万亩，低质低效林改造 1.15 万亩。水产品产量 9 437.5 t，其中养殖产量 6 787.5 t，捕捞产量 2 650 t。

（3）规模以上工业企业（下同）工业增加值比 2021 年下降 8.2%。从三大门类情况来看：采矿业累计增加值比 2021 年下降 9.0%；制造业累计增加值比 2021 年下降 6.9%；电力、热力、燃气及水生产和供应业累计增加值比 2021 年增长 1.2%。从重点支柱行业情况来看，黑色金属矿采选业增加值同比下降 14.1%，有色金属矿采选业增加值同比下降 1.7%，电力、热力生产和供应业增加值同比增长 1.3%，石油、天然气开采业增加值同比下降 49.8%。累计产品销售率为 94.9%，轻工业产品销售率为 99.1%，重工业产品销售率为 94.7%。主要工业产品产量：铁精矿累计生产 474.26 万 t，铅产量累计 3 674.4 t，商品混凝土累计生产 82.97 万 m³，锌产量累计 2.67 万 t，铜产量累计 6.23 万 t，黄金累计生产 801.40 kg，硫酸累计生产 15.87 万 t，水泥累计生产 145.28 万 t，液化天然气累计生产 4.18 万 t。2022 年全年发电量 68.03 亿 kW·h，其中水力发电累计 27.93 亿 kW·h，风力发电 37.92 亿 kW·h，太阳能发电 1.86 亿 kW·h，火力发电 0.32 亿 kW·h。全年实现利润总额 41.71 亿元，比上年增加 17.27 亿元；实现利税总额 55.61 亿元，比上年增加 22.97 亿元。建筑企业完成施工产值 54.74 亿元，房屋建筑施工面积 200.03 万 m²，竣工产值 20.39 亿元，房屋竣工面积 30.28 万 m²。

（4）批发和零售业增加值 14.52 亿元，交通运输、仓储和邮政业增加值 10.51 亿元，住宿和餐饮业增加值 3.49 亿元，金融业增加值 22.40 亿元，其他服务业增加值 120.67 亿元。规模以上服务业企业实现营业收入 21.43 亿元，利润总额为 −0.6 亿元。地方固定资产投资比 2021 年增长 14.9%。从三次产业来看，第一产业投资比 2021 年增长 44.1%，第二产业投资比 2021 年增长 96.5%，第三产业投资比 2021 年下降 0.6%。全年实现社会消费品零售总额 70.74 亿元，比 2021 年下降 7.2%。从城乡市场来看：城镇实现消费品零售额 63.45 亿元，比 2021 年下降 3.4%；农村实现消费品零售额 7.29 亿元，比 2021 年下降

31.0%。从行业销售来看：批发业实现零售额 8.70 亿元，比 2021 年增长 1.4%；零售业实现零售额 50.85 亿元，比 2021 年下降 6.7%；住宿业实现零售额 2.70 亿元，比 2021 年下降 15.8%；餐饮业实现零售额 8.48 亿元，比 2021 年下降 14.5%。完成外贸进出口总额 106 094 万美元，比 2021 年增长 55.2%。其中进口总额 18 004 万美元，比 2021 年增长 1.8 倍；出口总额 88 090 万美元，比 2021 年增长 41.6%。落实区外招商引资项目 113 个，到位疆外资金 151.91 亿元，比 2021 年增长 30.0%。其中新建项目 78 个，到位资金 66.66 亿元；续建项目 35 个，到位资金 85.25 亿元。

目前，额尔齐斯河流域社会经济发展方式已由粗放、水平偏低的资源消耗型发展方式转变为以节约能源和保护环境为主的集约型发展方式，但经济发展和环境污染的矛盾依然尖锐，导致流域生态维持的压力巨大。2000 年以来，该流域第一产业的比例显著下降，第二产业有所增加，表明流域社会经济结构自 2000 年以来得到较大的优化，截至 2022 年，流域以第二产业和第三产业为主，比重为 84.6%，流域第三产业的比重为 46.2%，与我国平均水平（49%）差距在缩小。工农业相较于第三产业而言，其单位产值的水污染排放污染负荷量要高出许多。特别是位于流域中上游的福海县和富蕴县，资源开发型经济突出，支柱产业尚未形成。富蕴县虽然工业较发达，但以黑色金属冶炼及压延加工业、黑色金属矿采矿业为主，二者产值占工业总产值的 94.27%，有色金属矿采矿业占 3.75%，深加工工业很少，且矿产资源开发过程中保护和补偿不到位。初级和粗放的工矿业对额尔齐斯河流域生态环境产生了较大威胁。

1.2.4　民俗文化

（1）达斯坦

达斯坦是哈萨克族民族文化的主要载体，是一种历史悠久的民间说唱艺术，对新疆来说，达斯坦主要流传于哈萨克族聚居的阿勒泰地区，其中主要流传在福海县广大牧业地区，1992 年，福海县文学集成办编著出版了《新疆民间文学集·成长诗、叙事诗卷·福海分卷》，一套 4 册，共 34 万字。

（2）刺绣

哈萨克族刺绣的种类很多，且根据刺绣的渊源、内涵、形状和物质基础，每种刺绣都有自己的称谓。其种类多达一两百种，图案有盘羊角图案、公羊角图案、双犄角图案、独角图案、单犄角图案、肩形图案、三角图案、驼羔眼图案、驼颈图案等。

（3）毡房

毡房，在哈萨克语中称"宇"，它不仅携带方便，而且坚固耐用，住居舒适，并具有防寒、防雨、防震的特点。房内空气流通，光线充足，为哈萨克族牧民所喜爱，由于是用白色毡子做成，毡房里又布置讲究，人们称为"白色的宫殿"。

（4）民族医药文化

哈萨克族医药是中华传统医学宝库的重要组成部分，也是哈萨克族悠久历史和灿烂文化的重要组成部分。新疆贯彻落实国家中西医并重的方针，大力发展哈萨克族医药，努力把哈萨克族医药发展成为惠民的医药产业。著名的哈萨克族医学家乌太波依达克·特烈吾哈布勒（1388 年—？）全面总结了哈萨克族传统医学的成就，并撰写了伟大的医学巨著《奇帕格尔巴彦》（今译名《哈萨克医药志》），该书详尽阐述了哈萨克族医学的理论观点、生理病理、诊疗技术等各方面内容，建立了哈萨克族医学的框架，并以其独特的理论体系、诊断方法以及治疗手段指导临床理论与实践，促进了哈萨克族传统医药学的发展。《奇帕格尔巴彦》阐述了以阿勒特吐格尔学说（六元学说）为核心的哈萨克族医药理论，并记载了 1 106 种药物的属性功能及 4 577 张处方（木合亚提·加尔木哈买提等，2012）。

1.3 流域主导生态功能定位

1.3.1 额尔齐斯河流域在主体功能区规划中的定位

根据《全国主体功能区规划》，额尔齐斯河流域位于阿尔泰山地森林草原生态功能区，属于水源涵养型生态功能区。该区域应推进天然林草保护、退耕还林和围栏封育，治理水土流失，维护或重建湿地、森林、草原等生态系统。严格保护具有水源涵养功能的自然植被，禁止过度放牧、无序采矿、毁林开荒、开垦草原等行为。加强河源头及上游地区的小流域治理和植树造林，减少面源污染。拓宽农民增收渠道，解决农民长远生计，巩固退耕还林、退牧还草成果。

根据《新疆维吾尔自治区主体功能区规划》（2012 年版），新疆国土空间划分为重点开发区域、限制开发区域和禁止开发区域。

额尔齐斯河流域在新疆主体功能区中的定位为限制开发区域和禁止开发区域。

1.3.1.1 限制开发区域（重点生态功能区）

新疆重点生态功能区是指关系到国家及新疆的生态安全，生态环境脆弱、经济和人口聚集水平较低，目前生态系统有所退化，需要在国土空间开发中限制进行大规模高强度工业化、城镇化开发，以保持并提高生态产品供给能力的区域。主要是天然林保护地区、退耕还林生态林地区、重要的生物多样性保护地区、重要水源地、自然灾害频发地、山地及森林、草原及沙漠地区。

额尔齐斯河流域属于新疆重点生态功能区——阿尔泰山地森林草原生态功能区。其生态功能为水源涵养；主要目标为有效控制水土流失和荒漠化面积，恢复和稳定草原面积，增加林地面积，提高森林覆盖率；野生动植物种群得到恢复和增加；水质保持在Ⅰ类，空气质量保持在一级；主要发展方向为推进天然林保护和围栏封育，以草定畜，严格控制载畜量，治理土壤侵蚀，维护与重建湿地、森林、草原等生态系统，严格保护具有水源涵养功能的植被，限制或禁止过度放牧、无序采矿、毁林开荒、开垦草地、侵占湿地等行为。在冰川区禁止进行一切开发建设活动；在永久积雪区，除国家和新疆规划的交通运输、电力输送等重要基础设施外，禁止进行任何其他开发建设活动。

1.3.1.2　禁止开发区域

新疆禁止开发区域即禁止进行工业化、城镇化开发的重点生态功能区。其功能定位是：新疆保护自然文化资源的重要区域，珍稀动植物基因资源的保护地。

新疆禁止开发区域主要包括自然保护区、风景名胜区、森林公园、地质公园等，新设立的省级以上自然保护区、风景名胜区、地质公园、重要湿地、湿地公园、水产种质资源保护区等，将自动进入新疆禁止开发区域名录。禁止开发区域要依据法律法规规定和相关规划实施强制性保护，严格控制人为因素对自然生态和文化自然遗产原真性、完整性的干扰，严禁不符合主体功能定位的各类开发活动，引导人口逐步有序转移，实现污染物"零排放"，提高环境质量。

1.3.2　额尔齐斯河流域在生态功能区规划中的定位

根据《全国生态功能区划》，额尔齐斯河流域属于生态调节功能区，阿尔泰地区水源涵养重要亚区，阿尔泰山南坡西伯利亚落叶松林水源涵养三级功能区和额尔齐斯-乌伦古河荒漠草原水源涵养三级功能区，主要的生态功能为水源涵养。

根据《新疆生态功能区划》（2005 年版），额尔齐斯河流域属于阿尔泰山-准噶尔西部山地温凉森林、草原生态区（Ⅰ），阿尔泰山南坡寒温带针叶林、山地草原水源涵养及草地畜牧业生态亚区（Ⅰ1）和额尔齐斯河-乌伦古河草原牧业、灌溉农业生态亚区（Ⅰ2），主要的生态功能区有阿尔泰山西北部喀纳斯自然景观及南泰加林保护生态功能区，阿尔泰山中部林草保育及矿业开发环境恢复生态功能区，阿尔泰山东南部草原牧业、河谷农业及河狸保护生态功能区和额尔齐斯河河谷林保护及绿洲盐渍化敏感生态功能区。

1.3.3　额尔齐斯河流域在新疆水环境功能区规划中的定位

根据《新疆水环境功能区划》、《地表水环境质量标准》（GB 3838—2002），结合水环境现状使用功能及发展趋势，额尔齐斯河流域水环境功能区划见表 1-3。

表1-3 额尔齐斯河流域主要水体水环境功能区划

水体名称	功能区类型	水质目标	现使用功能	规划主功能	水域	控制城镇
卡依尔特斯河	自然保护区	I	源头水、分散饮用	自然保护	源头至喀德腊特汇合口	富蕴县
卡依尔特斯河	饮用水水源保护区	II	源头水、分散饮用	饮用水源	喀德热腊特汇合口至海子口齐斯河水库	富蕴县
别列则克河	饮用水水源保护区	III	分散饮用、渔业用水	饮用水源	喀拉塔斯河至额尔齐斯河	哈巴河县
别列则克河	自然保护区	I	源头水、分散饮用	自然保护	源头至下游18.2 km处	哈巴河县
别列则克河	饮用水水源保护区	II	分散饮用、工农业用水	饮用水源	下游18.2 km处至喀拉塔斯村	哈巴河县
布尔津河	饮用水水源保护区	II	饮用、工农业用水	饮用水源	克勒特盖至额尔齐斯河	布尔津县
库尔特斯河	饮用水水源保护区	II	饮用、工农业用水	饮用水源	下游66.1 km处至海子口水库	富蕴县
额尔齐斯河	饮用水水源保护区	II	饮用、工农业用水	饮用水源	海子口水库出水口至海子635水库下游100 m	富蕴县
克兰河	饮用水水源保护区	II	饮用用水	饮用水源	小克兰河汇合口至阿勒泰市克兰河水源地	阿勒泰市
克兰河	饮用水水源保护区	III	分散饮用、渔业用水、农业用水	饮用水源	阿勒泰市克兰河水源地至额尔齐斯河	阿勒泰市
布尔津斯河	自然保护区	I	源头水、分散饮用、渔业用水	自然保护	喀纳斯河与禾木河汇合口至克勒特盖	布尔津县
喀纳斯河	自然保护区	I	源头水、分散饮用、渔业用水	自然保护	全河段	布尔津县、哈巴河县
喀拉额尔齐斯河	自然保护区	I	源头水、分散饮用	自然保护	源头至大桥林场	福海县
喀拉额尔齐斯河	饮用水水源保护区	II	分散饮用、渔业用水	饮用水源	大桥林场至额尔齐斯河	富蕴县、福海县
哈巴河	自然保护区	I	源头水、分散饮用	自然保护	源头至下游28.8 km处	哈巴河县
哈巴河	饮用水水源保护区	III	饮用、农业用水、渔业用水	饮用水源	哈巴河山口水库至额尔齐斯河	哈巴河县
哈巴河	饮用水水源保护区	II	饮用、珍贵鱼类用水、分散饮用	饮用水源	下游28.8 km处至哈巴河山口水库	哈巴河县
喀纳斯湖	自然保护区	I	源头水、珍贵鱼类用水、分散饮用	自然保护	额尔齐斯河流域	布尔津县
玉勒肯克兰	景观娱乐用水区	III	景观娱乐	景观娱乐	额尔齐斯河流域	阿勒泰市
阿克库库勒湖	自然保护区	I	景观娱乐、珍贵鱼类用水	自然保护	额尔齐斯河流域	布尔津县
加马呢格勒	渔业用水区	III	源头水、景观娱乐	渔业用水	准噶尔内流区	福海县
乌伦古湖	渔业用水区	III	渔业用水、景观娱乐	渔业用水	准噶尔内流区	福海县
死海子	渔业用水区	III	渔业用水、景观娱乐	渔业用水	准噶尔内流区	福海县
诺尔特湖	渔业用水区	I	渔业用水、景观娱乐	渔业用水	额尔齐斯河流域	富蕴县
2817水库	饮用水水源保护区	III	分散饮用、工农业用水	饮用水源	额尔齐斯河流域	阿勒泰市

水体名称	功能区类型	水质目标	现使用功能	规划主功能	水域	控制城镇
635水库	饮用水水源保护区	II	饮用、工业用水	饮用水源	额尔齐斯河流域	阿勒泰市、福海县
二十三公里水库	饮用水水源保护区	II	饮用、景观娱乐、农业用水	饮用水源	额尔齐斯河流域	富蕴县
克孜窝依水库	饮用水水源保护区	III	分散饮用、农业用水、渔业用水	饮用水源	额尔齐斯河流域	阿勒泰市
南湖水库	景观娱乐用水区	IV	景观娱乐、农业用水	景观娱乐	额尔齐斯河流域	福海县
吐尔洪水库	饮用水水源保护区	II	分散饮用、农业用水	饮用水源	额尔齐斯河流域	富蕴县
哈巴河河山口水库	饮用水水源保护区	II	饮用	饮用水源	额尔齐斯河流域	哈巴河县
塘巴湖水库	饮用水水源保护区	III	分散饮用、工农业用水、渔业用水	饮用水源	额尔齐斯河流域	阿勒泰市
喀拉湖哈什水库	饮用水水源保护区	III	分散饮用、工农业用水	饮用水源	额尔齐斯河流域	阿勒泰市
喀拉通克水库	饮用水水源保护区	II	分散饮用	饮用水源	额尔齐斯河流域	富蕴县
坡北水库	饮用水水源保护区	II	饮用	饮用水源	额尔齐斯河流域	富蕴县
塔勒德水库	饮用水水源保护区	II	分散饮用、珍贵鱼类用水、工业用水	饮用水源	额尔齐斯河流域	哈巴河县
工农兵水库	饮用水水源保护区	III	分散饮用、农业用水	饮用水源	额尔齐斯河流域	阿勒泰市
巴山水库	饮用水水源保护区	III	饮用、渔业用水、农业用水	饮用水源	额尔齐斯河流域	阿勒泰市
巴斯克巴斯陶水库	饮用水水源保护区	II	分散饮用、珍贵鱼类用水、工业用水	饮用水源	额尔齐斯河流域	哈巴河县
希别楞水库	饮用水水源保护区	II	分散饮用	饮用水源	额尔齐斯河流域	富蕴县
库尔杂克托汗水库	饮用水水源保护区	III	分散饮用、工农业用水、渔业用水	饮用水源	额尔齐斯河流域	阿勒泰市
托洪台水库	饮用水水源保护区	III	分散饮用、农业用水	饮用水源	额尔齐斯河流域	布尔津县
海子口水库	饮用水水源保护区	II	饮用、渔业用水、工业用水	饮用水源	额尔齐斯河流域	富蕴县
萨斯克巴斯陶水库	饮用水水源保护区	III	分散饮用、工农业用水、渔业用水	饮用水源	额尔齐斯河流域	阿勒泰市
达斯吾农水库	饮用水水源保护区	II	分散饮用、农业用水	饮用水源	额尔齐斯河流域	富蕴县
阿克达拉太水库	饮用水水源保护区	II	分散饮用、工农业用水	饮用水源	额尔齐斯河流域	福海县
阿苇滩水库	渔业用水区	III	渔业用水、农业用水	渔业用水	额尔齐斯河流域	阿勒泰市
齐背岭水库	饮用水水源保护区	II	分散饮用	饮用水源	额尔齐斯河流域	阿勒泰市
团结水库	饮用水水源保护区	II	饮用、工农业用水	饮用水源	准噶尔内流区	福海县
冲乎尔水库	饮用水水源保护区	II	分散饮用、工农业用水	饮用水源	额尔齐斯河流域	布尔津县
也拉曼水库	饮用水水源保护区	II	农业用水	饮用水源	额尔齐斯河流域	布尔津县

第 **2** 章

额尔齐斯河流域生态环境基线调查评估

依据《额尔齐斯河流域生态环境基线调查技术规范》、"江河湖泊生态环境保护系列技术指南"、《生态环境状况评价技术规范》等有关技术文件，开展额尔齐斯河流域[①] 2018 年度、2019 年度和 2020 年度生态环境基线调查、监测、评估，了解和掌握各年度流域生态环境现状与变化情况以及流域生物多样性特征。

2.1 额尔齐斯河流域 2018 年度生态环境调查评估

2.1.1 流域环境质量评估

2.1.1.1 地表水环境质量评价

（1）主要河流断面水质达标评价

2018 年，额尔齐斯河流域共设置河流水环境监测断面 20 个。2018 年，流域主要河流水质均在Ⅱ类以上，额尔齐斯河及乌伦古河水质全部为Ⅱ类，优良率为 100%，总体水质优（表 2-1）。

表 2-1　2014—2018 年额尔齐斯河流域主要河流水体断面水质类别

序号	所在水体名称	断面名称	点位级别	2014 年水质	2015 年水质	2016 年水质	2017 年水质	2018 年水质
1	额尔齐斯河	卡库汇合口		Ⅲ	Ⅱ	Ⅱ	Ⅱ	Ⅱ
2		富蕴大桥	国考	Ⅱ	Ⅱ	Ⅱ	Ⅱ	Ⅱ
3		北屯大桥	国考	Ⅱ	Ⅱ	Ⅱ	Ⅱ	Ⅱ
4		布尔津水文站	国考	Ⅱ	Ⅱ	Ⅱ	Ⅱ	Ⅱ
5		额河南湾	国考	Ⅱ	Ⅱ	Ⅱ	Ⅱ	Ⅱ

---

① 为便于收集基础数据并开展相关研究，在本书的后续章节中，使用阿勒泰地区的范围和数据资料替代额尔齐斯河流域的研究情况。

序号	所在水体名称	断面名称	点位级别	2014 年水质	2015 年水质	2016 年水质	2017 年水质	2018 年水质
6	别列则克河	别列则克桥		II	II	II	II	II
7	布尔津河	群库尔水文站		III	II	II	II	II
8		布尔津河大桥	国考	II	II	II	II	II
9	乌伦古河	大青河源头		III	II	II	II	II
10		顶山	国考	III	II	II	II	II
11		二台		III	II	III	III	II
12	布尔根河	塔克什肯		II	II	II	II	II
13	克兰河	小东沟		II	I	II	II	II
14		水文站		II	II	II	II	II
15		山区林业局		II	I	II	II	II
16	哈巴河	哈拉他什水文站		II	II	II	I	II
17		哈巴河大桥		III	II	II	II	II
18	喀拉额尔齐斯河	大桥水文站		III	III	II	II	II
19	卡依尔特斯河	库威水文站		III	II	III	II	II
20	库依尔特斯河	可可托海小水塔		III	II	III	III	II

（2）水功能区达标评价

2018 年，额尔齐斯河流域 19 个水功能区水质全年全因子评价和全年水功能区限制纳污红线主要控制项目达标评价均达标，水功能区水质达标率 100%。

（3）湖库水环境质量评价

两个主要湖库即喀纳斯湖和乌伦古湖的水质两极分化明显，喀纳斯湖 2018 年为 I～II 类水质，2015—2018 年，喀纳斯湖 5 个断面水质除 2016 年湖南码头为 III 类外，其余均达到或优于 II 类，湖南码头主要污染因子只有总氮超过 II 类水质标准。2015—2018 年，乌伦古湖为 IV～劣 V 类水质，主要污染因子是化学需氧量、氟化物、硫酸盐、氯化物。

（4）湖库富营养化评价

2015—2018 年，乌伦古湖水体富营养化指数总体在 30～40 变动，处于中营养状态。喀纳斯湖水体富营养化指数总体在 30 以下，为贫营养化，没有富营养化的风险。

（5）水质指数变化情况

点源污染负荷排放指数：流域内各县（市）的点源污染负荷指数计算结果均小于 0.5，级别都为优秀。面源污染负荷排放指数：流域面源污染负荷指数计算结果均小于 0.5，级别都为优秀。

2.1.1.2 集中式饮用水水源地水质评价

额尔齐斯河流域主要水源地包括 6 个城镇地表水饮用水水源地与 1 个地下水饮用水水源地。2018 年,7 个水源地水质均达到或优于Ⅲ类水质,总体保持稳定;布尔津县城水源地水质持续改善(表 2-2)。

表 2-2　2015—2018 年额尔齐斯河流域主要水源地水质状况

序号	水源地名称	所在水体	水源地类型	水质监测结果			
				2015 年	2016 年	2017 年	2018 年
1	阿勒泰市克兰河水源地	克兰河	河流型	Ⅱ	Ⅲ	Ⅲ	Ⅲ
2	布尔津县城水源地	布尔津河	河流型	Ⅲ	Ⅱ	Ⅱ	Ⅰ
3	福海县团结水库水源地	福海额河	湖库型	Ⅲ	Ⅲ	Ⅲ	Ⅲ
4	富蕴县城水源地	额尔齐斯河	河流型	Ⅱ	Ⅱ	Ⅱ	Ⅱ
5	哈巴河县山口水库水源地	哈巴河	湖库型	Ⅲ	Ⅲ	Ⅱ	Ⅲ
6	吉木乃县红山大口井水源地	塔斯特河	地下水型	Ⅲ	Ⅱ	Ⅱ	Ⅱ
7	青河县乌伦古河水源地	乌伦古河	河流型	Ⅱ	Ⅱ	Ⅲ	Ⅲ

2.1.1.3 流域大气环境质量评价

选取额尔齐斯河流域内各县(市)SO_2、NO_2、PM_{10}、CO、O_3、$PM_{2.5}$ 6 项监测指标,具体评价结果见表 2-3。流域内各县(市)2018 年各项大气环境指标均达标,流域环境空气质量优良率达到 100%。

表 2-3　2018 年额尔齐斯河流域各县(市)环境空气质量现状评价结果

县(市)	污染物名称	评价指标	现状浓度/($\mu g/m^3$)	标准浓度限值/($\mu g/m^3$)	最大浓度值占标准浓度限值的百分比/%	达标情况
阿勒泰市	SO_2	日平均	9	150	6.00	达标
		年平均	9	60	15.00	达标
	NO_2	日平均	15	80	18.75	达标
		年平均	14	40	35.00	达标
	PM_{10}	日平均	17	150	11.33	达标
		年平均	17	70	24.29	达标
	CO	日平均	680	4 000	17.00	达标
	O_3	日最大 8 小时平均	85.6	160	53.50	达标
	$PM_{2.5}$	日平均	8.9	75	11.87	达标
		年平均	8.83	35	25.23	达标

县（市）	污染物名称	评价指标	现状浓度/（μg/m³）	标准浓度限值/（μg/m³）	最大浓度值占标准浓度限值的百分比/%	达标情况
富蕴县	SO_2	年平均	14	60	23.33	达标
	NO_2	年平均	10	40	25.00	达标
	PM_{10}	年平均	36	70	51.43	达标
	CO	日平均	440	4 000	11.00	达标
	O_3	日最大 8 小时平均	102	160	63.75	达标
	$PM_{2.5}$	年平均	22	35	62.86	达标
福海县	SO_2	年平均	9.66	60	16.10	达标
	NO_2	年平均	11.46	40	28.65	达标
	PM_{10}	年平均	27.87	70	39.81	达标
	CO	日平均	950	4 000	23.75	达标
	O_3	日最大 8 小时平均	90.97	160	56.86	达标
	$PM_{2.5}$	年平均	15.38	35	43.94	达标
哈巴河县	SO_2	年平均	6.625	60	11.04	达标
	NO_2	年平均	7.57	40	18.93	达标
	PM_{10}	年平均	21.62	70	30.89	达标
	CO	日平均	1 920	4 000	48.00	达标
	O_3	日最大 8 小时平均	57.75	160	36.09	达标
	$PM_{2.5}$	年平均	16.42	35	46.91	达标
吉木乃县	SO_2	年平均	8	60	13.33	达标
	NO_2	年平均	9.5	40	23.75	达标
	PM_{10}	年平均	20.5	70	29.29	达标
	CO	日平均	1 950	4 000	48.75	达标
	O_3	日最大 8 小时平均	107.5	160	67.19	达标
	$PM_{2.5}$	年平均	8	35	22.86	达标
青河县	SO_2	年平均	5.3	60	8.83	达标
	NO_2	年平均	9.9	40	24.75	达标
	PM_{10}	年平均	30	70	42.86	达标
	CO	日平均	320	4 000	8.00	达标
	O_3	日最大 8 小时平均	87.5	160	54.69	达标
	$PM_{2.5}$	年平均	16.92	35	48.34	达标

2.1.1.4 流域土壤环境质量评价

为检测土壤环境，2018 年共对 10 个背景点位开展了采样和分析检测工作，各点位主要位于富蕴县和哈巴河县，具体监测点位以及监测指标信息如表 2-4 所示。

表 2-4 评价区土壤环境现状监测点位和监测指标

县	监测点位	监测指标
富蕴县	白银矿产	镍、铜、镉、铅、砷、汞
	恒盛铍业	汞、砷、镉、铅、铜、镍、铍、氰化物
	金宝矿业	汞、砷、六价铬、镉、铅、铜、镍
	喀拉通克矿业	铜、铅、镉、镍、铁、汞、砷、锌、氰化物、六价铬
	乔夏哈拉金铜矿业	砷、汞、铅、镍、铜
哈巴河县	库勒拜乡巴勒塔村 1#农田	镉、汞、砷、铅
	库勒拜乡巴勒塔村 2#居民区	
	库勒拜乡巴勒塔村 3#水源地	
	库勒拜乡巴勒塔村 4#垃圾堆场	
	库勒拜乡巴勒塔村 5#菜地	

监测结果显示，所有监测项目均低于《土壤环境质量 建设用地土壤污染风险管控标准（试行）》（GB 36600—2018）的第二类用地风险筛选值，表明监测区域没有受到污染，土壤环境质量良好。

2.1.1.5 流域环境质量总体评价

根据对大气、水体、土壤、集中式饮用水水源地、水功能区的环境质量监测和评价，得到以下结论：2018 年，额尔齐斯河流域全年空气质量一级、二级的天数占全年总天数的 100%，较 2017 年无变化。2018 年在监测的 10 条河流 20 个断面中，Ⅰ～Ⅱ类优良水质断面比例为 100%，与 2017 年相比无变化。2018 年在监测的 2 座湖库 13 个断面中，Ⅰ～Ⅲ类优良水质断面比例为 38.5%，与 2017 年持平；Ⅳ～Ⅴ类轻中度污染水质断面比例为 7.7%，与 2017 年持平；劣Ⅴ类重度污染水质断面比例为 53.8%，与 2017 年持平。2018 年 7 个集中式饮用水水源地Ⅰ～Ⅲ类优良水质断面比例为 100%。2018 年环境风险地块的重金属监测值均低于《土壤环境质量 建设用地土壤污染风险管控标准（试行）》（GB 36600—2018）的第二类用地风险筛选值，没有受到污染，土壤环境质量良好。截至 2018 年，全地区已建成各类自然保护区 7 个，其中国家级自然保护区 3 个，自治区级自然保护区 4 个。2015—2018 年流域环境质量总体变化不大，空气质量环境、饮用水水源地水质、河流和湖泊水质、土壤环境以及农村生态环境等目前均处于良好状态，基本没有受到污染，整体生态环境质量较好。

2.1.2　流域生态健康评估

2.1.2.1　水域生态健康评价

（1）水质状况指数

根据额尔齐斯河流域 2018 年河流、湖库水质监测断面（33 个）的评价结果（其中Ⅲ类以上有 25 个），流域水质状况指数得分为 75.8%，属于良好级别。乌伦古湖富营养状态指数最大为 37.45，也属于良好级别，总体上流域 2018 年水质状况指数等级为良好，流域水质状况指数分值为 76。

（2）平水期水量现状

枯水期径流量占同期年均径流量比例反映了流域（调洪）补枯的功能，可衡量河流生态需水量的满足程度。当河流为常流水河流时，采用枯水期径流量与枯水期同期年均径流量的比值进行计算；当年均径流量、枯水期径流量等数据难以获取时，可参考平水期水量现状评估替代指标，采用平水期水流淹没河道范围的比例来表示。当河流为季节性河流时，可选用断流天数为评估指标。

因额尔齐斯河干流为常流水河流，根据现场调查、遥感影响分析与专家咨询等，采用平水期水量现状评估分级标准进行计算，经评价 2018 年其水流淹没河道范围为 55%，处于一般水平，赋分值为 44。

（3）河道连通性

河道连通性是指自然河道的连通状况。自然河道受人类活动，尤其是水电站、大坝及其他水利工程建设的干扰，河流上下游的纵向连续性中断，对其自净能力以及生物洄游通道产生不利影响，利用每百公里河道的闸坝个数评估河道的连通性。由于我国南北方水利资源差异较大，各流域水文条件不同，可根据流域具体情况对分级标准进行适当调整，并给出相应依据。经计算，流域每百公里的水利工程数为 16.55，河道连通性评分为 13，流域河道连通性总体较差。

（4）大型底栖动物多样性综合指数

对流域合适点位开展两期大型底栖动物调查后，计算得到流域大型底栖动物多样性综合指数为 0.59，得分为 59，大型底栖动物多样性综合指数处于一般状态。

（5）鱼类物种多样性综合指数

根据监测数据与计算结果，流域鱼类物种多样性综合指数总体状况一般，总体趋势呈现源头较差、下游逐渐转好的特点。计算得到流域鱼类物种多样性综合指数为 0.43，得分为 43，流域鱼类物种多样性综合指数处于一般状态。

（6）特有性或指示性物种保持率

全流域特有性或指示性物种保持率总体稳定，源头区的特有性或指示性物种保持率良好，城镇区由于城市建设与河道美观的要求在河道两岸修建诸多景观设施，原生态环境破坏严重，特有性或指示性物种保持率较差。总体上，流域特有性或指示性物种保持率得分为 49。

（7）水资源开发利用强度

根据《2018 年新疆维吾尔自治区水资源公报》《阿勒泰地区 2018 年环境统计数据》《阿勒泰地区 2018 年统计年鉴》等资料计算确定区域工业、农业、生活、环境等用水量，结合区域水资源总量计算水资源开发利用强度，用分级标准进行评估，得到流域水资源开发利用强度评分为 63，评价为良好。

（8）水生生境干扰指数

流域主要河流水生生境干扰指数呈总体水平稳定状态，受挖沙、航运及外来物种等干扰活动影响较少，水生生境干扰指数为 47，评价等级为一般。

（9）流域水域生态健康状态评估结果

根据额尔齐斯河流域水域生态健康状况分级标准（表 2-5），综合分析生态结构、水生生物、生态压力 3 个方面对水域生态健康状况的影响，得到流域水域生态健康状况评价结果（表 2-6）。可以看出，流域水域生态健康状况整体呈一般状态。影响流域水域生态健康的主要因素为河道连通性，鱼类、特有物种的生境，人类干扰等。

表 2-5　额尔齐斯河流域水域生态健康状况分级标准

水域健康状况	优秀	良好	一般	较差	差
水域健康指数（I_L）	$I_L \geq 80$	$60 \leq I_L < 80$	$40 \leq I_L < 60$	$20 \leq I_L < 40$	$I_L < 20$

表 2-6　2018 年额尔齐斯河流域水域生态健康状况评价结果

名称	生态结构			水生生物			生态压力		水域	等级
	水质状况指数	平水期水量现状	河道连通性	大型底栖动物多样性综合指数	鱼类物种多样性综合指数	特有性或指示性物种保持率	水资源开发利用强度	水生生境干扰指数		
评价结果	76	44	13	59	43	49	63	47	50.68	一般

2.1.2.2　陆域生态健康评价

（1）森林覆盖率

由于额尔齐斯河流域处于草原区，所以以林草面积替代森林面积来计算森林覆盖率。2018 年，整个流域森林覆盖率为 64.29%，评价级别为一般，赋值 59 分。

（2）景观破碎度

对流域内森林、草地等自然植被斑块数进行提取并统计各类型自然植被斑块数，由计算结果可以看出，全流域近一半区域景观破碎化程度较低，流域景观破碎度为 0.605，超过 0.6，生态系统不稳定，自然生态系统的完整性较差，得分 20.1。

（3）重要生境保持率

统计流域自然植被、湿地、人工植被、农田和建设用地面积，利用遥感影像分别提取出自然河段和人工河段，分别计算出自然植被结构完整性指数和自然堤岸比例并赋上相应的值，最后计算出重要生境保持率。由计算结果可以看出，全流域的重要生境保持率为 89.53，评估等级为优秀。综合分析，流域内主要河岸带的生态均处于健康状态。

（4）水源涵养功能指数

计算出全流域的植被覆盖度，统计各植被类型和不透水面积比例，利用 ArcGIS 中空间分析工具中的地图代数对流域水源涵养功能指数进行计算，流域的水源涵养功能指数一般，为 57.91。从水源涵养功能指数来看，全流域生态系统多个水文过程及水文效应的综合表现较好，生态系统拦蓄降水或调节河川径流量的能力较强，流域生态健康程度高。

（5）土壤保持功能指数

统计额尔齐斯河流域各县（市）的土壤侵蚀模数，并进行预测和分级，统计中度及以上程度土壤侵蚀面积比例，对土壤保持功能指数进行计算，流域的土壤保持功能指数优秀，为 1.03%。从土壤保持功能评价结果来看，流域土壤侵蚀大部分处于较低水平，土壤有良好的稳定性，得分为 98。

（6）受保护地区面积占国土面积比例

由于流域大多位于山区，对流域内山区及丘陵进行评估。统计各评估单元的各类（级）自然保护区、风景名胜区、森林公园、地质公园、生态功能保护区、水源保护区、封山育林地等面积，计算陆域受保护地区占国土面积比例。流域的陆域受保护地区面积占国土面积比例为 33.66%。受保护地区中，国家自然保护区和森林公园所占比例较大，评价级别为优秀，得分为 93.7。

（7）建设用地比例

统计额尔齐斯河流域各评估单元的建设用地面积，得到建设用地比例为 3.49%，评价级别为优秀，得分 93.02。从建设用地比例评价结果来看，流域由于位于高海拔高山区，除平原区受人类活动影响较大外，其他区域受人类活动影响很小，陆域人为景观对流域自然生态系统物质循环和能量流动影响很小。

（8）点源污染负荷排放指数

统计额尔齐斯河流域各评估单元化学需氧量和氨氮的生活污染物排放量及工业污染排放量，计算得各单元点源污染负荷排放指数为 0.7，流域评估单元点源污染负荷排放指数大部分处于良好，得分为 70。生活污染物排放是影响点源污染负荷的主导因素。

（9）面源污染负荷排放指数

统计 2018 年额尔齐斯河流域农业农村、分散畜禽养殖业化学需氧量和氨氮排放量，计算得到流域面源污染负荷排放指数为 0.9，评价级别为一般，分值为 60。从面源污染负荷排放指数评价结果来看，流域受人类活动影响，农业生产和畜禽养殖过程中排放的污染负荷对流域生态系统产生了一定的压力。

（10）流域陆域生态健康状态评估结果

根据额尔齐斯河流域陆域生态健康状况分级标准（表 2-7），综合分析生态格局、生态功能、生态压力 3 个方面对陆域生态健康状况的影响，得到额尔齐斯河流域陆域生态健康状况评价结果（表 2-8）。可以看出，陆域生态健康状况整体呈良好状态。流域的景观破碎度较高，表明受人为活动影响，景观受阻隔较严重，水源涵养能力需要进一步提升。

表 2-7　额尔齐斯河流域陆域生态健康状况分级标准

陆域健康状况	优秀	良好	一般	较差	差
陆域健康指数（I_L）	$I_L \geq 80$	$60 \leq I_L < 80$	$40 \leq I_L < 60$	$20 \leq I_L < 40$	$I_L < 20$

表 2-8　2018 年额尔齐斯河流域陆域生态健康状况评价结果

名称	生态格局			生态功能			生态压力			陆域	等级
	森林覆盖率	景观破碎度	重要生境保持率	水源涵养功能指数	土壤保持功能指数	受保护地区面积占国土面积比例	建设用地比例	点源污染负荷排放指数	面源污染负荷排放指数		
评价结果	59	20.1	89.53	57.91	98	93.7	93.02	70	60	72.13	良好

2.1.2.3　消落带生态健康评价

（1）自然植被比例

统计流域消落带区域内森林、草地和灌木地面积，计算出流域消落带自然植被比例为 49.45%，评分为 49，评价级别为一般。

（2）自然岸堤比例

经调查分析，2018 年流域主要湖泊消落带内自然岸堤比例达到 90% 及以上，处于优秀级别，赋分值为 90。

（3）污染阻滞功能指数

统计流域内湖泊消落带区域内自然植被、湿地和耕地面积，计算出消落带污染阻滞功能指数为 54.89%，评分为 55，评价级别为一般。综合分析，流域消落带的生态系统类型较单一，消落带生态系统对污染物的纳污阻隔作用一般。

（4）生物多样性保护功能指数

经调查，流域 2018 年两栖类动物、鸟类数量相比以往年份变化不大，且稍有增加，处于良好状态，赋分值为 70。

（5）人为干扰指数

统计流域内湖泊消落带区域内建设用地面积和农田面积，计算出消落带人为干扰指数为 9.56%，评价级别为优秀，得分为 81。综合分析，流域人为活动对消落带区域内生态系统空间组成和格局的影响程度较低。

（6）湿地退化指数

统计 2000 年以来流域内消落带区域湿地面积变化数据，计算出陆域消落带湿地退化指数为 −13.5%，评价级别为较差，得分为 26。综合分析，流域消落带湿地的退化指数较高，但为负值。

（7）流域消落带生态健康状态评估结果

根据额尔齐斯河流域消落带生态健康状况分级标准（表 2-9），综合分析生态格局、生态功能、生态压力 3 个方面对消落带生态健康状况的影响，得到额尔齐斯河流域消落带生态健康状况评价结果（表 2-10）。可以看出，消落带生态健康状况整体呈良好状态。影响流域消落带健康的主要原因是湿地面积萎缩较大，导致污染阻滞功能不高。

表 2-9　额尔齐斯河流域消落带生态健康状况分级标准

消落带健康状况	优秀	良好	一般	较差	差
消落带健康指数（I_L）	$I_L \geqslant 80$	$60 \leqslant I_L < 80$	$40 \leqslant I_L < 60$	$20 \leqslant I_L < 40$	$I_L < 20$

表 2-10　2018 年额尔齐斯河流域消落带生态健康状况评价结果

名称	生态格局		生态功能		生态压力		消落带	等级
	自然植被比例	自然岸堤比例	污染阻滞功能指数	生物多样性保护功能指数	人为干扰指数	湿地退化指数		
评价结果	49	90	55	70	81	26	62.61	良好

2.1.2.4 流域综合健康指数值

采用综合指数法对流域综合健康指数进行计算，得到 2018 年流域综合健康指数值为 62.12，流域生态健康状态总体处于良好状态（表 2-11）。

表 2-11 2018 年额尔齐斯河流域综合健康指数

名称	水域健康指数值	陆域健康指数值	消落带健康指数值	流域生态健康状况综合评估	
分值	50.68	72.13	62.61	62.12	良好

2.2 额尔齐斯河流域 2019 年度生态环境调查评估

2.2.1 流域环境质量评估

2.2.1.1 地表水环境质量

（1）主要河流断面水质达标评价

2019 年，额尔齐斯河流域共设置河流水环境监测断面 20 个。2019 年，流域主要河流水质均在 II 类以上，额尔齐斯河及乌伦古河水质全部为 II 类，优良率为 100%，总体水质优（表 2-12）。

表 2-12 2014—2019 年额尔齐斯河流域主要河流水体断面水质类别

序号	所在水体名称	断面名称	点位级别	2014年水质	2015年水质	2016年水质	2017年水质	2018年水质	2019年水质
1	额尔齐斯河	卡库汇合口		III	II	II	II	II	II
2		富蕴大桥	国考	II	II	II	II	II	II
3		北屯大桥	国考	II	II	II	II	II	II
4		布尔津水文站	国考	II	II	II	II	II	II
5		额河南湾	国考	II	II	II	II	II	II
6	别列则克河	别列则克桥		II	II	II	II	II	II
7	布尔津河	群库尔水文站		III	II	II	II	II	I
8		布尔津河大桥	国考	II	II	II	I	II	II
9	乌伦古河	大青河源头		III	II	II	II	II	II
10		顶山	国考	III	II	II	II	II	II
11		二台		III	II	III	III	II	II

序号	所在水体名称	断面名称	点位级别	2014 年水质	2015 年水质	2016 年水质	2017 年水质	2018 年水质	2019 年水质
12	布尔根河	塔克什肯		II	II	II	II	II	II
13	克兰河	小东沟		II	I	II	II	II	II
14		水文站		II	I	II	II	II	II
15		山区林业局		II	I	II	II	II	II
16	哈巴河	哈拉他什水文站		II	II	II	I	II	II
17		哈巴河大桥		III	II	II	II	II	II
18	喀拉额尔齐斯河	大桥水文站		III	III	II	II	II	II
19	卡依尔特斯河	库威水文站		III	II	II	II	II	II
20	库依尔特斯河	可可托海小水塔		III	II	III	III	II	II

（2）水功能区达标评价

2019 年，额尔齐斯河流域 19 个水功能区水质全年全因子评价和全年水功能区限制纳污红线主要控制项目达标评价均达标，水功能区水质达标率为 100%。

（3）湖库水环境质量

额尔齐斯河流域共计有湖库断面水质监测点位 13 个，有 5 个设置在喀纳斯湖，8 个位于乌伦古湖（包括吉力湖）。两个主要湖库即喀纳斯湖和乌伦古湖的水质两极分化明显，喀纳斯湖 2019 年为 I ～ II 类水质，2015—2019 年，喀纳斯湖 5 个断面水质除 2016 年湖南码头为III类（湖南码头主要污染因子只有总氮超过 II 类水质标准）外，其余均优于 II 类。2015—2019 年，乌伦古湖为IV～劣 V 类水质，主要污染因子是化学需氧量、氟化物、硫酸盐、氯化物。

（4）湖库富营养化评价

2015—2019 年，乌伦古湖水体富营养化指数总体在 30～40 变动，处于中营养状态。喀纳斯湖水体富营养化指数总体在 30 以下，为贫营养化，没有富营养化的风险。

（5）水质指数变化情况

点源污染负荷排放指数：流域内各县（市）的点源污染负荷指数计算结果均小于 0.5，级别都为优秀。面源污染负荷排放指数：流域面源污染负荷指数计算结果均小于 0.5，级别都为优秀。

2.2.1.2 集中式饮用水水源地水质

额尔齐斯河流域主要水源地包括 6 个城镇地表水饮用水水源地与 1 个地下水饮用水水源地。2019 年，7 个水源地水质均达到或优于III类，总体保持稳定（表 2-13）。

表 2-13　2015—2019 年额尔齐斯河流域主要水源地水质状况

序号	水源地名称	所在水体	水源地类型	水质监测结果				
				2015 年	2016 年	2017 年	2018 年	2019 年
1	阿勒泰市克兰河水源地	克兰河	河流型	II	III	III	III	II
2	布尔津县城水源地	布尔津河	河流型	III	II	II	I	II
3	福海县团结水库水源地	福海额河	湖库型	III	III	III	III	III
4	富蕴县城水源地	额尔齐斯河	河流型	II	II	II	II	II
5	哈巴河县山口水库水源地	哈巴河	湖库型	III	III	II	III	II
6	吉木乃县红山大口井水源地	塔斯特河	地下水型	III	II	II	II	II
7	青河县乌伦古河水源地	乌伦古河	河流型	II	II	III	III	II

2.2.1.3　流域大气环境质量

选取额尔齐斯河流域内各县（市）SO_2、NO_2、PM_{10}、CO、O_3、$PM_{2.5}$ 6 项监测指标，具体评价结果见表 2-14。流域内各县（市）2019 年各项大气环境指标均达标，流域环境空气质量优良率达到 100%。

表 2-14　2019 年额尔齐斯河流域各县（市）环境空气质量现状评价结果

县（市）	污染物名称	评价指标	现状浓度/（μg/m³）	标准浓度限值/（μg/m³）	最大浓度值占标准浓度限值的百分比/%	达标情况
阿勒泰市	SO_2	日平均	4.94	150	3.29	达标
		年平均	4	60	6.67	达标
	NO_2	日平均	15	80	18.75	达标
		年平均	28	40	70.00	达标
	PM_{10}	日平均	15	150	10.00	达标
		年平均	21	70	30.00	达标
	CO	日平均	590	4 000	14.75	达标
	O_3	日最大 8 小时平均	72	160	45.00	达标
	$PM_{2.5}$	日平均	8	75	10.67	达标
		年平均	13	35	37.14	达标
富蕴县	SO_2	年平均	8	60	13.33	达标
	NO_2	年平均	17	40	42.50	达标
	PM_{10}	年平均	32	70	45.71	达标
	CO	日平均	190	4 000	4.75	达标
	O_3	日最大 8 小时平均	129	160	80.63	达标
	$PM_{2.5}$	年平均	17	35	48.57	达标

县（市）	污染物名称	评价指标	现状浓度/（μg/m³）	标准浓度限值/（μg/m³）	最大浓度值占标准浓度限值的百分比/%	达标情况
福海县	SO₂	年平均	7.84	60	13.07	达标
	NO₂	年平均	10.76	40	26.90	达标
	PM₁₀	年平均	31	70	44.29	达标
	CO	日平均	769	4 000	19.23	达标
	O₃	日最大 8 小时平均	69.55	160	43.47	达标
	PM₂.₅	年平均	16.77	35	47.91	达标
哈巴河县	SO₂	年平均	13	60	21.67	达标
	NO₂	年平均	20	40	50.00	达标
	PM₁₀	年平均	34	70	48.57	达标
	CO	日平均	1 000	4 000	25.00	达标
	O₃	日最大 8 小时平均	59	160	36.88	达标
	PM₂.₅	年平均	29	35	82.86	达标
吉木乃县	SO₂	年平均	8	60	13.33	达标
	NO₂	年平均	9.5	40	23.75	达标
	PM₁₀	年平均	20.5	70	29.29	达标
	CO	日平均	1 950	4 000	48.75	达标
	O₃	日最大 8 小时平均	107.5	160	67.19	达标
	PM₂.₅	年平均	8	35	22.86	达标
青河县	SO₂	年平均	7.75	60	12.92	达标
	NO₂	年平均	8.5	40	21.25	达标
	PM₁₀	年平均	22	70	31.43	达标
	CO	日平均	1 050	4 000	26.25	达标
	O₃	日最大 8 小时平均	110.75	160	69.22	达标
	PM₂.₅	年平均	9.25	35	26.43	达标

2.2.1.4　流域土壤环境质量

为检测土壤环境，2019 年共对 10 个背景点位开展了采样和分析检测工作，各点位主要位于富蕴县和哈巴河县，具体监测点位以及监测指标信息与 2018 年相同。

监测结果显示，所有监测项目均低于《土壤环境质量　建设用地土壤污染风险管控标准（试行）》（GB 36600—2018）的第二类用地风险筛选值，表明监测区域没有受到污染，土壤环境质量良好。

2.2.1.5 流域环境质量总体评价

根据对流域大气、水体、土壤、集中式饮用水水源地、水功能区的环境质量监测和评价，得到以下结论：2019 年，流域全年空气质量一、二级的天数占全年总天数的 100%，较 2018 年无变化。2019 年监测的 10 条河流 20 个断面中，Ⅰ～Ⅱ类优良水质断面比例为 100%，与 2018 年相比无变化。2019 年在监测的 2 座湖库 13 个断面中，Ⅰ～Ⅲ类优良水质断面比例为 38.5%，与 2018 年持平；Ⅳ～Ⅴ类轻中度污染水质断面比例为 7.7%，与 2018 年持平；劣Ⅴ类重度污染水质断面比例为 53.8%，与 2018 年持平。2019 年 7 个集中式饮用水水源地Ⅰ～Ⅲ类优良水质断面比例为 100%。2019 年环境风险地块的重金属监测值均低于《土壤环境质量　建设用地土壤污染风险管控标准（试行）》（GB 36600—2018）的第二类用地风险筛选值，没有受到污染，土壤环境质量良好。2015—2019 年流域环境质量总体变化不大，空气质量环境、饮用水水源地水质、河流和湖泊水质、土壤环境以及农村生态环境等目前均处于良好状态，基本没有受到污染，整体生态环境质量较好。

2.2.2 流域生态健康评估

受土地利用/覆被数据、水生生态调查时限的影响，2019 年额尔齐斯河陆域、水域及消落带的大部分评价指标基本与 2018 年相似，森林覆盖率则采用遥感解译获得 2019 年指标值。

2.2.2.1 水域生态健康评价

（1）水质状况指数

根据 2019 年额尔齐斯河流域河流、湖库水质监测断面数量（33 个）及评价结果（其中Ⅲ类以上有 25 个），流域水质状况指数得分为 75.8%，属于良好级别。乌伦古湖富营养状态指数最大为 37.45，也属于良好级别，流域 2019 年水质状况指数总体等级为良好，流域水质状况指数分值为 76。

（2）平水期水量现状

结合额尔齐斯河流域、乌伦古河流域枯水期径流量占同期年均径流量比例，选取额尔齐斯河流域平水期径流量占同期年均径流量比例作为评价指标，2019 年与 2018 年相似，水流淹没河道范围为 55%，处于一般水平，赋分值为 44。

（3）河道连通性

经计算，流域每百公里的水利工程数为 16.55，河道连通性评分为 13，流域河道连通性总体较差。

（4）大型底栖动物多样性综合指数

对流域合适点位开展两期大型底栖动物调查后，计算得出流域大型底栖动物多样性综合指数为 0.59，得分为 59，大型底栖动物多样性综合指数处于一般状态。

（5）鱼类物种多样性综合指数

根据监测数据与计算结果，流域鱼类物种多样性综合指数总体状况一般，总体趋势呈现源头较差、下游逐渐转好的特点。计算得到流域鱼类物种多样性综合指数为 0.43，得分为 43，流域鱼类物种多样性综合指数处于一般状态。

（6）特有性或指示性物种保持率

全流域特有性或指示性物种保持率总体稳定，源头区的特有性或指示性物种保持率良好，城镇区由于城市建设与河道美观的要求在河道两岸修建诸多景观设施，原生态环境破坏严重，特有性或指示性物种保持率较差。流域特有性或指示性物种保持率得分为 49。

（7）水资源开发利用强度

根据《2019 年新疆维吾尔自治区水资源公报》《阿勒泰地区 2019 年环境统计数据》《阿勒泰地区 2019 年统计年鉴》等资料计算确定区域工业、农业、生活、环境等用水量，结合区域水资源总量计算水资源开发利用强度，用分级标准进行评估，得到流域水资源开发利用强度评分为 63，评价为良好。

（8）水生生境干扰指数

额尔齐斯河流域主要河流水生生境干扰指数呈总体水平稳定状态，受挖沙、航运及外来物种等干扰活动影响较少，水生生境干扰指数为 47，评价等级为一般。

（9）流域水域生态健康状态评估结果

综合分析生态结构、水生生物、生态压力 3 个方面对水域生态健康状况的影响，得出额尔齐斯河流域水域生态健康状况评价结果（表 2-15）。可以看出，流域水域生态健康状况整体呈一般状态。影响流域水域生态健康的主要因素为河道连通性，鱼类、特有物种的生境，人类干扰等。

表 2-15　2019 年额尔齐斯河流域水域生态健康状况评价结果

名称	生态结构			水生生物			生态压力		水域	等级
	水质状况指数	平水期水量现状	河道连通性	大型底栖动物多样性综合指数	鱼类物种多样性综合指数	特有性或指示性物种保持率	水资源开发利用强度	水生生境干扰指数		
评价结果	76	44	13	59	43	49	63	47	50.68	一般

2.2.2.2 陆域生态健康评价

（1）森林覆盖率

由于额尔齐斯河流域处于草原区，所以以林草面积替代森林面积来计算森林覆盖率。2019 年，选用山区对各评估单元进行评价。整个流域森林覆盖率为 69.75%，评价级别为良好，赋值为 69.5 分。

（2）景观破碎度

对流域内森林、草地等自然植被斑块数进行提取并统计各类型自然植被斑块数，由计算结果可以看出，流域景观破碎度为 0.605，超过 0.6，生态系统不稳定，自然生态系统的完整性较差，得分为 20.1。

（3）重要生境保持率

统计流域自然植被、湿地、人工植被、农田和建设用地面积，利用遥感影像分别提取出自然河段与人工河段，分别计算出自然植被结构完整性指数与自然堤岸比例并赋上相应的值，最后计算出重要生境保持率。由计算结果可以看出，全流域的重要生境保持率为 89.53，评估等级为优秀。综合分析，流域内主要河岸带的生态均处于健康状态。

（4）水源涵养功能指数

计算出全流域的植被覆盖度，统计各植被类型和不透水面积比例，利用 ArcGIS 中空间分析工具中的地图代数对流域水源涵养功能指数进行计算，流域的水源涵养功能指数一般，为 57.91。从水源涵养功能指数来看，流域生态系统多个水文过程及水文效应的综合表现较好，生态系统拦蓄降水或调节河川径流量的能力较强，流域生态健康程度高。

（5）土壤保持功能指数

统计额尔齐斯河流域各县（市）的土壤侵蚀模数，并进行预测和分级，统计中度及以上程度土壤侵蚀面积比例，对土壤保持功能指数进行计算，流域的土壤保持功能指数优秀，为 1.03%。从土壤保持功能评价结果来看，流域土壤侵蚀大部分处于较低水平，土壤有良好的稳定性，得分为 98。

（6）受保护地区面积占国土面积比例

由于流域大多位于山区，对山区及丘陵进行评估。统计各评估单元的各类（级）自然保护区、风景名胜区、森林公园、地质公园、生态功能保护区、水源保护区、封山育林地等面积，计算陆域受保护地区占国土面积比例。流域的陆域受保护地区占国土面积比例为 33.66%。受保护地区中，国家自然保护区和森林公园所占比例较大，评价级别为优秀，得分为 93.7。

（7）建设用地比例

统计额尔齐斯河流域各评估单元的建设用地面积，得出 2019 年建设用地比例为

0.37%，评价级别为优秀，得分为 99.27。从建设用地比例评价结果来看，流域由于位于高海拔高山区，除平原区受人类活动影响较大外，其他区域受人类活动影响很小，陆域人为景观对流域自然生态系统物质循环和能量流动影响很小。

（8）点源污染负荷排放指数

统计额尔齐斯河流域各评估单元化学需氧量和氨氮的生活污染物排放量及工业污染排放量，计算得出各单元点源污染负荷排放指数为 0.7，流域评估单元点源污染负荷排放指数大部分处于良好，得分为 70。生活污染物排放是影响点源污染负荷的主导因素。

（9）面源污染负荷排放指数

统计 2019 年额尔齐斯河流域农业农村、分散畜禽养殖业化学需氧量和氨氮排放量，计算得出流域面源污染负荷排放指数为 0.87，评价级别为一般，分值为 61.5。从面源污染负荷排放指数评价结果来看，流域受人类活动影响，农业生产和畜禽养殖过程中排放的污染负荷对流域生态系统产生了一定的压力。

（10）流域陆域生态健康状态评估结果

综合分析生态格局、生态功能、生态压力 3 个方面对陆域生态健康状况的影响，得出额尔齐斯河流域陆域生态健康状况评价结果（表 2-16）。可以看出，陆域生态健康状况整体呈良好状态。流域的景观破碎度较高，表明受人为活动影响，景观受阻隔较严重，水源涵养能力需要进一步提升。

表 2-16　2019 年额尔齐斯河流域陆域生态健康状况评价结果

名称	生态格局			生态功能			生态压力			陆域	等级
	森林覆盖率	景观破碎度	重要生境保持率	水源涵养功能指数	土壤保持功能指数	受保护地区面积占国土面积比例	建设用地比例	点源污染负荷排放指数	面源污染负荷排放指数		
评价结果	69.5	20.1	89.53	57.91	98	93.7	99.27	70	61.5	74.07	良好

2.2.2.3　消落带生态健康评价

（1）自然植被比例

统计流域消落带区域内森林、草地和灌木地面积，计算出流域消落带自然植被比例为 49.45%，评分为 49，评价级别为一般。

（2）自然岸堤比例

经调查分析，2019 年流域主要湖泊消落带内自然岸堤比例达 90% 以上，处于优秀级别，赋分值为 90。

（3）污染阻滞功能指数

统计流域内湖泊消落带区域内自然植被、湿地和耕地面积，计算出消落带污染阻滞功能指数为 54.89%，评分为 55，评价级别为一般。综合分析，流域消落带的生态系统类型较单一，消落带生态系统对污染物的纳污阻隔作用一般。

（4）生物多样性保护功能指数

经调查，2019 年流域两栖类动物、鸟类数量相比以往年份变化不大，且稍有增加，处于良好状态，赋分值为 70。

（5）人为干扰指数

统计流域内湖泊消落带区域内建设用地面积和农田面积，计算出消落带人为干扰指数为 9.56%，评价级别为优秀，得分为 81。综合分析，流域人为活动对消落带区域内生态系统空间组成和格局的影响程度较低。

（6）湿地退化指数

统计 2000 年以来流域内消落带区域湿地面积变化数据，计算出陆域消落带湿地退化指数为–13.5%，评价级别为较差，得分为 26。综合分析，流域消落带湿地的退化指数较高，但为负值。

（7）流域消落带生态健康状态评估结果

综合分析生态格局、生态功能、生态压力 3 个方面对消落带生态健康状况的影响，得出额尔齐斯河流域消落带生态健康状况评价结果（表 2-17）。可以看出，消落带生态健康状况整体呈良好状态。影响流域消落带生态健康的主要原因是湿地面积萎缩较大，导致污染阻滞功能不高。

表 2-17 2019 年额尔齐斯河流域消落带生态健康状况评价结果

名称	生态格局		生态功能		生态压力		消落带	等级
	自然植被比例	自然岸堤比例	污染阻滞功能指数	生物多样性保护功能指数	人为干扰指数	湿地退化指数		
评价结果	49	90	55	70	81	26	62.61	良好

2.2.2.4 流域综合健康指数值

采用综合指数法对流域综合健康指数进行计算，得出 2019 年流域综合健康指数值为 63.00，流域生态健康状态总体处于良好状态（表 2-18）。

表 2-18 2019 年额尔齐斯河流域综合健康指数

名称	水域健康指数值	陆域健康指数值	消落带健康指数值	流域生态健康状况综合评估	
分值	50.68	74.07	62.61	63.00	良好

2.3　额尔齐斯河流域 2020 年度生态环境调查评估

2.3.1　流域环境质量评估

2.3.1.1　地表水环境质量评价

（1）主要河流断面水质达标评价

2018 年以后额尔齐斯河流域水环境质量明显改善，主要河流水质均在 II 类以上，额尔齐斯河及乌伦古河水质全部为 II 类及以上，且 2020 年 6 个国考断面中 4 个水质为 I 类，流域水质优良率为 100%，总体水质优。2020 年流域主要河流水质总体保持在 II 类及以上（表 2-19 和图 2-1）。

表 2-19　2014—2020 年额尔齐斯河流域主要河流水质断面水质类别

序号	所在水体名称	断面名称	点位级别	2014 年水质	2015 年水质	2016 年水质	2017 年水质	2018 年水质	2019 年水质	2020 年水质
1	额尔齐斯河	卡库汇合口		III	II	II	II	II	II	II
2		富蕴大桥	国考	II	II	II	II	II	II	I
3		北屯大桥	国考	II	II	II	II	II	II	I
4		布尔津水文站	国考	II	II	II	II	II	II	II
5		额河南湾	国考	II	II	II	II	II	II	II
6	别列则克河	别列则克桥		II	II	II	II	II	II	II
7	布尔津河	群库尔水文站		III	II	II	II	II	I	I
8		布尔津河大桥	国考	II	II	II	I	II	II	I
9	乌伦古河	大青河源头		III	II	II	II	II	II	II
10		顶山	国考	III	II	II	II	II	II	I
11		二台		III	II	III	III	II	II	II
12	布尔根河	塔克什肯		II	II	II	II	II	II	II
13	克兰河	小东沟		II	I	II	II	II	II	I
14		水文站		II	I	II	II	II	II	I
15		山区林业局		II	I	II	II	II	II	I
16	哈巴河	哈拉他什水文站		II	II	II	I	II	II	II
17		哈巴河大桥		III	II	II	II	II	II	II
18	喀拉额尔齐斯河	大桥水文站		III	III	II	II	II	II	II
19	卡依尔特斯河	库威水文站		III	II	III	II	II	II	II
20	库依尔特斯河	可可托海小水塔		III	III	III	III	II	II	II

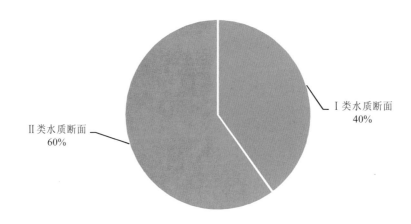

图 2-1　2020 年额尔齐斯河流域不同断面比例

（2）水功能区达标评价

2020 年，额尔齐斯河流域 19 个水功能区水质全年全因子评价和全年水功能区限制纳污红线主要控制项目达标评价均达标，水功能区水质达标率为 100%。

（3）湖库水环境质量评价

两个主要湖库即喀纳斯湖和乌伦古湖的水质两极分化明显，喀纳斯湖 2020 年为 Ⅰ～Ⅱ 类水质，2015—2020 年，喀纳斯湖 5 个断面水质除 2016 年湖南码头为Ⅲ类（湖南码头主要污染因子只有总氮超过Ⅱ类水质标准）外，其余均优于Ⅱ类。2015—2020 年，乌伦古湖、吉力湖 8 个断面均为Ⅳ～劣Ⅴ类水质，属重度污染，主要污染因子是化学需氧量、氟化物、硫酸盐、氯化物。

（4）湖库富营养化评价

2015—2020 年，乌伦古湖水体富营养化指数总体为 30～50，处于中营养状态，2018 年后有增长趋势，乌伦古湖存在富营养化风险。喀纳斯湖水体富营养化指数总体在 30 以下，为贫营养化，没有富营养化的风险（表 2-20）。

表 2-20　2015—2020 年额尔齐斯河流域主要湖泊富营养化评价结果

序号	年份	县	水体名称	富营养化指数	叶绿素 a/（mg/L）	蓝藻水华	
						发生次数	发生最大面积/km²
1	2015	福海县	乌伦古湖	37.45	0.010	0	0
2	2016	福海县	乌伦古湖	32.31	0.008	0	0
3	2017	福海县	乌伦古湖	32.51	0.007	0	0
4	2018	福海县	乌伦古湖	29.86	0.004	0	0
5	2019	福海县	乌伦古湖	30.31	0.012	0	0
6	2020	福海县	乌伦古湖	44.72	0.005	0	0

序号	年份	县	水体名称	富营养化指数	叶绿素 a/（mg/L）	蓝藻水华 发生次数	蓝藻水华 发生最大面积/km²
7	2015	布尔津县	喀纳斯湖	22.99	0.003	0	0
8	2016	布尔津县	喀纳斯湖	28.89	0.002	0	0
9	2017	布尔津县	喀纳斯湖	14.64	0.001	0	0
10	2018	布尔津县	喀纳斯湖	16.59	0.003	0	0
11	2019	布尔津县	喀纳斯湖	15.77	0.002	0	0
12	2020	布尔津县	喀纳斯湖	22.32	0.002 5	0	0

（5）水质指数变化情况

点源污染负荷排放指数：流域内各县（市）的点源污染负荷指数计算结果均小于 0.5，级别都为优秀。面源污染负荷排放指数：流域面源污染负荷指数计算结果均小于 0.5，级别都为优秀。

2.3.1.2　集中式饮用水水源地水质评价

额尔齐斯河流域主要水源地包括 6 个城镇地表水饮用水水源地与 1 个地下水饮用水水源地（表 2-21）。2020 年，7 个水源地水质均达到或优于Ⅲ类，总体保持稳定。

表 2-21　2015—2020 年额尔齐斯河流域主要水源地水质状况

序号	水源地名称	所在水体	水源地类型	水质监测结果					
				2015 年	2016 年	2017 年	2018 年	2019 年	2020 年
1	阿勒泰市克兰河水源地	克兰河	河流型	Ⅱ	Ⅲ	Ⅲ	Ⅲ	Ⅱ	Ⅱ
2	布尔津县城水源地	布尔津河	河流型	Ⅲ	Ⅱ	Ⅱ	Ⅰ	Ⅱ	Ⅰ
3	福海县团结水库水源地	福海额河	湖库型	Ⅲ	Ⅲ	Ⅲ	Ⅲ	Ⅲ	Ⅲ
4	富蕴县城水源地	额尔齐斯河	河流型	Ⅱ	Ⅱ	Ⅱ	Ⅱ	Ⅱ	Ⅱ
5	哈巴河县山口水库水源地	哈巴河	湖库型	Ⅲ	Ⅲ	Ⅱ	Ⅲ	Ⅱ	Ⅲ
6	吉木乃县红山大口井水源地	塔斯特河	地下水型	Ⅲ	Ⅲ	Ⅱ	Ⅱ	Ⅱ	Ⅰ
7	青河县乌伦古河水源地	乌伦古河	河流型	Ⅱ	Ⅱ	Ⅲ	Ⅲ	Ⅱ	Ⅱ

2.3.1.3　流域大气环境质量评价

选取额尔齐斯河流域内各县（市）SO_2、NO_2、PM_{10}、CO、O_3、$PM_{2.5}$ 6 项监测指标，具体评价结果见表 2-22。流域内各县（市）2020 年各项大气环境指标均达标，流域环境空气质量优良率达 100%。

表 2-22　2020 年额尔齐斯河流域各县（市）环境空气质量现状评价结果

县（市）	污染物名称	评价指标	现状浓度/ ($\mu g/m^3$)	标准浓度限值/ ($\mu g/m^3$)	最大浓度值占标准浓度限值的百分比/%	达标情况
阿勒泰市	SO_2	年平均	4	60	6.67	达标
	NO_2	年平均	14	40	35.00	达标
	PM_{10}	年平均	15	70	21.43	达标
	CO	日平均	500	4 000	12.5	达标
	O_3	日最大8小时平均	74	160	46.25	达标
	$PM_{2.5}$	年平均	9	35	25.71	达标
富蕴县	SO_2	年平均	8	60	13.33	达标
	NO_2	年平均	9	40	22.50	达标
	PM_{10}	年平均	32	70	45.71	达标
	CO	日平均	600	4 000	15.00	达标
	O_3	日最大8小时平均	95	160	59.38	达标
	$PM_{2.5}$	年平均	18	35	51.43	达标
福海县	SO_2	年平均	4	60	6.67	达标
	NO_2	年平均	9	40	22.50	达标
	PM_{10}	年平均	30	70	42.86	达标
	CO	日平均	700	4 000	17.50	达标
	O_3	日最大8小时平均	70	160	43.75	达标
	$PM_{2.5}$	年平均	17	35	48.57	达标
哈巴河县	SO_2	年平均	7	60	11.67	达标
	NO_2	年平均	7	40	17.50	达标
	PM_{10}	年平均	27	70	38.57	达标
	CO	日平均	800	4 000	20.00	达标
	O_3	日最大8小时平均	60	160	37.50	达标
	$PM_{2.5}$	年平均	14	35	40.00	达标
吉木乃县	SO_2	年平均	3	60	5.00	达标
	NO_2	年平均	7	40	17.50	达标
	PM_{10}	年平均	17	70	24.29	达标
	CO	日平均	500	4 000	12.50	达标
	O_3	日最大8小时平均	87	160	54.38	达标
	$PM_{2.5}$	年平均	9	35	25.71	达标

县（市）	污染物名称	评价指标	现状浓度/($\mu g/m^3$)	标准浓度限值/($\mu g/m^3$)	最大浓度值占标准浓度限值的百分比/%	达标情况
青河县	SO_2	年平均	3	60	5.00	达标
	NO_2	年平均	9	40	22.50	达标
	PM_{10}	年平均	24	70	34.29	达标
	CO	日平均	700	4 000	17.50	达标
	O_3	日最大 8 小时平均	67	160	41.88	达标
	$PM_{2.5}$	年平均	11	35	31.43	达标
布尔津县	SO_2	年平均	0.9	60	1.50	达标
	NO_2	年平均	1.5	40	3.75	达标
	PM_{10}	年平均	8.3	70	11.86	达标
	CO	日平均	168	4 000	4.20	达标
	O_3	日最大 8 小时平均	100.2	160	62.63	达标
	$PM_{2.5}$	年平均	4.3	35	12.29	达标

2.3.1.4　流域土壤环境质量评价

为检测土壤环境，2020 年共对 10 个背景点位开展了采样和分析检测工作，各点位主要位于富蕴县和哈巴河县，具体监测点位以及监测指标信息与 2018 年相同。

监测结果显示，所有监测项目均低于《土壤环境质量　建设用地土壤污染风险管控标准（试行）》（GB 36600—2018）的第二类用地风险筛选值，表明监测区域没有受到污染，土壤环境质量良好。

2.3.1.5　流域环境质量总体评价

根据对流域大气、水体、土壤、集中式饮用水水源地、水功能区的环境质量监测和评价，得出以下结论：

（1）2020 年，流域全年空气质量一、二级的天数占全年总天数的 100%，较 2019 年无变化，2018—2020 年空气质量保持优良。

（2）2020 年在监测的 10 条河流 20 个断面中，Ⅰ～Ⅱ类优良水质断面比例为 100%，其中Ⅰ类水质断面比 2017 年、2018 年、2019 年分别增加 6 个、8 个、7 个，布尔津河的群库尔水文站、布尔津河大桥两个断面以及克兰河的小东沟、水文站、山区林业局站 3 个断面 2020 年水质均达到Ⅰ类，水质改善显著（图 2-2）。

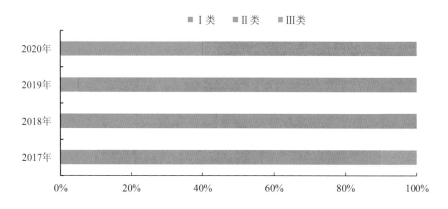

图 2-2　额尔齐斯河流域主要河流水质断面 2017—2020 年水质类别变化

（3）2020 年在监测的喀纳斯湖、乌伦古湖（包括吉力湖）2 座湖库 13 个断面中，Ⅰ～Ⅲ类优良水质断面比例为 38.5%，与 2019 年持平；Ⅳ～Ⅴ类轻中度污染水质断面比例为 15.4%，与 2019 年持平；劣Ⅴ类重度污染水质断面比例为 46.2%，吉力湖水质与 2019 年相比由劣Ⅴ类变成了Ⅳ类，水质有所好转。与 2017 年相比，额尔齐斯河流域山水林田湖草生态保护修复工程试点项目实施期内喀纳斯湖水质改善明显，Ⅰ类水质断面比例增加 20%，2019—2020 年劣Ⅴ类水质断面有所减少，主要为吉力湖水质由劣Ⅴ类或Ⅴ类提升为Ⅳ类，表明乌伦古湖水质也有所改善（图 2-3）。

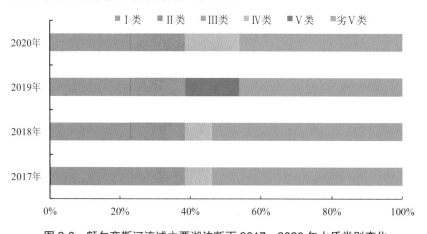

图 2-3　额尔齐斯河流域主要湖泊断面 2017—2020 年水质类别变化

（4）2020 年 7 个集中式饮用水水源地Ⅰ～Ⅲ类优良水质断面比例为 100%，水源地水质在 2017—2020 年均保持优良，且 2020 年布尔津县城水源地、吉木乃县红山大口井水源地水质由 2019 年的Ⅱ类提升至Ⅰ类，水源地水质有所改善。

（5）2019 年环境风险地块的重金属监测值均低于《土壤环境质量　建设用地土壤污

染风险管控标准（试行）》（GB 36600—2018）的第二类用地风险筛选值，没有受到污染，土壤环境质量良好。

（6）2015—2020 年流域环境质量总体有所改善，空气质量环境、饮用水水源地水质、河流和湖泊水质、土壤环境以及农村生态环境等目前均处于良好状态，基本没有受到污染，整体生态环境质量较好，尤其河流、湖泊、水源地等水质 2020 年较其他年份有所改善。

2.3.2　流域生态健康评估

2.3.2.1　水域生态健康评价

（1）水质状况指数

根据 2020 年流域河流、湖库水质监测断面数量（33 个）及评价结果（其中Ⅲ类以上有 25 个），流域水质状况指数得分为 75.8%，属于良好级别。乌伦古湖富营养状态指数最大为 44.72，也属于良好级别，流域 2020 年水质状况指数总体等级为良好，流域水质状况指数分值为 76。

（2）平水期水量现状

通过对额尔齐斯河流域现场调查、遥感影响分析与专家咨询等方法相结合，根据平水期水量现状评估分级标准进行计算，经评价 2020 年其水流淹没河道范围达到 60% 以上，处于良好水平，赋分值为 60。

（3）河道连通性

经计算，流域 2020 年每百公里的水利工程数为 16.55，河道连通性评分为 13，流域河道连通性总体较差。

（4）大型底栖动物多样性综合指数

对流域合适点位开展两期大型底栖动物调查后，计算得出流域大型底栖动物多样性综合指数为 0.59，得分为 59，大型底栖动物多样性综合指数处于一般状态。

（5）鱼类物种多样性综合指数

根据监测数据与计算结果，流域鱼类物种多样性综合指数总体状况一般，总体趋势呈现源头较差、下游逐渐转好的特点。计算得出流域鱼类物种多样性综合指数为 0.43，得分为 43，流域鱼类物种多样性综合指数处于一般状态。

（6）特有性或指示性物种保持率

全流域特有性或指示性物种保持率总体稳定，源头区的特有性或指示性物种保持率良好，城镇区由于城市建设与河道美观的要求在河道两岸修建诸多景观设施，原生态环境破坏严重，特有性或指示性物种保持率较差。经调查分析，流域特有性或指示性物种保持率得分为 53。

（7）水资源开发利用强度

根据《2020年新疆维吾尔自治区水资源公报》《阿勒泰地区2020年环境统计数据》《阿勒泰地区2020年统计年鉴》等资料计算确定区域工业、农业、生活、环境等用水量，结合区域水资源总量计算水资源开发利用强度，用分级标准进行评估，得出流域水资源开发利用强度评分为63，评价为良好。

（8）水生生境干扰指数

额尔齐斯河流域主要河流水生生境干扰指数呈总体水平稳定状态，受挖沙、航运及外来物种等干扰活动影响较少，水生生境干扰指数为47，评价等级为一般。

（9）流域水域生态健康状态评估结果

综合分析生态结构、水生生物、生态压力3个方面对水域生态健康状况的影响，得到流域水域生态健康状况评价结果（表2-23）。可以看出，流域水域生态健康状况整体呈一般状态。影响流域水域生态健康的主要因素为河道连通性，鱼类、特有物种的生境，人类干扰等。与2018年相比，2020年流域水域生态健康状态略有改善（图2-4）。

表 2-23　2020 年额尔齐斯河流域水域生态健康状况评价结果

名称	生态结构			水生生物			生态压力		水域	等级
	水质状况指数	平水期水量现状	河道连通性	大型底栖动物多样性综合指数	鱼类物种多样性综合指数	特有性或指示性物种保持率	水资源开发利用强度	水生生境干扰指数		
评价结果	76	60	13	59	43	53	63	47	52.84	一般

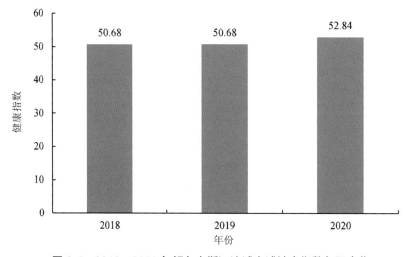

图 2-4　2018—2020 年额尔齐斯河流域水域健康指数年际变化

2.3.2.2　陆域生态健康评价

（1）森林覆盖率

由于额尔齐斯河流域处于草原区，所以以林草面积替代森林面积来计算森林覆盖率。2020 年，选用山区对各评估单元进行评价。从森林覆盖率来看，整个流域森林覆盖率为 70.87%，评价级别为良好，赋值为 70.74 分。

（2）景观破碎度

对流域内森林、草地等自然植被斑块数进行提取并统计各类型自然植被斑块数，由计算结果可以看出，全流域近一半区域景观破碎化程度较低，2020 年，流域景观破碎度小于 0.60，生态系统较稳定，自然生态系统的完整性一般，得分为 40。

（3）重要生境保持率

2020 年，全流域的重要生境保持率达 90 以上，评估等级为优秀。综合分析，流域内主要河岸带的生态均处于健康状态。

（4）水源涵养功能指数

计算出全流域的植被覆盖度，统计各植被类型和不透水面积比例，利用 ArcGIS 中空间分析工具中的地图代数对流域水源涵养功能指数进行计算，2020 年流域的水源涵养功能指数提升至 59.12，仍为一般。从水源涵养功能指数来看，流域生态系统多个水文过程及水文效应的综合表现较好，生态系统拦蓄降水或调节河川径流量的能力较强，流域生态健康程度高。

（5）土壤保持功能指数

统计额尔齐斯河流域各县（市）的土壤侵蚀模数，并进行预测和分级，统计中度及以上程度土壤侵蚀面积比例，对土壤保持功能指数进行计算，全流域的土壤保持功能指数优秀，为 1.03%。从土壤保持功能评价结果来看，流域土壤侵蚀大部分处于较低水平，土壤有良好的稳定性，得分为 99。

（6）受保护地区面积占国土面积比例

由于流域大多位于山区，对山区及丘陵进行评估。统计各评估单元的各类（级）自然保护区、风景名胜区、森林公园、地质公园、生态功能保护区、水源保护区、封山育林地等面积，计算陆域受保护地区占国土面积比例。流域的陆域受保护地区面积占国土面积的比例为 26.8%。受保护地区中，国家自然保护区和森林公园所占比例较大，评价级别为优秀，得分为 91.4。

（7）建设用地比例

由建设用地比例评价结果来看，由于流域位于高海拔高山区，除平原区受人类活动影响较大外，其他区域受人类活动影响很小，陆域人为景观对流域自然生态系统物质循环和能量流动影响很小。统计额尔齐斯河流域各评估单元的建设用地面积，得出 2020 年建设用地比例为 0.34%，评价级别为优秀，得分为 99.32。

（8）点源污染负荷排放指数

统计额尔齐斯河流域 2020 年 COD 和氨氮的生活污染物排放量及工业污染排放量，计算得出 2020 年地区点源污染负荷排放指数为 0.64，点源污染负荷排放指数大部分处于良好，得分为 73。生活污染物排放是影响点源污染负荷的主导因素。

（9）面源污染负荷排放指数

统计 2020 年额尔齐斯河流域农业农村、分散畜禽养殖业化学需氧量和氨氮排放量，计算得到流域面源污染负荷排放指数为 0.4，评价级别为优秀，分值为 84，面源负荷排放进一步得到控制。

（10）流域陆域生态健康状态评估结果

综合分析生态格局、生态功能、生态压力 3 个方面对陆域生态健康状况的影响，得出额尔齐斯河流域陆域生态健康状况评价结果（表 2-24）。可以看出，陆域生态健康状况指数达到 79.15，整体呈良好状态。流域的景观破碎度较高，表明受人为活动影响，河道景观受阻隔较严重。与 2018 年相比，2020 年流域陆域生态健康状况总体有所改善（图 2-5）。

表 2-24 2020 年额尔齐斯河流域陆域生态健康状况评价结果

名称	生态格局			生态功能			生态压力			陆域	等级
	森林覆盖率	景观破碎度	重要生境保持率	水源涵养功能指数	土壤保持功能指数	受保护地区面积占国土面积比例	建设用地比例	点源污染负荷排放指数	面源污染负荷排放指数		
评价结果	70.74	40	90	59.12	99	91.4	99.32	73	84	79.15	良好

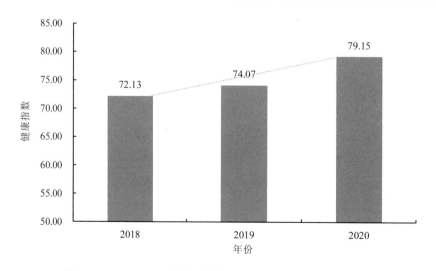

图 2-5 2018—2020 年额尔齐斯河流域陆域健康指数年际变化

2.3.2.3　消落带生态健康评价

（1）自然植被比例

统计流域消落带区域内森林、草地和灌木地面积，计算出 2020 年流域消落带自然植被比例为 52.1%，评分为 52，评价级别为一般。

（2）自然岸堤比例

经调查分析，2020 年流域主要湖泊消落带内自然岸堤比例达 90% 以上，处于优秀级别，赋分值为 90。

（3）污染阻滞功能指数

统计流域内湖泊消落带区域内自然植被、湿地和耕地面积，计算出消落带污染阻滞功能指数为 54.89%，评分为 55，评价级别为一般。综合分析，流域消落带的生态系统类型较单一，通过消落带生态系统对污染物的纳污阻隔作用一般。

（4）生物多样性保护功能指数

经调查，两栖类动物、鸟类数量 2020 年相比以往年份变化不大，且稍有增加，处于良好状态，赋分值为 70。

（5）人为干扰指数

统计流域内湖泊消落带区域内建设用地面积和农田面积，计算出消落带人为干扰指数为 8.65%，评价级别为优秀，得分为 82。综合分析，流域人为活动对消落带区域内生态系统空间组成和格局的影响程度较低。

（6）湿地退化指数

统计 2000 年以来流域内消落带区域湿地面积变化数据，计算出陆域消落带湿地退化指数为 10%，评价级别为较差，得分为 40。

（7）生态健康状态评估结果

综合分析生态格局、生态功能、生态压力 3 个方面对消落带生态健康状况的影响，得到额尔齐斯河流域消落带生态健康状况评价结果（表 2-25）。可以看出，消落带生态健康状况整体呈良好状态。影响流域消落带健康的主要因素是自然植被比例不高（自然状态下）。2018 年、2019 年的流域消落带生态健康状态变化不大，随着湿地生态用水和自然湿地保护的加强，2020 年消落带生态健康状态有所改善（图 2-6）。

表 2-25　2020 年额尔齐斯河流域消落带生态健康状况评价结果

名称	生态格局		生态功能		生态压力		消落带	等级
	自然植被比例	自然岸堤比例	污染阻滞功能指数	生物多样性保护功能指数	人为干扰指数	湿地退化指数		
评价结果	52	90	55	70	82	40	65.19	良好

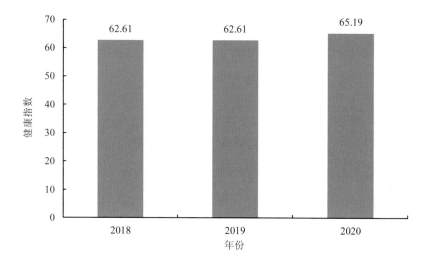

图 2-6　2018—2020 年额尔齐斯河流域消落带健康指数年际变化

2.3.2.4　流域综合健康指数值

采用综合指数法对流域生态综合健康指数进行计算，得到 2020 年流域综合健康指数值为 65.02，流域生态健康状态总体处于良好状态。2018—2020 年流域生态综合指数呈逐年上升趋势，健康状况有所改善（图 2-7 和表 2-26）。

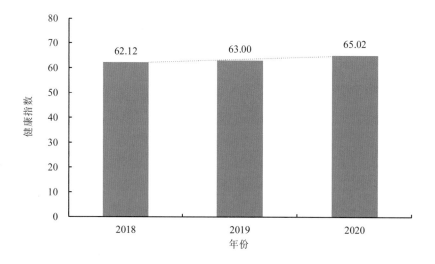

图 2-7　2018—2020 年额尔齐斯河流域综合健康指数年际变化

表 2-26　2020 年额尔齐斯河流域综合健康指数

名称	水域健康指数值	陆域健康指数值	消落带健康指数值	流域生态健康状况综合评估	
分值	52.84	79.15	65.19	65.02	良好

2.4　额尔齐斯河流域生物多样性调查

2.4.1　额尔齐斯河流域生物多样性特征

2.4.1.1　额尔齐斯河流域植物物种组成

额尔齐斯河从出山口至锡泊渡为第三纪侵蚀高平原段，河谷为峡谷状，植被生态系统中草甸草原、河岸林在沿岸低滩地、河漫滩和低阶地上不发育，在高阶地则发育形成荒漠生态系统。从锡泊渡至额尔齐斯河出境为中游段，该河段河谷展宽，阶地发育，植被生态系统从河流到高阶地依次是河流或湖泊水域生态系统、沼泽湿地、低滩地草甸、河岸带森林草原、疏林草原、灌木草原、高阶地散生木和稀疏灌木草原。植被生态系统在额尔齐斯河两岸分布不对称，北岸植被生态系统较南岸发育。人工绿洲生态系统主要分布在河流的高阶地、河岸林带和低阶地上。

额尔齐斯河流域蕨类植物按照秦仁昌系统、裸子植物统计按照郑万钧系统、被子植物统计按照恩格勒系统统计。据初步统计，额尔齐斯河流域共有维管植物 366 种，隶属 54 科 173 属，约占全疆总种数（3 971）的 9.2%。其中，蕨类植物 7 种，隶属 3 科 3 属，约占全疆蕨类植物总种数（55）的 12.7%；裸子植物 1 种，隶属 1 科 1 属，约占全疆裸子植物总种数（51）的 2.0%；被子植物 358 种，隶属 50 科 169 属。

2.4.1.2　科统计分析

额尔齐斯河流域植物物种含有 20 种以上的科有 3 个，依次为菊科 67 种、禾本科 44 种、莎草科 27 种，其中菊科 30 属、禾本科 20 属、莎草科 8 属，即 3 科 58 属 138 种，分别占流域总科数的 5.6%、总属数的 33.5% 和总种数的 37.7%，由此可见，含 20 种以上的科是额尔齐斯河流域植物的主要组成部分，在流域维管植物区系组成中占主导地位。含 10～20 种的科有 6 个，包括豆科 17 种、杨柳科 14 种、唇形科 14 种、玄参科 14 种、毛茛科 13 种、蓼科 11 种。含 10～20 种的科有 6 个，其中豆科 12 属、杨柳科 2 属、唇形科 12 属、玄参科 4 属、毛茛科 4 属、蓼科 2 属，即 6 科 36 属 83 种，占流域总科数的 11.1%、总属数的 20.8% 和总种数的 22.7%。含 2～9 种的科有 33 个，包含种数 133 个，占流域总科数的 61.1%、总种数的 36.3%。单属单种的科有 12 个，占总科数的 22.2%、总属数的 6.9% 和总种数的 3.3%。

含有 10 属以上的科有 4 科，依次排列为菊科 30 属、禾本科 20 属、豆科 12 属、唇形科 12 属，此 4 科按种数排列分别是菊科 67 种、禾本科 44 种、豆科 17 种、唇形科 14 种，含 10 属以上的科只有 4 科，但包含 74 属、142 个种，占流域总科数的 7.4%，总属数的 42.8%，总种数的 38.8%，因而这些是额尔齐斯河流域植物的优势科，在植物区系组成中占有重要地位。含有 2～9 属的科有 20 个，包含 69 个属，占流域总科数的 37.0%，总属数的 18.9%。仅有 1 属的科有 30 个，包含种数 69 种，占流域总科数的 55.6%，总属数的 17.3%，总种数的 18.9%，占流域一半以上的科，均为单属的科，种数仅有总种数的 1/5 不到，表明流域植物区系具有多样性。

2.4.1.3　属统计分析

额尔齐斯河植物物种中含 10 及以上种的属仅有 1 个，为蒿属。含 6～9 种的属有 10 个，包括柳属 9 种、眼子菜属 8 种、苔草属 8 种、灯芯草属 8 种、婆婆纳属 7 种、蓼属 6 种、毛茛属 6 种、早熟禾属 6 种、藨草属 6 种、香蒲属 6 种，10 属 70 种，占流域总属数的 5.8%、总种数的 19.1%。含 2～5 种的属有 67 个，包括杨属 5 个、车前属 5 个、蓟属 5 个、风毛菊属 5 个、绢蒿属 5 个、酸模属 5 个、泽泻属 5 个、披碱草属 5 个、碱茅属 5 个、木贼属 4 个、黄耆属 4 个、旋覆花属 4 个、矢车菊属 4 个等，共 67 属包含 191 种，占流域总属数的 38.7%、总种数的 52.2%。仅含有 1 种的属有 95 个，共 95 属 95 种，占流域总属数的 54.9%、总种数的 26.0%。由此可知，流域一半的属均为单种属，1/3 以上为小种属，在充分显示流域物种多样性的同时表明流域生态系统较为脆弱。

2.4.1.4　种统计分析

按照生活型来划分，在额尔齐斯河流域 366 种维管植物中，乔木仅有 18 种，包括黑杨、苦杨、银白杨、银灰杨、吐兰柳、线叶柳、灰毛柳等，占总种数的 4.9%，主要集中在杨柳科、桦木科等。草本植物和灌木占绝对优势，共有 348 种，占总种数的 95.1%。

淡水湿地内分布的植物按照生活型可进一步划分为沉水植物、漂浮植物、浮叶植物、挺水植物等。经野外调查，常见种类包括：

沉水植物：狸藻、浮叶眼子菜、篦齿眼子菜、大茨藻、小茨藻等；漂浮植物：浮萍、紫萍等；挺水植物：芦苇、花蔺草、小果黑三棱、小黑三棱、黑三棱、宽叶香蒲、小香蒲、短序香蒲、长苞香蒲；地势较为低洼的区域多为湿生植物：矮酸模、糙叶酸膜、盐生酸模、水生酸模、珠芽蓼、酸模叶蓼、棱叶灯芯草、大花灯芯草、丝状灯芯草、沼地毛茛、长叶毛茛、水葫芦苗、藨草、海韭菜、水麦冬等。

2.4.1.5 区系分析

根据吴征镒（1991）的中国种子植物属分布类型的划分系统，可以将额尔齐斯河流域共 170 属种子植物划分为以下的分布区类型（表 2-27）。

表 2-27 额尔齐斯河流域种子植物分布区类型

分布类型	属数	占总属数比例/%
1. 世界分布	45	26.47
2. 泛热带分布	4	2.35
6. 北温带分布	1	0.59
8. 旧世界温带分布	59	34.71
9. 温带亚洲分布	3	1.76
10. 地中海区、西亚至中亚分布	36	21.18
11. 中亚分布	4	2.35
12. 东亚分布	14	8.24
13. 中亚分布及其变型	4	2.35
合计	170	100.00

2.4.1.6 额尔齐斯河流域蕨类植物区系特点

从额尔齐斯河流域蕨类属的区系组成来看，其群系分布与额尔齐斯河流域所处的地理位置及气候条件是相一致的，以世界成分类型、北温带成分类型为主。这是由于新疆属温带荒漠地区，准噶尔盆地虽有蕨类这一古老植物类群栖息，却不具备它们生存的气候条件。山地具有它们生长的条件，但新疆的山系多发生较晚，一般都在第三纪中后期才显著隆升，因此，额尔齐斯河流域蕨类植物区系特点为种类稀少、区系组成简单，分布有世界分布类型、北温带分布类型，缺乏特有属。

2.4.1.7 额尔齐斯河流域种子植物区系特点

额尔齐斯河流域种子植物区系中单种属、少种属占比例大，世界广布种分布较多。该流域气候干旱，降雨较少，缺水的干旱环境限制了植物的生长和分布。世界广布属较多，达 45 属，流域内分布的湿地植物，包括大多数的挺水植物、漂浮植物、沉水植物都属于世界分布型，如芦苇属、香蒲属、藨草属、眼子菜属、狐尾藻属等。

中国的种子植物属共有 15 个分布区类型，本书调查统计的流域种子植物有 9 个分布类型，缺少热带亚洲和热带美洲间断分布、旧世界热带分布及其变型、热带亚洲和热带大洋洲分布、热带亚洲分布及其变型、东亚分布及其变型和中国特有属的分布。各种成分中，以温带成分占优势，其次为古地中海成分，这充分表明流域所处的地理位置和气候特点具有明显地带性特征。

额尔齐斯河流域种子植物旧世界温带分布占优势，占总属数的 34.7%，地中海区、西亚至中亚分布成分居第二，占总属数的 21.18%，这充分说明流域种子植物区系的来源是多方面的，各种成分在这里汇合交融，并在独特的干旱环境中演化，形成现代如此复杂的区系特征。

额尔齐斯河流域种子植物中，含有 20 种以上的科有 3 个，为菊科、禾本科、莎草科，包含 138 种，分别占流域总科数的 5.6%、总属数的 33.5% 和总种数的 37.7%，这表明流域种子植物区系中科的优势现象十分显著。以上这 3 个科是流域种子植物区系的优势科，按所含种数多少排列依次是：菊科 67 种、禾本科 44 种、莎草科 27 种，并且菊科、禾本科、莎草科均为世界广布科，这充分反映出流域气候方面的严酷性。干旱的气候使温带的许多成分在本区有分布但却难以形成优势，唯有广布性的大科能以其庞大的种系和适应能力在生态环境较为恶劣的地域取得优势。

额尔齐斯河流域种子植物区地理成分以旧世界温带成分为主，尽管它们所含种数相对那些优势科而言并没有很多，但在流域种子植物区系起着十分重要的表征作用，即为流域种子植物区系的表征科。它们对流域植物区系和植被方面的贡献和作用是很大的，如麻黄科、眼子菜科、杨柳科、蓼科、桦木科、毛茛科等，都是流域植被的建群种或优势种。

2.4.1.8 额尔齐斯河流域植被分布特点

额尔齐斯河流域植物种类较多，但植被类型较为简单。流域地处中亚、蒙古国、西伯利亚、中国-喜马拉雅等植物区系的交会处，植物区系性质复杂且带有浓厚的过渡性，因此植物种类较多，据初步统计有 366 个植物种，但该流域植被群落层片结构繁简不一，层片结构较复杂的群落为额尔齐斯河流域上段，即阿尔泰山区，但额尔齐斯河周边植物层片结构比较简单，灌木或草本类型的分层现象不明显，很多区域仅有一层结构。

湿地植被受水分影响较大，多表现出隐域性特点。湿地植被生长好坏受水系分布的直接影响，近河地段植被生长较好，远离河道处生长稀疏，沿水域呈带状分布，表现出隐域性特点。

额尔齐斯河流域湿地植被中盐生植被、沙生植被充分发育，该流域是典型的外流区域，河流的水化学性质表现出明显的地带性，径流形成区以下和愈向下游，矿化度迅速增加，进而通过地下水和土壤的盐渍化而直接影响盐生植被充分发育。同时，干旱的生态环境使湿地植物形态及植被类型均不同程度地具有沙漠化痕迹，湿地植物群落中沙生、旱生种类在群落中占据优势，构成干旱区典型的荒漠植被景观。

额尔齐斯河流域植物群落由水生性向中生旱生性群落直接过渡。通常来说，湿地植物群落的建群种和优势种是水生植物、湿生植物、盐生植物或耐盐植物，群落属于水生（包括挺水、浮叶、沉水）或湿生植物群落类型。但是由于该流域气候干旱，蒸发和植物蒸腾作用强烈，水生环境和陆地旱生环境之间缺乏一个由湿生到中生的交接过渡地带，因此，该流域水生植物群落往往直接与中生植物或旱生植物相邻分布。例如，湿地植被型中，建群种除芦苇、香蒲、蕉草等水生植物外，在过湿地土壤上主要生长杨树、桦树、珠芽蓼等中生植物，其他均为中旱生植物或旱生植物，如梭梭、大果白刺、短果霸王等，中生-旱生植物充分发育是流域湿地植被的最显著特点。

2.4.1.9　额尔齐斯河流域野生动物分布特点

（1）流域内水鸟、湿地鱼类、两栖爬行类和哺乳类种类丰富

额尔齐斯河流域不仅为鱼类和两栖类生存提供了必需的水环境，还为鸟类提供了很好的栖息环境，成为迁徙中鸟类必要的补给站点。同时，流域内有国家一级保护鸟类 1 种，为黑鹳；国家二级保护鸟类 8 种，分别是大天鹅、小天鹅、疣鼻天鹅、白琵鹭、白鹈鹕、小苇鳽、蓑羽鹤、灰鹤。湿地鱼类、两栖类、爬行类和哺乳类中，有国家一级保护哺乳类 1 种，为鼬獾；国家二级保护哺乳类 1 种，为水獭；新疆一级保护两栖类 1 种，为中亚北鲵；新疆二级保护两栖类 1 种，为阿勒泰林蛙；新疆二级保护爬行类 2 种，分别为游蛇、棋斑游蛇。

（2）经济种类多

鱼类是湿地中经济动物种类最多、经济价值最高的湿地动物。额尔齐斯河流域分布的哲罗鲑、白斑狗鱼、湖拟鲤、贝加尔雅罗鱼等是其特有鱼类。现白斑狗鱼、湖拟鲤、贝加尔雅罗鱼等能够形成生产量，是流域渔业的主要种类和经济鱼类。湿地两栖类中，绿蟾蜍、中国林蛙和阿勒泰林蛙在农田害虫生物防治方面发挥着重要作用，其中中国林蛙还具有重要的药用价值。湿地哺乳类中，麝鼠、水獭等为珍贵的毛皮兽，具有很高的经济价值。麝鼠香具有浓烈的芳香味，是制作高级香水的原料，麝鼠分泌的麝鼠香中含有降麝香酮、十七环烷酮等成分，除具有与天然麝香相同的作用外，还能延长血液凝固的时间，可防治血栓性病症。

2.4.2　额尔齐斯河流域生物多样性分布及物种丰富度现状

2.4.2.1　额尔齐斯河流域植物多样性分布

额尔齐斯河流域内的植物根据地形和水资源划分区域分布。额尔齐斯河流域西北部和中段额尔齐斯河南北两侧以根系发达的旱生和超旱生的荒漠植被为主，主要植物群落分布有琵琶柴群落、怪柳群落、假木贼群落、梭梭群落、小蓬群落、麻黄群落等，这一类植物具有典型耐寒旱、抗强辐照（辐射）的功能性状，如叶片色浅、叶形缩小或呈针状防止水分散失，具有肉质茎贮藏水分，低矮丛生，具有强大而深远的根系，利于从深度土壤中吸水，群落之间分布距离远，整体植被覆盖度较低。流域东西两端分布有大面积草原植被，是流域草牧业的基础。低山带以蒿属植物为主的半荒漠草原，分布有重要的春秋季节草场，即蒿属草原，其在春季给牲畜补给较高水平营养，秋季释放的生化物质可以为牲畜群发挥驱虫祛病作用，是具有供给、支持和调节的重要生物资源。流域东北靠近阿尔泰山南麓，随着海拔和降水量增加，禾本科草原草类增加，分布着以针茅、羊茅为主的草原以及旱区荒漠化草原。在海拔较低和水热条件较好的森林带周边形成以蔷薇、绣线菊等灌木及杂类草为主的草甸草原，海拔高处为亚高山五花草甸草原及以薹草和蒿草为主的高山草甸草原。五花草甸草原是流域草原带多样性较为丰富的植被景观，分布着众多茂盛的显域植被群落，平均株高可达 40～80 cm，主要有金莲花、银莲花、锦鸡儿、赤芍、地榆、勿忘我、党参、马先蒿、独活等，与森林景观交错，形成林草过渡带，具有多样和独特的林草生态景观。

额尔齐斯河流域东北部毗邻阿尔泰山南麓，那里分布着物种丰富的山地森林，主要有西伯利亚云杉、落叶松、红松及冷杉等建群种，与之混生的常见伴生种包括疣皮桦、山杨、山楂等 20 余种其他木本植物。山地森林是流域平原绿洲赖以繁荣与可持续的水源涵养林，因此保护该地的生物多样性更为迫切和重要。额尔齐斯河流域中的河谷地带分布着珍稀的银白杨、银灰杨和密叶杨以及盐桦，是我国重要杨树种质资源多样性基因库。额尔齐斯河流域中大面积水域及周边的草甸沼泽分布着大面积的水生植被，芦苇是其植被主要群落建成种，其他常见挺水植物还有水烛、菖蒲、水葱、灯芯草、水蓼、水麦冬等。此外，还有常见的浮水植物如睡莲、眼子菜、品藻和浮萍等，常见的沉水植物如金鱼藻、狐尾藻、狸藻等，这些为净化水质、提升水氧量和营建良好健康的河流生态系统提供了初级生产力和基础生物环境构架。

2.4.2.2　额尔齐斯河流域动物多样性分布

额尔齐斯河水温适中，光照条件好，水生生物资源丰富，为鱼类提供了丰富的饵料，因此鱼类种类多，额尔齐斯河流域由于纬度靠北，以鲑科、茴鱼科、江鳕科等耐寒性较强的鱼类为主。

两栖动物是脊椎动物中由水到陆的过渡类型，它们除成体结构尚未完全适应陆地生活、需要经常返回水中保持体表湿润外，繁殖时期还必须将卵产在水中，孵出的幼体还必须在水内生活，有的种类甚至终生生活在水里，所以两栖动物全部归入湿地动物。

额尔齐斯河流域两栖类的种类相对较少，分别为绿蟾蜍、大蟾蜍、中国林蛙、阿尔泰林蛙、中亚林蛙，除中国林蛙外，其余均为新疆特有种。

爬行类种有 2 种，包括游蛇、棋斑游蛇，均为营水生和近水生生活的种类。

兽类的广布种成分较多，生活在水中或经常活动在河湖湿地岸边，大多为珍贵的毛皮动物，经济价值极高（表 2-28）。

表 2-28　额尔齐斯河流域鱼类、两栖、爬行和兽类名录

编号	目	科	种	拉丁名
1	食虫目	猬科	大耳猬	*Hemiechinus auritus*
2	食虫目	鼩鼱科	北腹麝鼩	*Crocidura leucodon*
3	翼手目	蝙蝠科	褐山蝠	*Nyctalus noctula*
4	翼手目	蝙蝠科	大棕蝠	*Eptesicus serotinus*
5	食肉目	犬科	狼	*Canis lupus*
6	食肉目	犬科	沙狐	*Vulpes corsac*
7	食肉目	犬科	赤狐	*Vulpes vulpes*
8	食肉目	鼬科	艾鼬（艾虎）	*Mustela eversmanii*
9	食肉目	鼬科	伶鼬	*Mustela nivalis*
10	食肉目	鼬科	黄鼬	*Mustela sibirica*
11	食肉目	鼬科	虎鼬	*Vormela peregusna*
12	食肉目	鼬科	水獭	*Lutra lutra*
13	食肉目	鼬科	狗獾	*Meles meles*
14	食肉目	猫科	猞猁	*Lynx lynx*
15	食肉目	猫科	兔狲	*Otocolobus manul*
16	偶蹄目	猪科	野猪	*Sus scrofa*
17	偶蹄目	鹿科	马鹿	*Cervus elephus*
18	偶蹄目	鹿科	狍	*Capreolus capreolus*
19	偶蹄目	牛科	鹅喉羚	*Gazella subgutturosa*
20	兔形目	兔科	草兔（蒙古兔）	*Lepus capensis*
21	兔形目	兔科	雪兔	*Lepus timidus*
22	啮齿目	松鼠科	赤颊黄鼠	*Spermophilus erythrogenys*

编号	目	科	种	拉丁名
23	啮齿目	仓鼠科	原仓鼠	*Cricetus cricetus*
24	啮齿目	仓鼠科	小毛脚鼠	*Phodopus roborovskii*
25	啮齿目	仓鼠科	短尾仓鼠	*Cricetulus eversmanni*
26	啮齿目	仓鼠科	灰仓鼠	*Cricetulus migratorius*
27	啮齿目	仓鼠科	阿尔泰鼢鼠	*Myospalax myospalax*
28	啮齿目	仓鼠科	柽柳沙鼠	*Meriones tamariscinus*
29	啮齿目	仓鼠科	子午沙鼠	*Meriones meridianus*
30	啮齿目	仓鼠科	麝鼠	*Ondatra zibethica*
31	啮齿目	仓鼠科	草原兔尾鼠	*Lagurus lagurus*
32	啮齿目	仓鼠科	黄兔尾鼠	*Lagurus luteus*
33	啮齿目	仓鼠科	根田鼠（经济田鼠）	*Microtus oeconomus*
34	啮齿目	仓鼠科	普通田鼠	*Microtus arvalis*
35	啮齿目	跳鼠科	三趾心颅跳鼠	*Salpingotus kozlovi*
36	啮齿目	跳鼠科	小五趾跳鼠	*Allactaga elater*
37	啮齿目	跳鼠科	五趾跳鼠	*Allactaga sibirica*
38	啮齿目	跳鼠科	小家鼠	*Musmusculus*
39	啮齿目	松鼠科	草原黄鼠	*Citellus dauricus*
40	啮齿目	仓鼠科	水鼠	*Arvicola amphibius*
41	无尾目	蟾蜍科	绿蟾蜍	*Bufo viridis*
42	无尾目	蟾蜍科	大蟾蜍	*Bufo bufo*
43	无尾目	蛙科	中国林蛙	*Rana chensinensis*
44	无尾目	蛙科	阿尔泰林蛙	*Rana altaica*
45	无尾目	蛙科	中亚林蛙	*Rana asiatica*
46	有鳞目	鬣蜥科	新疆岩蜥	*Laudakia stoliczkana*
47	有鳞目	鬣蜥科	白条沙蜥	*Phrynocephalus albolineatus*
48	有鳞目	鬣蜥科	旱地沙蜥	*Phrynocephalus helioscopus*
49	有鳞目	鬣蜥科	变色沙蜥	*Phrynocephalus versicolor*
50	有鳞目	蜥蜴科	荒漠麻蜥	*Eremias przewalskii*
51	有鳞目	蜥蜴科	快步麻蜥	*Eremias velax*
52	有鳞目	蜥蜴科	捷蜥蜴	*Lacerta agilis*
53	有鳞目	游蛇科	花脊游蛇	*Coluber ravergieri*
54	有鳞目	游蛇科	黄脊游蛇	*Coluber spinalis*
55	有鳞目	游蛇科	白条锦蛇	*Elaphe dione*
56	有鳞目	游蛇科	棋斑（水）游蛇	*Natrix tessellata*
57	有鳞目	游蛇科	游蛇	*Natrixnatrix*

编号	目	科	种	拉丁名
58	鲟形目	鲟科	西伯利亚鲟	*Acipenser baeri*
59	鲟形目	鲟科	小体鲟	*Acipenser ruthenus*
60	鲑形目	鲑科	细鳞鲑	*Brachymystax lenok*
61	鲑形目	鲑科	哲罗鲑	*Hucho taimen*
62	鲑形目	鲑科	（长颌）北鲑	*Stenodus leucichthys*
63	鲑形目	鲑科	北极茴鱼	*Thymallus arcticus*
64	鲑形目	鲑科	白斑狗鱼	*Esox lucius*
65	鲤形目	鲤科	阿尔泰真鲅	*Phoxinus phoxinus*
66	鲤形目	鲤科	丁鲅	*Tinca tinca*
67	鲤形目	鲤科	东方欧鳊（东方真鳊）	*Abramis brama*
68	鲤形目	鲤科	湖拟鲤	*Rutilus rutilus*
69	鲤形目	鲤科	贝加尔雅罗鱼	*Leuciscus leuciscus*
70	鲤形目	鲤科	高体雅罗鱼	*Leuciscus idus*
71	鲤形目	鲤科	草鱼	*Ctenopharyngodon idellus*
72	鲤形目	鲤科	东方欧鳊	*Abramsbramaorientalis*
73	鲤形目	鲤科	花丁鲌	*Gobiogobiocynocephalus*
74	鲤形目	鲤科	须鲅	*Tincatinca*
75	鲤形目	鲤科	阿勒泰鲅	*Phoxinusphoxinus*
76	鲤形目	鲤科	西伯利亚杜父鱼	*Cottussibiricusaltaicus*
77	鲤形目	鲤科	尖鳍鱼（花丁鲌）	*Gobio gobio*
78	鲤形目	鲤科	鲤（西鲤）	*Cyprinus carpio*
79	鲤形目	鲤科	北方亚种（银鲫）	*C. a. gibelio*
80	鲤形目	鲤科	尖鳍鲌	*Gobio acutipnnatus*
81	鲤形目	鳅科	北方条鳅	*Nemachilus toni*
82	鲤形目	鳅科	鲫	*Carassivs auratus*
83	鲤形目	鳅科	金鲫（黑鲫）	*Carassius auratus*
84	鲤形目	鳅科	北方须鳅	*Barbatula barbatula nuda*
85	鲤形目	鳅科	北方花鳅	*Cobitis granoei*
86	鲤形目	鳅科	泥鳅	*Misgurnus anguillicaudat*
87	鲤形目	鳅科	穗唇条鳅	*Barbatulalabiata*
88	鳕形目	鳕科	江鳕	*Lota lota*
89	鲈形目	鲈科	梭鲈	*Lucioperca lucioperca*
90	鲈形目	鲈科	河鲈	*Perca fluviatilis*
91	鲈形目	鲈科	粘鲈	*Acerina cernua*
92	鲈形目	杜父鱼科	阿尔泰亚种（阿尔泰杜父鱼）	*Cottus sibiricus altaieus*

流域鸟类资源丰富，每年4—5月有众多水禽在流域栖息繁殖，如大天鹅、小天鹅、疣鼻天鹅、红脚鹬等（表2-29）。

表2-29　额尔齐斯河流域鸟类名录

序号	种名	种拉丁名	保护等级	居留型
1	灰雁	*Anser anser*		夏候鸟
2	鸿雁	*Anser cygnoides*		旅鸟
3	大天鹅	*Cygnus cygnus*	国家二级	夏候鸟
4	小天鹅	*Cygnus columbianus*	国家二级	旅鸟
5	疣鼻天鹅	*Cygnus olor*	国家二级	夏候鸟
6	赤麻鸭	*Tadorna ferruginea*		夏候鸟
7	绿头鸭	*Anas platyrhynchos*		夏候鸟
8	赤嘴潜鸭	*Netta rufina*		夏候鸟
9	斑脸海番鸭	*Melanitta fusca*		冬候鸟
10	白头硬尾鸭	*Oxyura leucocephala*	省级	旅鸟
11	斑头秋沙鸭	*Mergus albellus*		夏候鸟
12	白鹈鹕	*Pelecanus onocrotalus*	国家二级	夏候鸟
13	鸬鹚	*Phalacrocorax carbo*		夏候鸟
14	苍鹭	*Ardea cinerea*	省级	旅鸟
15	大白鹭	*Egrettaalba*	省级	夏候鸟
16	小苇鳽	*Ixobrychus minutus*	国家二级	夏候鸟
17	灰鹤	*Grus grus*	国家二级	夏候鸟
18	黑鹳	*Ciconia nigra*	国家一级	夏候鸟
19	蓑羽鹤	*Anthropoides virgo*	国家二级	夏候鸟
20	黑水鸡	*Gallinula chloropus*		夏候鸟
21	白骨顶	*Fulica atra*		夏候鸟
22	金眶鸻	*Charadrius dubius*		夏候鸟
23	环颈鸻	*Charadrius alexandrinus*		夏候鸟
24	红胸鸻	*Charadrius asiaticus*		夏候鸟
25	小嘴鸻	*Eudromias morinellus*		夏候鸟
26	蛎鹬	*Haematopus ostralegus*		旅鸟
27	凤头麦鸡	*Vanellus vanellus*		旅鸟
28	红脚鹬	*Tringa totanus*		夏候鸟
29	白腰草鹬	*Tringa ochropus*		夏候鸟

序号	种名	种拉丁名	保护等级	居留型
30	矶鹬	*Tringa hypoleucos*		夏候鸟
31	翘嘴鹬	*Xenus cinereus*		旅鸟
32	孤沙锥	*Gallinago solitaria*		夏候鸟
33	大沙锥	*Gallinago megala*		旅鸟
34	乌脚滨鹬	*Calidris temminckii*		旅鸟
35	三趾滨鹬	*Crocethia alba*		旅鸟
36	黑翅长脚鹬	*Himantopus himantopus*		夏候鸟
37	红颈瓣蹼鹬	*Phalaropus lobatus*		旅鸟
38	银鸥	*Larus argentatus*		夏候鸟
39	红嘴鸥	*Larus ridibundus*		夏候鸟
40	普通燕鸥	*Sterna hirundo*		夏候鸟
41	白额燕鸥	*Sterna albifrons*		夏候鸟

第 *3* 章

额尔齐斯河流域生态系统特征、胁迫及耦合机理研究

流域作为复合生态系统，具有多样的生态系统服务类型，在自然和人为因素的共同作用下，生态系统服务之间表现出复杂的时空关系特征，而生态系统服务权衡与协同关系研究是生态系统综合管理的前提。本书以额尔齐斯河流域为研究区，首先利用土地利用数据集研究额尔齐斯河流域山水林田湖草沙生态系统时空格局及演变特征、植被覆盖度变化和景观格局变化特征，在探讨土地利用现状与时空变化特征的基础之上，通过生态系统服务耦合分析与胁迫分析，认识生态系统服务内部的协同与权衡关系，以及识别影响生态系统服务的主要驱动因子，明确生态系统内部以及人类与生态系统服务之间的作用关系，为区域环境管理及生态保护规划提供科学依据，为土地利用结构调整提供决策参考。

3.1 生态系统特征

基于 2000 年、2005 年、2010 年和 2015 年欧洲航天局 300 m 空间分辨率土地利用数据，运用 ArcGIS 10.2 软件对 4 期土地利用数据进行裁剪、重分类等预处理，将额尔齐斯河流域土地利用类型分为耕地、林地、草地、未利用地、湿地、建设用地和水域 7 种类型，选取景观格局指标分别从类水平和景观水平对流域景观格局进行分析，并利用生态系统转移矩阵分析生态系统转移变化特征，基于 NDVI 数据探讨区域植被覆盖水平变化。通过分析流域生态系统空间分布、构成及变化，揭示流域生态系统格局和演变特征。

3.1.1 生态系统空间格局特征

3.1.1.1 生态系统空间分布特征

由 2015 年土地利用数据（表 3-1）可以看出，阿勒泰地区土地总面积中未利用地面积占比最大，其中以荒漠生态系统为主，面积约 61 141.78 km^2，占比高达 52.15%；其次

是草地生态系统，面积约为 24 567.11 km²，占比 20.93%；林地生态系统面积约为 18 090.36 km²，占比 15.41%；耕地生态系统面积约为 10 694.05 km²，占比 9.11%。水域、湿地以及建设用地生态系统面积均较小，占比均不足 2%。

表 3-1　2015 年阿勒泰地区土地利用汇总

地类	面积/km²	比例/%
未利用地	61 141.78	52.15
草地	24 567.11	20.93
林地	18 090.36	15.41
耕地	10 694.05	9.11
建设用地	78.66	0.06
水域	1 946.12	1.65
湿地	814.62	0.69
总计	117 332.7	100.00

2015 年土地利用类型空间分布如图 3-1 所示，未利用地主要分布于整个流域的南部和中西部，其中福海县、富蕴县以及青河县南部分布最为集中；森林生态系统和草地生态系统主要分布于北部山地地区和吉木乃河流域南部地区，集中在哈巴河县、布尔津县、阿勒泰市、富蕴县北部以及吉木乃县南部；耕地生态系统主要分布于流域中西部，以额尔齐斯河流域下游与支流交汇区以及乌伦古河三角洲地区为主；湿地生态系统主要分布于阿勒泰市西南部；而湖泊水域生态系统主要指福海县中部的乌伦古湖以及布尔津县北部的喀纳斯湖等众多湖泊；城镇生态系统分布零散，以耕地生态系统为依托，分布于耕地生态系统周边。

由 2015 年各县（市）的土地利用类型面积统计数据（图 3-2）可知，福海县、富蕴县、青河县以及吉木乃县主要土地利用类型为未利用地，其他地区土地利用类型均以草地为主。其中，富蕴县和青河县未利用地面积分别为 11 910.19 km²、8 745.36 km²，占各县域总面积的 62.90% 和 57.12%；其次是草地，面积分别为 5 964.64 km²、3 841.71 km²，占各县域总面积的 18.84% 和 25.09%；然后是林地，面积分别为 4 692.50 km²、1 807.97 km²，占各县域总面积的 14.82% 和 11.81%。而福海县未利用地面积为 23 661.59 km²，占比约 70.68%；其次是林地面积为 3 369.23 km²，占比约 10.06%；然后是耕地面积为 2 893.73 km²，占比约 8.64%。吉木乃县未利用地面积为 2 709.45 km²，占县域面积比例约为 38.87%；其次是草地面积为 2 179.36 km²，占比约 31.26%；然后是林地面积为 1 482.28 km²，占比约 21.26%。

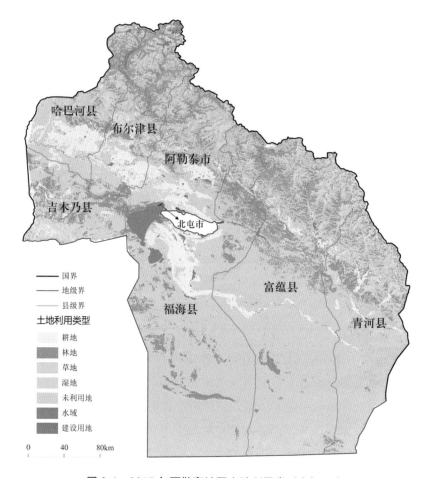

图 3-1 2015 年阿勒泰地区土地利用类型空间分布

哈巴河县、布尔津县和阿勒泰市土地利用类型以草地为主。其中，哈巴河县草地面积为 2 699.94 km²，占县域总面积的 33.91%；其次是耕地面积为 1 785.06 km²，占比约 22.42%；然后是未利用地面积为 1 744.45 km²，占比约 21.91%。布尔津县草地面积为 3 555.17 km²，占县域总面积的 34.20%；其次是林地面积为 2 903.63 km²，占比约 27.93%；然后是未利用地面积为 1 817.87 km²，占比约 17.49%。阿勒泰市草地面积为 4 151.48 km²，占市域总面积的 35.93%；其次是未利用地面积为 2 559.94 km²，占比约 22.15%；然后是林地面积为 2 298.52 km²，占比约 19.89%。

湿地、水域以及建设用地等在 7 个县（市）中分布范围均较小，占各县（市）面积比例均较低，具体分布情况如图 3-2 所示。

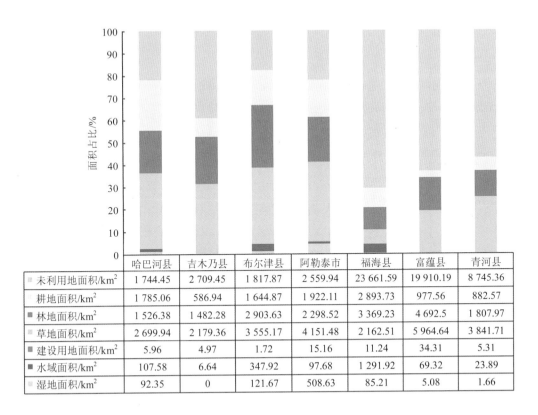

	哈巴河县	吉木乃县	布尔津县	阿勒泰市	福海县	富蕴县	青河县
■ 未利用地面积/km²	1 744.45	2 709.45	1 817.87	2 559.94	23 661.59	19 910.19	8 745.36
耕地面积/km²	1 785.06	586.94	1 644.87	1 922.11	2 893.73	977.56	882.57
■ 林地面积/km²	1 526.38	1 482.28	2 903.63	2 298.52	3 369.23	4 692.5	1 807.97
■ 草地面积/km²	2 699.94	2 179.36	3 555.17	4 151.48	2 162.51	5 964.64	3 841.71
■ 建设用地面积/km²	5.96	4.97	1.72	15.16	11.24	34.31	5.31
■ 水域面积/km²	107.58	6.64	347.92	97.68	1 291.92	69.32	23.89
湿地面积/km²	92.35	0	121.67	508.63	85.21	5.08	1.66

图 3-2 2015 年阿勒泰地区各县（市）土地利用类型面积及占比

3.1.1.2 生态系统时空演变特征

（1）时间变化特征

2000—2015 年阿勒泰地区主要生态系统面积占比变化如图 3-3 所示，同时对基于 2000 年、2015 年土地利用数据分析的各土地利用类型的变化幅度和动态度结果如表 3-2 所示。林地与未利用地面积有所减少，其中林地面积由 2000 年的 18 324.51 km² 减少至 2015 年的 18 090.36 km²，减幅达 1.28%；未利用地面积减幅为 0.86%。除林地和未利用地外，其他土地利用类型面积均持续增加，其中建设用地面积由 2000 年的 39.42 km² 增加至 2015 年的 78.66 km²，增幅最大达 99.54%，耕地、水域增幅也相对较为明显，分别为 4.87% 和 2.65%；草地与湿地增幅最小分别为 0.71% 和 0.43%。2000—2005 年耕地、林地与建设用地变化幅度最大，2010—2015 年湿地、未利用地与水域变化幅度最大，2005—2010 年土地利用变化强度整体相对较弱。

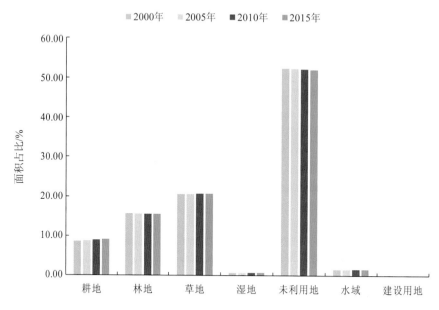

图 3-3　2000—2015 年阿勒泰地区生态系统类型面积占比变化

表 3-2　2000 年、2015 年阿勒泰地区土地利用变化幅度和动态度

土地利用类型	2000 年		2015 年		变化幅度/%	动态度/%
	面积/km²	百分比/%	面积/km²	百分比/%		
未利用地	61 669.99	52.56	61 141.78	52.10	−0.856	−0.057
草地	24 394.05	20.79	24 567.11	20.93	0.709	0.047
林地	18 324.51	15.61	18 090.36	15.41	−1.277	−0.085
耕地	10 197.43	8.69	10 694.05	9.11	4.869	0.324
湿地	811.16	0.69	814.623	0.69	0.426	0.028
水域	1 895.91	1.61	1 946.12	1.65	2.648	0.176
建设用地	39.42	0.03	78.66	0.06	99.543	6.636
总和	117 332.5	100	117 332.5	100	—	—

（2）空间变化特征

由 2000 年、2015 年土地利用变化图（图 3-4）可以看出，除土地利用类型未变化部分外，流域内未利用地转变为耕地、森林以及草地生态系统的面积最为明显，主要集中分布于哈巴河县、布尔津县、阿勒泰市以及吉木乃县地区的南部和福海县、富蕴县、青河县的中部；其次是森林生态系统转变为未利用地、耕地以及草地生态系统，主要分布于青河县北部、阿勒泰市东南部以及福海县南部地区，然后为草地生态系统转变为未利用地、耕地以及建设用地生态系统，主要分布于哈巴河县、布尔津县南部以及富蕴县、青河县北部。除此之外，其他生态系统土地利用转换面积较小，转变不明显。

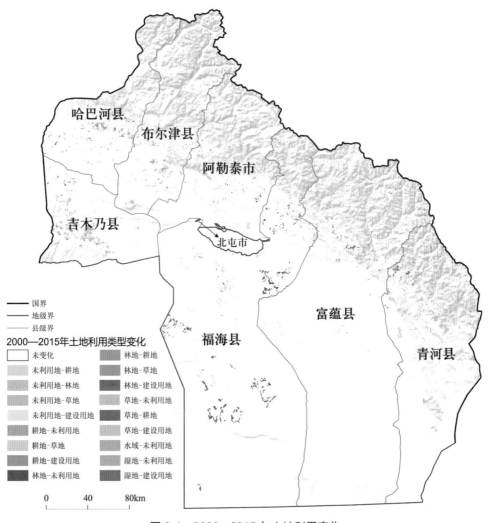

图 3-4　2000—2015 年土地利用变化

3.1.2　生态系统植被覆盖特征

3.1.2.1　植被覆盖度计算

植被覆盖度是描述生态系统的重要基础数据，指植被冠层的垂直投影面积与土地面积之比，是衡量地表植被状况的重要指标。遥感反演植被覆盖度的常用方法包括回归模型法、植被指数法和像元分解模型法等，而像元二分模型计算植被覆盖度的方法应用最为广泛，其基本原理是假定一个像元由植被覆盖地表与无植被覆盖地表组成，而遥感传感器得到的光谱信息就由这两部分信息线性加权组成，植被覆盖地表占像元的百分比即为植被覆盖部分的权重，也即为该像元的植被覆盖度（李苗苗，2003）。研究采用像元二分模型计算植被覆盖度，计算公式为：

$$FVC = \frac{NDVI - NDVI_{soil}}{NDVI_{veg} - NDVI_{soil}} = \frac{NDVI - NDVI_{min}}{NDVI_{max} - NDVI_{min}}$$

式中，FVC 为所求植被覆盖度；NDVI 为所求像元的归一化植被指数；$NDVI_{soil}$ 为完全是未利用地或无植被覆盖像元的 NDVI 平均值，通常以 $NDVI_{min}$ 即 NDVI 最小值进行表示；$NDVI_{veg}$ 为完全植被所覆盖像元的 NDVI 值，通常以 $NDVI_{max}$ 即 NDVI 最大值进行表示。根据计算得到各期植被覆盖度分布图，将结果按间距分为 5 个等级，即 0～0.2 为极低覆盖度、0.2～0.4 为低覆盖度、0.4～0.6 为中覆盖度、0.6～0.8 为中高覆盖度、0.8～1 为高覆盖度。

3.1.2.2 地区植被覆盖变化

额尔齐斯河流域植被覆盖度空间分布及变化如图 3-5 和表 3-3 所示。由此可以看出流域内植被覆盖度空间分布具有较强的空间层次结构，整体上北部高于南部，高植被覆盖度区域主要位于流域西北部，中高植被覆盖度和高植被覆盖度区域也集中于北部山地地区，由北至南植被覆盖度类型主要由中植被覆盖度向低植被覆盖度和极低植被覆盖度过渡，而地区植被覆盖度类型以极低植被覆盖度和低植被覆盖度为主。

2000—2005 年，极低植被覆盖度和低植被覆盖度区域变化较为明显，分别由 2000 年的 49.72%和 19.15%变化至 2005 年的 37.15%和 30.26%，分别减少和增加了 12.57 个和 11.11 个百分点，该期间主要是由极低植被覆盖度向低植被覆盖度区域变化；2005—2010 年，极低植被覆盖度区域面积继续减少，而中高植被覆盖度区域面积出现明显上升，增长了 4.72 个百分点，高植被覆盖度区域面积也有显著增长，较 2005 年增加了 3 527.04 km²，增长了 3.02 个百分点；2010—2015 年，各类植被覆盖度变化情况与 2000—2005 年完全相反，极低植被覆盖度面积增长接近 1 倍，面积占比达到 52.26%，低植被覆盖度区域面积也明显减少，面积减少超过 2010 年的一半，达到 18 411.60 km²，占比为 15.73%。

2000—2015 年，流域平均植被覆盖度由 2000 年的 33.65%增加至 2010 年的 39.99%，随后减少至 2015 年的 32.43%。2015 年与 2000 年相比，不同等级植被覆盖变化既有正向变化也有负向变化，极低植被覆盖度与高植被覆盖度区域比例均有所增加，变化幅度最大的为低植被覆盖度区域，整体上负向变化强于正向变化，区域植被覆盖度总体略有下降。

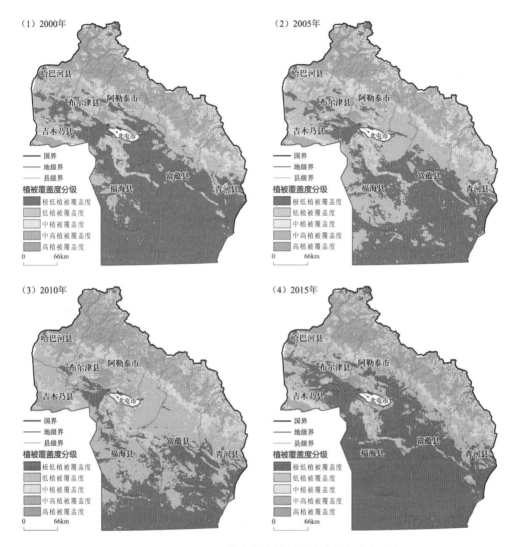

图 3-5　2000—2015 年各年度植被覆盖度等级空间分布

表 3-3　2000—2015 年各植被覆盖度面积及占比变化

年份	极低植被覆盖度		低植被覆盖度		中植被覆盖度		中高植被覆盖度		高植被覆盖度	
	面积/km²	比例/%	面积/km²	比例/%	面积/km²	比例/%	面积/km²	比例/%	面积/km²	比例/%
2000	58 198.62	49.72	22 418.71	19.15	13 107.95	11.20	15 373.62	13.13	7 964.98	6.80
2005	35 423.20	37.15	35 423.20	30.26	16 504.40	14.10	15 862.70	13.55	5 785.69	4.94
2010	31 137.04	26.60	39 188.35	33.48	16 041.47	13.70	21 384.27	18.27	9 312.73	7.96
2015	61 533.85	52.56	18 411.60	15.73	13 075.81	11.17	14 944.79	12.77	9 097.82	7.77

3.1.2.3 各县（市）植被覆盖度变化

2000—2015 年各县（市）植被覆盖度占比变化如图 3-6 所示，高植被覆盖度区域主要集中在阿勒泰市、布尔津县与哈巴河县；青河县、富蕴县与福海县由于各县域南部为大量的荒漠区，因此各区域内极低植被覆盖度区域占比明显，且包括吉木乃县在内的高植被覆盖度区域面积占比极低，尤其是在福海县和富蕴县，极低植被覆盖度区域面积占比达到区域总面积一半以上。各县（市）各类植被覆盖率面积占比变化特征基本一致，极低植被覆盖度区域 2000—2010 年持续减少，2015 年反弹并超过 2000 年；而高植被覆盖度区域整体呈上升的变化态势，2015 年各县（市）高植被覆盖度区域面积占比较 2000 年均有所增加。

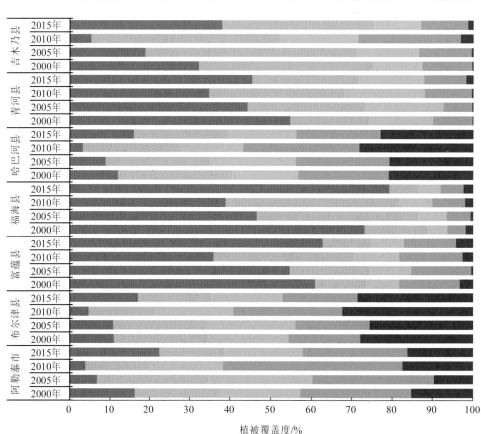

图 3-6 2000—2015 年各县（市）植被覆盖度占比变化

3.1.3　生态系统景观格局特征

3.1.3.1　景观格局指数

景观格局指数包括 3 个层次上的指数：斑块水平指数、类型水平指数和景观水平指数。斑块水平指数包括单个斑块面积、边界特征、形状以及与其他斑块远近距离有关的一系列简单指数。类型水平指数包括斑块平均面积指数、平均形状指数、面积和形状指数的标准差等统计学指标，以及斑块密度指数、斑块镶嵌体形状指数、边界密度指数等与斑块密度和空间的相对位置有关的指数。在斑块水平指数和类型水平指数的基础上，景观水平指数还包括景观的优势度、均匀度、多样性、分维数、聚集度、生境破碎化指数等。由于斑块水平指数对了解整个景观结构不具有较大的解释和共享价值，通常仅作为计算其他景观指数的数据基础，因此研究仅从类型水平和景观水平两个层次进行分析。

研究基于土地利用数据借助 Fragstats 4.2 软件分析土地利用变化景观格局变化分析。研究选取并计算了景观类型水平指数中的边缘密度（Edge Density，ED）、斑块密度（Patch Density，PD）、斑块数量（Number of Patches，NP）、最大斑块指数（Largest Patch Index，LPI）4 个指标，以及景观水平的斑块密度（PD）、斑块数量（NP）、最大斑块指数（LPI）、蔓延度指标（Contagion Index，CONTAG）、景观形状指数（Landscape Shape Index，LSI）、Shannon-Wiener 多样性指数（Shannon's Diversity Index，SHDI）、Shannon-Wiener 均匀度指数（Shannon's Evenness Index，SHEI）7 个指标，分别从景观水平和斑块类型水平分析额尔齐斯河流域 2000—2015 年景观格局变化情况。

（1）边缘密度

边缘密度表示景观总体单位面积异质景观要素斑块间的边缘长度，主要揭示某景观类型被边界分割的程度，直接反映景观破碎化程度，计算公式为：

$$ED = \frac{E}{A}$$

式中，ED 为边缘密度，边缘密度越大表示景观类型被边界分割的程度越大；E 为某一景观类型的边界总长度；A 为景观总面积。

（2）斑块密度

斑块密度指单位面积内斑块数量，主要表示景观的破碎化程度，斑块密度越大，景观破碎化程度越高，计算公式为：

$$PD = \frac{n_i}{A}$$

式中，PD 表示斑块密度；n_i 为景观类型 i 的斑块数量；A 为景观总面积。

（3）斑块数量

斑块数量指整个景观的斑块数量或单一类型的斑块数量，该指标与景观破碎度呈正相关，用于描述类或景观的异质性。

（4）最大斑块指数

最大斑块指数为某一斑块类型中最大斑块面积占整个景观面积的比例，用以反映最大斑块对整个类型或者景观的影响程度，计算公式为：

$$LPI = \frac{\max(a_{ij})}{A}$$

式中，LPI 为最大斑块指数，该值越大表示斑块的长宽比越大；a_{ij} 为斑块最大面积；A 为景观总面积。

（5）蔓延度指数

蔓延度指数又称为聚集度指数，描述景观中不同斑块类型的团聚程度或延展趋势，主要用于表征景观斑块的物理连通性，计算公式为：

$$CONTAG = \left[1 + \frac{\sum_{i=1}^{m}\sum_{k=1}^{m}\left[P_i\left(\frac{g_{ik}}{\sum_{k=1}^{m} g_{ik}}\right)\right] \times \left[\ln P_i\left(\frac{g_{ik}}{\sum_{k=1}^{m} g_{ik}}\right)\right]}{2\ln m} \right] \times 100$$

式中，CONTAG 为蔓延度指数，取值为 0～100，与边缘密度呈负相关，与景观多样性指数呈高度正相关，蔓延度指数越小表示景观格局越密集、团聚性越好，景观破碎化程度越高，蔓延度指数越趋近于 100，则表示景观的延展性越好，景观中有占绝对优势的斑块类型且连通性较好；P_i 为斑块类型 i 在整个景观中的面积占比；g_{ik} 为基于双计数方法的斑块类型 i 和 k 的像素之间的邻接数；m 为景观中存在的斑块类型数。

（6）景观形状指数

景观形状指数指某一景观类型的斑块形状与相同面积的圆或正方形之间的偏离程度，用于反映景观类型的形状复杂程度，计算公式为：

$$LSI = \frac{0.25E}{\sqrt{A}} \quad （以正方形为参照物）$$

$$LSI = \frac{E}{2\sqrt{\pi A}} \quad （以圆形为参照物）$$

式中，LSI 为景观形状指数；E 为景观中所有斑块边界的总长度；A 为景观总面积。

（7）景观多样性指数

Shannon-Wiener 多样性指数又被称为景观多样性指数，主要是指景观元素或生态系统在结构、功能以及随时间变化方面的多样性，反映了景观类型的丰富度和复杂度，计算公式为：

$$SHDI = -\sum_{i=1}^{n}\left(P_i \ln P_i\right)$$

式中，SHDI 为 Shannon-Wiener 多样性指数；P_i 为土地利用景观类型 i 的出现概率；n 为景观类型数量。景观多样性指数表示的是景观类型的复杂程度，大小取决于景观类型的多少及在空间上的分布均匀程度，通常斑块类型越多，破碎化程度越高或者斑块在景观中趋向于均衡化分布，景观多样性指数值也越大。

（8）景观均匀度指数

景观均匀度指数用于描述景观里不同景观要素的分配均匀程度，通常用多样性指数和其最大值表示，计算公式为：

$$SHEI = \frac{-\sum_{i=1}^{m}\left(P_i \ln P_i\right)}{\ln m}$$

式中，SHEI 为 Shannon-Wiener 均匀度指数，取值为 0～1，景观格局指数越小表示景观中不同斑块类型面积比重越来越不平衡，当指数值为 1 时表示景观中各斑块面积比重相同，景观分布均匀；P_i 为景观类型 i 占据景观面积的比例；m 为景观类型数量。

3.1.3.2　类型水平景观格局特征

2000—2015 年景观类型水平上，生态系统景观格局变化指数如表 3-4 所示。其中林地、草地、未利用地的斑块数量、边缘密度和斑块密度都持续减少，最大斑块指数整体有所上升，表明这 3 类土地利用类型破碎化程度减少，土地利用类型集聚化程度不断增强；湿地的斑块数量和斑块密度近年来逐渐增加，表明其破碎化程度增加；而水域的斑块数量持续减少，耕地的斑块密度和斑块数量呈"Z"形波动变化，这两类的其他景观格局指数变化无明显特征。

表 3-4　2000—2015 年类型水平景观格局指数

年份	指标	单位	耕地	林地	草地	湿地	未利用地	水域
2000	ED	m/hm²	1.93	5.10	4.68	0.23	3.85	0.31
	PD	个/100 hm²	0.02	0.05	0.03	0.00	0.03	0.00
	NP	个	2 772.00	6 767.00	4 103.00	411.00	3 403.00	611.00
	LPI	%	2.96	2.06	14.74	0.36	48.73	0.75

年份	指标	单位	耕地	林地	草地	湿地	未利用地	水域
2005	ED	m/hm²	1.93	5.02	4.67	0.23	3.70	0.31
	PD	个/100 hm²	0.02	0.05	0.03	0.00	0.03	0.00
	NP	个	2 749.00	6 657.00	4 095.00	411.00	3 382.00	606.00
	LPI	%	2.98	2.06	14.70	0.36	48.56	0.76
2010	ED	m/hm²	1.89	5.01	4.68	0.23	3.64	0.31
	PD	个/100 hm²	0.02	0.05	0.03	0.00	0.03	0.00
	NP	个	2 763.00	6 629.00	4 044.00	411.00	3 307.00	608.00
	LPI	%	3.16	2.07	14.75	0.36	48.44	0.76
2015	ED	m/hm²	1.90	5.00	4.67	0.23	3.61	0.31
	PD	个/100 hm²	0.02	0.05	0.03	0.00	0.02	0.00
	NP	个	2 759.00	6 631.00	4 027.00	416.00	3 270.00	607.00
	LPI	%	3.18	2.07	14.75	0.36	48.07	0.76

在类型水平上,耕地、林地、草地与未利用地的边缘密度、斑块密度以及斑块数量都有所减少,表明这4类土地利用类型 2000—2015 年景观破碎化程度有所降低,土地利用类型被斑块边缘分割的程度减少,各类土地利用类型景观由异质和不连续的斑块镶嵌体趋向于均质和连续的整体。这主要是由于流域内土地利用类型变化以河流、湖泊等水域为依托,以城市建设用地为中心进行演变,土地利用类型变化区域较为集中,在耕地与未利用地、耕地与林草交错区域,土地利用方式和结构变化方向和形式主要为未利用地及河谷林草向城镇建设用地与耕地转换,城镇建设用地与耕地为人类对土地有规划、有目的的利用,在空间分布上较为集中,而林地与草地等自然生态用地本身呈片状分布,在交错区域零星的草地与林地因开发建设而被改造成城镇建设用地,因此上述4类土地利用类型在类水平上呈现出景观破碎程度有所减少的变化态势。与之相对的是,2000—2010 年湿地景观格局指数均无变化,而2010—2015 年湿地斑块数量有所增加,景观破碎度变大(图 3-7)。

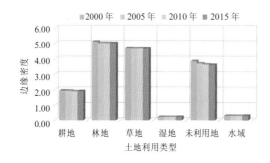

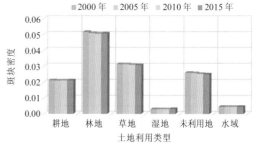

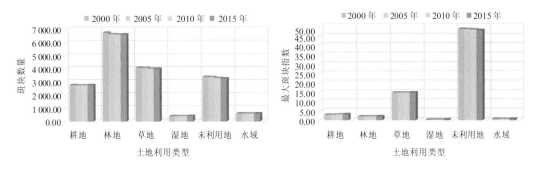

图 3-7　2000—2015 年不同土地利用类型边缘密度、斑块密度、斑块数量和最大斑块指数

3.1.3.3　景观水平景观格局特征

土地利用类型的改变导致地表景观格局变化，不同斑块、不同类型和不同景观的形状、面积、分散和集中程度也随之变化。按照景观格局指数计算公式，分析景观水平上流域景观格局指数变化。2000—2015 年景观水平上生态系统景观格局指数变化如表 3-5 所示，斑块数量、斑块密度指数下降，均匀度指数上升，表明地区生境破碎化程度有所减少；景观多样性指数上升，表明地区生态系统多样性有所增加。

表 3-5　2000—2015 年生态系统景观水平景观格局指数

景观水平	单位	2000 年	2005 年	2010 年	2015 年
斑块密度（PD）	个/100 hm²	0.137 5	0.136 2	0.135 2	0.134 8
斑块数量（NP）	个	18 067	17 900	17 762	17 710
最大斑块指数（LPI）	%	48.73	48.56	48.44	48.07
蔓延度指标（CONTAG）	%	49.85	49.98	50.02	49.95
景观形状指数（LSI）	—	74.68	73.52	73.09	72.86
Shannon-Wiener 多样性指数（SHDI）	—	1.269 3	1.271 5	1.273 6	1.277 3
Shannon-Wiener 均匀度指数（SHEI）	—	0.708 4	0.709 6	0.710 8	0.712 9

从斑块密度来看，斑块密度呈持续减少的变化态势，斑块密度由 2000 年的 0.137 5 降低至 2015 年的 0.134 8，这表明流域景观破碎度在持续降低；由景观形状指数可以看出，近年来景观形状指数变化态势与斑块密度保持一致，景观形状指数由 2000 年的 74.68 减少至 2015 年的 72.86，而景观形状指数越小表明景观复杂程度越低、生态系统变化受人类活动影响明显；斑块数量由 2000 年的 18 067 个持续减少至 2015 年的 17 710 个。

结合斑块数量和景观形状指数可以看出，2000 年以来，在政策因素影响下，通过人类退耕还林还草等对生态系统的改造和建设活动，流域破碎景观逐渐合并成一个整体，斑块数量有所减少，景观破碎度整体下降（图 3-8）。

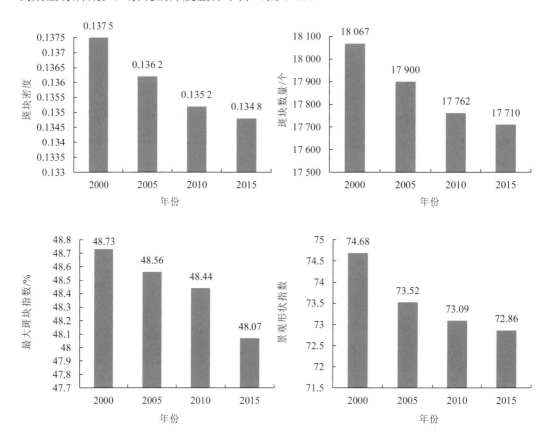

图 3-8　2000—2015 年额尔齐斯河流域斑块密度、斑块数量、景观形状指数和最大斑块指数

从 Shannon-Wiener 多样性指数来看，额尔齐斯河流域香农多样性指数由 2000 年的 1.269 3 升高至 2015 年的 1.277 3，景观均匀度指数由 2000 年的 0.708 4 升高至 2015 年 0.712 9。说明流域景观斑块类型增加或各拼块类型在景观中呈均衡化趋势分布，在不考虑景观类型增加的情况下，说明流域景观斑块在景观中呈均衡化分布。除未利用地外，流域主要土地利用类型为草地，且各类土地利用类型存在明显的空间集聚特征，北部山区以林草为主，中部地区围绕两河一湖分布着大量的耕地，南部则是广袤的荒漠区，短时间内区域土地利用类型整体上不会发生较大的变化。但随着近年来人口数量的不断增加以及城市化水平的不断提升，区域建设用地斑块面积不断增加，且农业类型以灌溉农业为主，额尔齐斯河下游、乌伦古河下游以及乌伦古湖沿岸大规模引水灌溉进行农业开发，使其他土地利用类型面积逐渐减少，整体上流域景观多样性增加、景观斑块分布更加均衡化（图 3-9）。

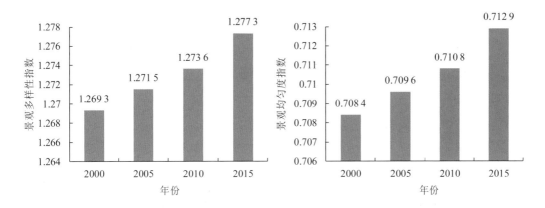

图 3-9　2000—2015 年额尔齐斯河流域 Shannon-Wiener 多样性指数与景观均匀度指数

3.2　生态系统胁迫分析

土地利用结构在一定程度上受人类活动等因素影响，而土地利用的变化必然影响生态系统的结构和功能，导致生态系统类型、面积以及空间分布格局的改变，进而对生态系统服务功能产生影响。一方面，人类活动强烈影响生态系统提供服务的形式与能力，另一方面生态系统服务的变化反过来会影响土地利用结构和空间配置。基于人类活动与土地利用和生态系统服务间的作用关系，结合遥感数据与 GIS 技术，应用我国学者谢高地提出的中国陆地生态系统单位服务价值系数和生态服务价值计算方法，计算和分析区域生态系统服务价值数量变化和空间变化特征。参考相关文献，从城镇化发展、经济增长、人口扩展和气候变化 4 个方面分析额尔齐斯河流域主要胁迫因素的空间分布和变化特征，在此基础上根据额尔齐斯河流域生态环境特征和社会经济发展状况，选取人口、经济规模、产业结构、旅游和农业等评价因子，对驱动因素进行定量分析，并利用局部双变量莫兰指数分析生态系统服务与相关因素的空间相关性。

3.2.1　生态系统服务价值评估

3.2.1.1　生态系统服务价值评估方法

研究基于欧洲航天局全球 300 m 土地利用数据集，将土地利用类型分为耕地、林地、草地、湿地、荒漠和水域共 6 类，采用当量因子法（谢高地等，2003；谢高地等，2015）计算额尔齐斯河流域生态系统服务价值，并分区域分析生态系统服务价值特征及 2000—

2015 年生态系统服务价值变化特征。谢高地等将生态系统生产的净利润看作该生态系统所能提供的生产价值，将单位面积农田生态系统粮食生产的净利润当作 1 个标准当量因子的生态系统服务价值量，确定中国 2010 年 1 个生态系统价值当量的经济价值为 3 406.50 元/hm²。其中基于单位面积粮食产量对耕地生态系统服务价值进行修正，基于 NPP 对林地与草地生态系统服务价值进行修正，耕地、林地与草地修正系数分别为 13.1、0.09 与 0.22，其他土地利用类型不做修正处理。经过修正后的额尔齐斯河流域单位面积生态系统服务价值系数如表 3-6 所示。

表 3-6　额尔齐斯河流域单位面积生态系统服务价值系数

地类		农田	森林	草地	湿地	荒漠	水体
调节服务	气体调节	2 231.26	1 073.05	599.54	6 131.7	0	0
	气候调节	3 971.64	827.78	674.49	58 251.15	0	1 566.99
	水源涵养	2 677.51	981.07	599.54	52 800.75	102.2	69 424.47
支持服务	土壤形成与保护	6 515.27	1 195.68	1 461.39	5 825.12	68.13	34.07
	废物处理	7 318.52	401.63	981.75	61 930.17	34.07	61 930.17
	生物多样性保护	3 168.39	999.47	816.88	8 516.25	1 158.21	8 482.19
供给服务	食物生产	4 462.52	30.66	224.83	1 021.95	34.07	340.65
	原材料	446.25	797.12	37.47	238.46	0	34.07
文化服务	娱乐文化	44.63	392.43	29.98	18 906.08	34.07	14 784.21
合计		30 835.98	6 698.88	5 425.87	213 621.62	1 430.73	156 596.81

根据以下公式可计算得到额尔齐斯河流域生态系统服务价值：

$$ESV = \sum_{i=1}^{n}\left(A_k \times VC_k\right)$$

$$ESV_f = \sum_{i=1}^{n}\left(A_k \times VC_{fk}\right)$$

式中，ESV，ESV_f 分别为区域生态系统服务总价值和第 f 项服务功能价值；A_k 为生态系统类型 k 的面积；VC_k 与 VC_{fk} 分别为生态系统类型 k 的生态系统服务总价值系数和第 f 项服务功能价值系数。

3.2.1.2　生态系统服务价值时间变化特征

基于修正后的当量因子法计算得到额尔齐斯河流域 2000—2015 年各类用地生态系统服务价值及各项生态系统服务价值。由图 3-10 可知，额尔齐斯河流域生态系统服务价值处于持续增长的变化态势，2000—2015 年额尔齐斯河流域生态系统服务价值从 1 135.21 亿元增加至 1 157.77 亿元，增长 22.56 亿元，增幅为 1.98%，其中 2010—2015 年增幅最快为0.95%。

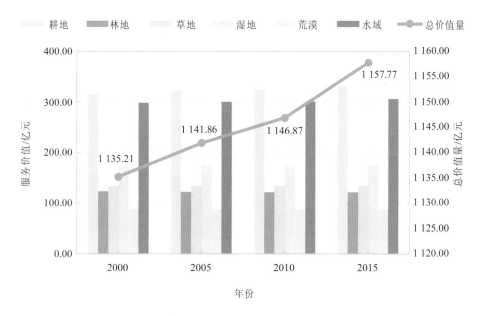

图 3-10　2000—2015 年额尔齐斯河流域各类用地生态系统服务价值

从额尔齐斯河流域各类用地的生态系统服务价值来看，耕地与水域生态系统服务价值占比最高，2015 年耕地与水域生态系统服务价值量分别为 350.81 亿元和 306.51 亿元，占比分别为 28.57 和 2.47%；而荒漠生态系统服务价值最少为 87.49 亿元，占比仅为 7.56%；其他各类用地生态系统服务价值由大到小分别为湿地 176.25 亿元、草地 135.10 亿元和林地 121.61 亿元，分别占区域生态系统服务总价值的 15.22%、11.67% 和 10.50%。从数量上来看，除林地和荒漠外，其他各类用地生态系统服务价值量均呈现不断增加的态势；从占比来看，仅有耕地生态系统服务价值是处于不断增加的变化态势，占比由 2000 年的27.80% 持续增长至 2015 年的 28.57%。

各项生态系统服务类型如图 3-11 所示，支持服务构成了额尔齐斯河流域生态系统服务价值的主体部分，2015 年支持服务价值量为 588.61 亿元，占比超过区域生态系统服务价值总量的半数，达到 50.84%；其次为调节服务，2015 年价值量为 436.12 亿元，占区域生态系统服务总价值量的 37.67%；而供给服务和文化服务价值量相对较少，2015 年供给服务价值量为 78.08 亿元、文化服务价值量为 54.97 亿元，分别仅占服务总价值量的 6.74%和 4.75%。

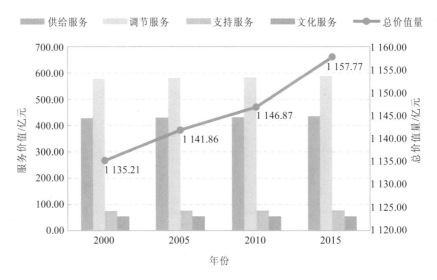

图 3-11　2000—2015 年额尔齐斯河流域各类生态系统服务价值

　　从行政区划来看，2015 年福海县生态系统服务价值最高，约占地区生态系统服务总价值量的 32.79%；其他市（县）按生态系统服务价值量大小依次为阿勒泰市、哈巴河县、富蕴县、布尔津县和青河县，占比分别为 19.66%、14.91%、11.53%、10.49% 和 6.61%；吉木乃县生态系统服务价值量最小，仅占地区总价值量的 3.87%。各县（市）单位面积生态系统服务价值存在一定差异，其中阿勒泰市单位面积价值量最大，为 194.57 万元/km²，布尔津县为 167.16 万元/km²，哈巴河县为 151.10 万元/km²，福海县为 113.14 万元/km²，吉木乃县、青河县和富蕴县相当，分别为 64.78 万元/km²、50.65 万元/km² 和 42.71 万元/km²。各县（市）生态系统服务价值均处于不断增长的变化态势，其中富蕴县生态系统服务价值变化率最大，2015 年较 2000 年增加了 4.46 亿元，变化率为 3.41%；阿勒泰市价值量增加了 2.09 亿元，变化率最小为 0.94%；布尔津县价值增加量最大为 4.9 亿元，变化率为 2.90%；吉木乃县价值增加量最小为 1.33 亿元，变化率为 3.04%（图 3-12）。

3.2.2　生态系统胁迫因素分析

　　根据土地利用变化与驱动力分析等相关文献，生态系统变化通常与人口、经济等因素相关，可通过生态系统服务价值或生态系统面积与影响因素做相关性分析以识别生态系统胁迫因子。综合额尔齐斯河流域 2000 年、2005 年、2010 年、2015 年的城镇化发展、经济增长、人口扩张和气候变化 4 类数据，分析额尔齐斯河流域各县（市）生态系统胁迫综合指数及变化情况，其中突发性洪水等自然灾害通常会在局部范围内严重影响和改变生态系统的结构组成，但由于缺少相关基础数据，并且难以在空间上进行表示，因此在此不对其进行讨论。

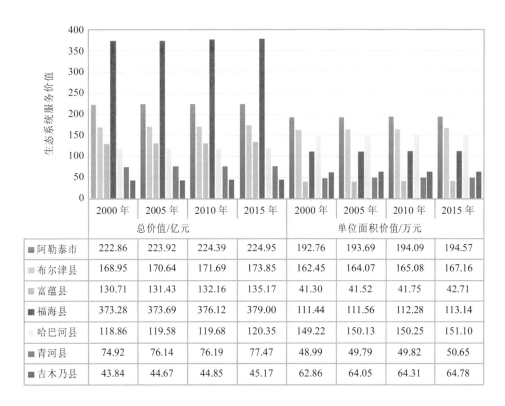

图 3-12 2000—2015 年额尔齐斯河流域各县（市）生态系统服务价值

	总价值/亿元				单位面积价值/万元			
	2000 年	2005 年	2010 年	2015 年	2000 年	2005 年	2010 年	2015 年
■ 阿勒泰市	222.86	223.92	224.39	224.95	192.76	193.69	194.09	194.57
▨ 布尔津县	168.95	170.64	171.69	173.85	162.45	164.07	165.08	167.16
▨ 富蕴县	130.71	131.43	132.16	135.17	41.30	41.52	41.75	42.71
■ 福海县	373.28	373.69	376.12	379.00	111.44	111.56	112.28	113.14
▨ 哈巴河县	118.86	119.58	119.68	120.35	149.22	150.13	150.25	151.10
■ 青河县	74.92	76.14	76.19	77.47	48.99	49.79	49.82	50.65
■ 吉木乃县	43.84	44.67	44.85	45.17	62.86	64.05	64.31	64.78

3.2.2.1 气候因素

在像元尺度上利用趋势线分析法分别拟合 2000—2015 年额尔齐斯河流域年均气温和年均降水年际趋势，通过最小二乘法拟合直线（徐建华，2002），变化趋势计算公式为：

$$\text{slope} = \frac{n \times \sum_{i=1}^{n} i \times A_i - \sum_{i=1}^{n} i \times \sum_{i=1}^{n} A_i}{n \times \sum_{i=1}^{n} i^2 - \left(\sum_{i=1}^{n} i\right)^2}$$

式中，slope 为年均气温或降水的变化趋势；n 为研究年数，此处为 16；A_i 为第 i 年的气温或降水数据。slope＞0 则表示气温或降水处于不断增加的变化趋势，反之则减少。

图 3-13 为年均气温变化趋势，2000—2015 年额尔齐斯河流域气温变化态势主要以减少为主，减少区域面积约为 80 432 km²，约占区域总面积的 68.71%，主要集中分布于流域的南部荒漠区、吉木乃县以及哈巴河县、布尔津县和阿勒泰市 3 县（市）的北部地区；增加区域面积约为 36 636 km²，约占区域总面积的 31.29%，主要位于流域的东北部两河源头地区，即额尔齐斯河和乌伦古河的发源地以及流域西部额尔齐斯河出境口地区。整

体来看,流域气温变化趋势值在−0.1~0.04,即表示气温变化并不明显(图 3-13)。

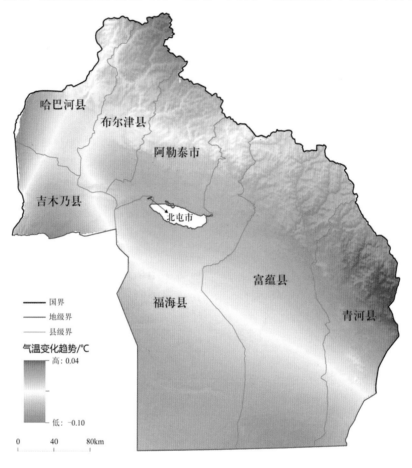

图 3-13 2000—2015 年年均气温变化趋势

图 3-14 为年均降水变化趋势,额尔齐斯河流域 2000—2015 年全地区降水量整体处于持续减少的变化趋势,且从空间上各地区 slope 值均为负值,除吉木乃县以及额尔齐斯河下游哈巴河县、布尔津县和阿勒泰市交界处 slope 值处于−2~0 外,其他各地区 slope 绝对值较大,减少趋势极为明显,尤其是在布尔津县北部地区。

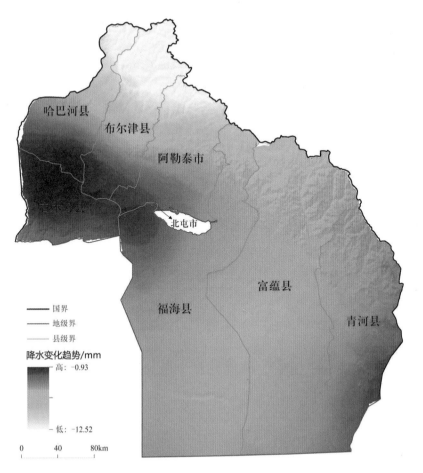

图 3-14　2000—2015 年年均降水变化趋势

3.2.2.2　经济因素与人口因素

2000—2015 年 GDP 空间分布如图 3-15 所示，人口密度空间分布如图 3-16 所示。可以看出，GDP 和人口密度高值区主要分布于额尔齐斯河以北地区，这部分地区地势平坦、水资源丰富，适宜人类居住以及产业发展。高 GDP 与高人口密度区域集中于阿勒泰市以及哈巴河县，主要位于额尔齐斯河中下游地区，同时在乌伦古河中下游沿岸也略有分布。

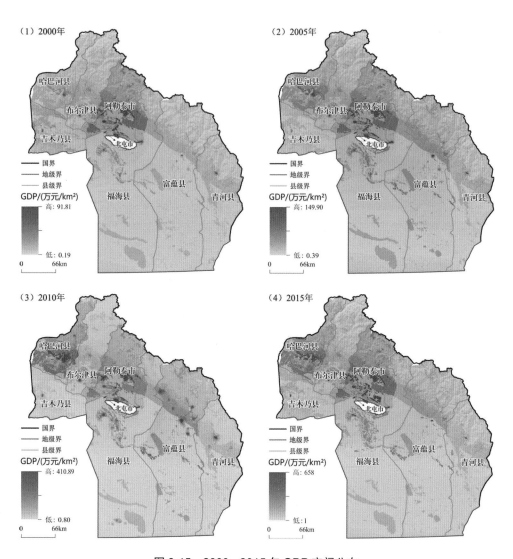

图 3-15　2000—2015 年 GDP 空间分布

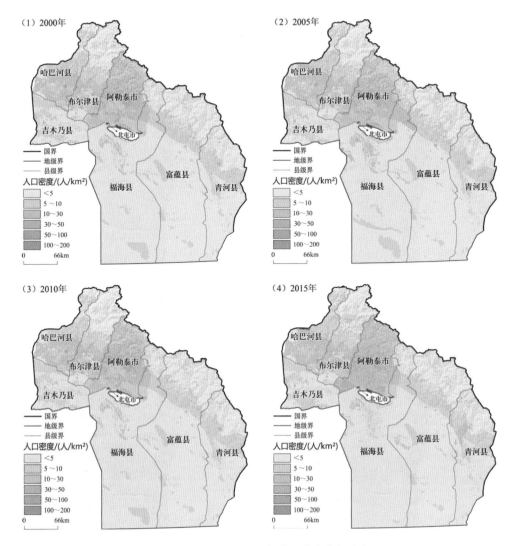

图 3-16　2000—2015 年人口密度空间分布

3.2.2.3　城镇化发展

灯光指数与城镇化率、城镇化水平具有较强的关联性，利用夜间灯光强度影像可构建综合灯光指数来反映城市化水平，对地区城市化发展状况开展有效监测。由图 3-17 可以看出，在空间上城镇聚集区域主要向北部尤其是向西北部倾斜，呈现出明显的南北空间分布差异，城镇区域主要围绕两河一湖分布，在南部荒漠区除福海县部分区域外，几乎没有城镇分布。城镇化建设扩张呈点状并有逐步向外扩展发展的趋势，在阿勒泰市、布尔津县、哈巴河县等行政中心城镇化水平较高地区形成集聚性城镇。

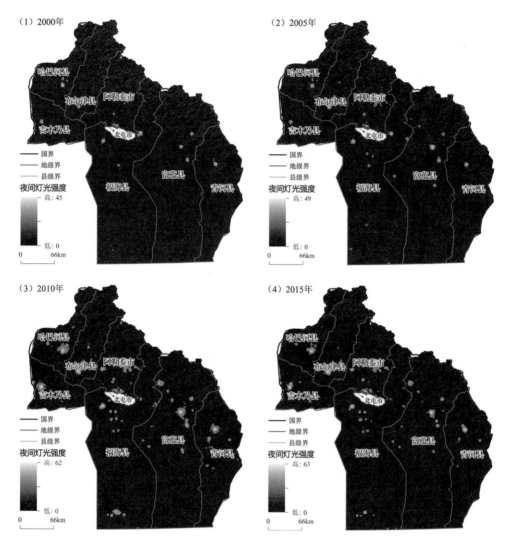

（1）2000年 （2）2005年

（3）2010年 （4）2015年

图 3-17 2000—2013 年夜间灯光影像

3.2.3 生态系统格局驱动力分析

3.2.3.1 基本方法

（1）驱动力因素分析

生态系统变化及生态系统服务价值时空差异的驱动因素主要包括自然和人为因素两大类。由图 3-18，图 3-19 可知，2000—2015 年额尔齐斯河流域年均气温为 2～4.49℃，多年平均温度为 3.15℃；年均降水为 131.76～343.10 mm，多年平均降水为 255.69 mm；而额尔齐斯河流域多年气温和降水变化差异较小，且与全国气温与降水变化态势基本一致，因此在短时间尺度上，仅考虑人为因素影响对生态系统格局变化影响。由于流域的产业发展类型主要以农牧业为主，因此参考相关文献并在考虑数据可获取性的基础上，共选取人口、经济规模、产业结构、旅游和农业 5 个方面共 25 个驱动因子进行相关分析，具体指标如表 3-7 所示。

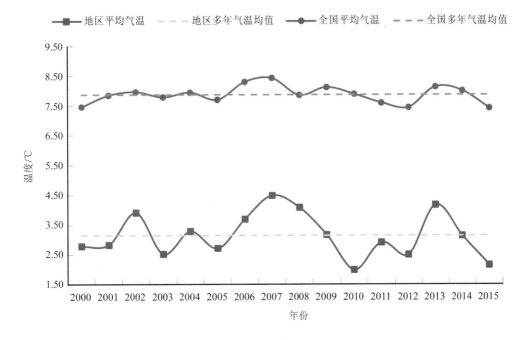

图 3-18　2000—2015 年额尔齐斯河流域气温年际变化

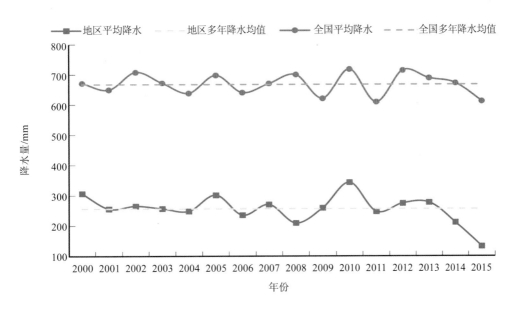

图 3-19　2000—2015 年额尔齐斯河流域降水年际变化

表 3-7　生态系统服务变化驱动分析因子

驱动因子	变量
人口因素	年末总人口（X_1）、城镇人口数量（X_2）、人口密度（X_3）、人口自然增长率（X_4）、城镇化率（X_5）
经济规模因素	GDP 总量（X_6）、人均 GDP（X_7）、一产总产值（X_8）、二产总产值（X_9）、三产总产值（X_{10}）、工业总产值（X_{11}）、地区财政总收入（X_{12}）、在岗职工年平均工资（X_{13}）、农村人均纯收入（X_{14}）
产业结构因素	第一产业占 GDP 比重（X_{15}）、第二产业占 GDP 比重（X_{16}）、第三产业占 GDP 比重（X_{17}）
旅游因素	国内游客接待数（X_{18}）、旅游收入（X_{19}）
农业因素	粮食产量（X_{20}）、牲畜年末存量（X_{21}）、农业产值（X_{22}）、林业产值（X_{23}）、牧业产值（X_{24}）、渔业产值（X_{25}）

所选取的驱动因子间存在明显的相关性，而主成分分析法是对驱动力进行定量分析中较为有效的方法，能够很好地解决多元变量间的共性问题，将若干个变量压缩为少数几个相互独立的主成分变量，从而提取对原有变量进行替代。主成分分析法对样本数量要求较为严格，通常要求样本数量是变量数量的 5 倍以上，而在研究中样本数量远远少于变量数量，利用主成分分析提取的主成分没有实际意义，因此选择利用相关分析替代主成分分析。

基于以上选取变量，利用相关统计分析方法确定生态系统服务价值与主要驱动因子间的关系，并用线性回归模型对其关系进行描述和表示，模型如下：

$$Y_m = \alpha F\left(x_n\right) + \beta$$

式中，Y_m 为生态系统服务价值；x_n 为主要驱动因子；α、β 为模型系数。

（2）空间自相关分析

空间自相关可用于度量一个区域内地理事物某一空间特征变量与其领域事物的同一变量之间的关联关系。结合驱动力因素分析结果，选取能够表征额尔齐斯河流域生态系统变化的相关要素，分别与主要社会经济驱动因子和生态系统服务价值进行空间相关性分析，在 GeoDa 模型中利用全局双变量莫兰指数（bivariate Moran's I）分析生态系统服务价值与相关因素的空间相关性（Hevde，1992；Segurado et al.，2006）。全局双变量莫兰指数定义如下：

$$I = \frac{n \sum\limits_{i=1}^{n} \sum\limits_{j=1}^{n} W_{ij} Q_k^i Q_l^j}{(n-1) \sum\limits_{i=1}^{n} \sum\limits_{j=1}^{n} W_{ij}}$$

$$Q_k^i = \frac{X_k^i - \overline{X_k}}{\partial_k}$$

$$Q_l^j = \frac{X_l^j - \overline{X_l}}{\partial_l}$$

式中，n 为空间单元数量；X_k^i 为空间单元 i 属性 k 的值；X_l^j 为空间单元 j 属性 l 的值；$\overline{X_k}$，$\overline{X_l}$ 为属性 k，l 的平均值；∂_k，∂_l 为属性 k，l 的方差；W_{ij} 为衡量空间单元间邻接关系的权重矩阵。Moran's I 取值在 $[-1，1]$，Moran's I 小于 0 表示负相关，大于 0 表示正相关，等于 0 则表示不相关。依据自相关性分析结果绘制 LISA 集聚图，将空间自相关达到显著性水平 $\alpha = 0.05$ 的区域分为 4 类，分别为高-高型、低-低型、高-低型和低-高型。

3.2.3.2　驱动力分析

（1）相关因素分析

在 SPSS 25.0 软件中利用双变量分析工具对生态系统服务价值与驱动因子进行两两相关分析，根据相关系数以及显著性水平对驱动因子进行初步筛选，相关分析结果如表 3-8 所示，由于城镇人口数量、人口自然增长率、城镇化率、第二产业占 GDP 比重、第三产业占 GDP 比重、牲畜年末存量、林业产值、渔业产值与生态系统服务价值量相关性较差，因此将这 8 个指标剔除。

表 3-8　生态系统服务价值与驱动因子 Pearson 相关性

驱动因子	X_1	X_2	X_3	X_4	X_5
Pearson 相关性	0.908	0.164	0.796	0.409	−0.187
驱动因子	X_6	X_7	X_8	X_9	X_{10}
Pearson 相关性	0.985*	0.995**	0.994**	0.959*	0.983*
驱动因子	X_{11}	X_{12}	X_{13}	X_{14}	X_{15}
Pearson 相关性	0.847	0.971*	0.990*	0.981*	−0.907
驱动因子	X_{16}	X_{17}	X_{18}	X_{19}	X_{20}
Pearson 相关性	0.671	0.309	0.971*	0.982*	0.939
驱动因子	$X2_1$	X_{22}	X_{23}	X_{24}	X_{25}
Pearson 相关性	−0.306	0.991*	0.477	−0.964*	−0.038

注：*表示相关性在 0.05 水平上显著（双侧）；**表示相关性在 0.01 水平上显著（双侧）。

（2）生态系统服务价值变化驱动力分析

基于相关性分析结果，利用逐步回归分析法对驱动因子和生态系统服务总价值及各类生态系统服务功能价值进行分析，确定自变量和因变量间的线性关系并构建回归模型，结果如表 3-9 所示。回归模型表明流域生态系统服务价值变化主要与人均 GDP 自变量存在正向相关，整体来看流域生态系统服务价值与经济因素呈现一定的相关性，说明社会经济结构对生态系统服务价值具有影响作用。

表 3-9　额尔齐斯河流域生态系统服务价值回归模型

生态系统服务价值	回归模型
生态系统服务总价值	$y = 0.002x_7 + 1128.635$
调节服务价值	$y = 0.001x_7 + 425.679$
支持服务价值	$y = 0.001x_7 + 573.770$
供给服务价值	$y = 0.153x_{22} + 69.998$
	$y = 0.193x_{22} - 7.576 \times 10^{-7}x_9 + 68.499$
	$y = 0.193x_{22} - 7.579 \times 10^{-7}x_9 + 1.453 \times 10^{-9}x_{10} + 68.502$
文化服务价值	$y = 8.665 \times 10^{-5}x_{14} + 54.045$

注：式中，x_7 为人均 GDP（元/人），x_9 为二产总产值（万元），x_{10} 为三产总产值（万元），x_{14} 为农村人均纯收入（元），x_{22} 为农业产值占比（%），y 单位为亿元。

从生态系统服务类型来看。调节服务价值、支持服务价值和文化服务价值有且仅有 1 个回归方程，供给服务价值有 3 个回归方程。与生态系统服务总价值相同，人均 GDP 是调节服务价值与支持服务价值的第一重要驱动因素，同样也是唯一驱动因素；农村人均纯收入是文化服务价值的第一且是唯一的重要驱动因素；供给服务价值的第一重要驱动因素为农业产值占比，第二重要驱动因素为第二产业总产值，且与支持服务价值呈显著负相关，第三重要驱动因素为第三产业总产值。

分析生态系统服务价值及调节服务价值、支持服务价值、供给服务价值和文化服务价值等各服务类型价值得知，人均 GDP 为生态系统服务总价值、调节服务价值和支持服务价值的第一重要驱动因子，说明区域生态系统总价值、调节服务和支持服务受区域经济发展影响。而对于供给服务价值，除农业产值占比外，也与第二产业总产值和第三产业总产值存在相关性，这体现了区域产业结构类型对支持服务的影响，产业发展与资源开发存在密切关系，不同产业对自然资源的依赖程度不尽相同。当第二产业总产值较高时，表示第二产业是区域经济发展结构的支柱产业，区域经济发展对自然资源开发程度较高，与此同时会对区域生态系统造成破坏，会导致生物多样性丧失等，而第三产业发展对自然资源依赖程度较小，生态系统结构和功能受影响较小，因此农业产值占比和第三产业总产值均与供给服务价值呈正相关，而第二产业总产值与供给服务价值呈负相关。农民人均纯收入也能在一定程度上描述和反映人民生活水平和社会福利情况，因此当农民人均纯收入较高时，人们对文化服务需求提高，文化服务价值由此得到提升。

（3）驱动力因素变化特征

1）产业结构。额尔齐斯河流域早期产业结构为"三一二"，产业结构中第二产业和第一产业比重偏高，按当年价格计算，2000 年地区全年地区生产总值为 33.38 亿元，第一产业增加值为 12.34 亿元，第二产业增加值为 7.66 亿元，第三产业增加值为 13.38 亿元，三次产业构成为 37.0∶22.9∶40.1。如图 3-20 所示，近 15 年来流域产业结构逐渐调整，产业比重逐渐由第三产业和第一产业向第二产业倾斜，第三产业比重略有减少，第一产业比重下降明显，第二产业成为流域的主导产业。2014 年全地区完成生产总值 22.56 亿元，第一产业增加值为 43.45 亿元，第二产业增加值为 101.55 亿元，第三产业增加值为 95.25 亿元，三次产业构成为 20.08∶44.52∶35.40。2015 年第二产业比重下降明显，第二产业、第三产业比重相当，三次产业构成为 20.69∶39.52∶39.79。

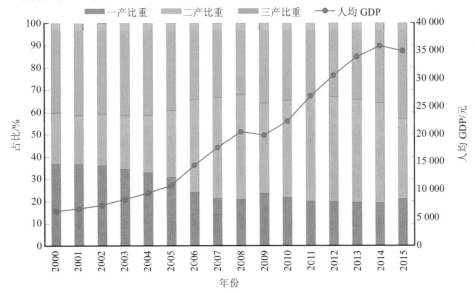

图 3-20　2000—2015 年额尔齐斯河流域产值占比变化

2）农业要素。2000—2015 年额尔齐斯河流域农村人均纯收入呈不断增长的变化态势，尤其是近年来农村人均收入持续增长较快，2015 年农村人均纯收入较 2014 年增加了 1 129 元，增长幅度为 12.01%，农村人均收入是 2000 年的 4.87 倍，年均增长率达到 25.77%，地区人民收入水平不断提升，生活质量持续改善（图 3-21）。

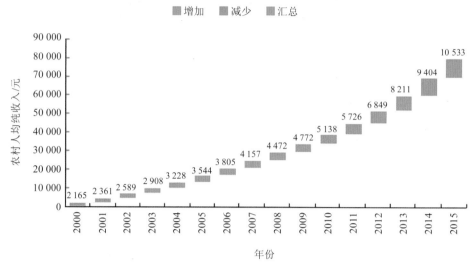

图 3-21　2000—2015 年额尔齐斯河流域农村人均纯收入

3.2.3.3　空间相关分析

参考相关文献，综合驱动因素分析结果，选取可以代表额尔齐斯河流域人口经济要素的地区生产总值与生态系统服务价值进行空间相关性分析。

（1）生态系统服务与人口密度空间相关性

2000—2015 年流域人口密度与生态系统服务价值局部双变量莫兰指数 I 分别为 0.108、−0.009、−0.043 和 0.023，在聚类地图上集聚效果不显著，因此流域生态系统服务与人口密度不存在空间相关性。

（2）生态系统服务与 GDP 空间相关性

2000—2015 年流域 GDP 与生态系统服务价值局部双变量莫兰指数 I 分别为 0.116、0.109、0.075 和 0.081，在聚类地图上集聚效果不显著，因此流域生态系统服务与地区生产总值不存在空间相关性。

3.3　生态系统耦合关系特征分析

在评估额尔齐斯河流域生态系统服务价值的基础上，对流域内食物生产、废物处理、土壤形成与保护、水源涵养、气候调节、气体调节、生物多样性保护、原材料提供、娱乐文化 9 种生态系统服务价值时空分布特征进行分析。利用冷热点表征额尔齐斯河流域生态系统服务价值的高值和低值的集聚区，对生态系统服务价值进行空间热点制图，识别生态系统服务价值高/低值样本的空间组合规律。同时采用以长时间整体分析占优的相关性分析方法和短时期动态变化分析占优的生态系统服务权衡协同度（Ecosystem Services Trade-off Degree，ESTD）模型，分析额尔齐斯河流域 2000—2015 年各生态系统服务之间的协同权衡关系。

3.3.1　生态系统服务协同权衡分析方法

由于生态系统服务种类的多样性、空间分布的不均衡性以及人类使用的选择性，生态系统服务之间的关系出现了动态变化，表现为此消彼长的权衡、相互增益的协同等形式（李双成等，2013）。理解区域生态系统服务权衡/作用特征，对制定区域发展与生态保护"双赢"的政策措施具有重要意义。当前生态系统服务权衡与协同分析研究仍以定性分析较多，主要是通过空间制图与统计分析法，对生态系统服务的空间权衡或协同进行判定，定量化的生态系统服务权衡与协同分析研究相对较少。研究在采用当量因子法求得流域生态系统服务价值的基础上，使用长时间整体分析占优的相关性分析方法和短时期动态变化分析占优的 ESTD 模型（李鸿健等，2016）对流域 2000—2015 年 9 种生态系统服务的权衡协同关系展开研究。

3.3.1.1　相关分析

相关分析可以定量描述两个变量之间的线性相关程度，明确两个变量之间的相关方向。相关关系有强弱方向之分，数值越大相关性越强，数值越小相关性越弱。数值为正表明一个变量增加，另一个变量也增加，称为正相关；数值为负，表明一个变量增加，另一个变量减少，称为负相关。计算公式如下（Li et al.，2017）：

$$R_{xy} = \frac{\sum\limits_{i=1}^{n}(x_i - \bar{x})(y - \bar{y})}{\sqrt{\sum\limits_{i=1}^{n}(x_i - \bar{x})^2}\sqrt{\sum\limits_{i=1}^{n}(y_i - \bar{y})^2}}$$

式中，R_{xy} 为相关系数；n 为样本数；x_i、y_i 分别为 x、y 的第 i 个值；$\bar{x}$、$\bar{y}$ 分别为变量 x、y 的平均值。

3.3.1.2　权衡协同度

ESTD 模型建立在数据线性拟合的基础之上，反映各个生态系统服务间相互作用的方向和程度，目的是对流域生态系统服务变化量的相互作用进行整体评价。计算公式如下：

$$\text{ESTD}_{ij} = \frac{\text{ESC}_{ib} - \text{ESC}_{ia}}{\text{ESC}_{jb} - \text{ESC}_{ja}}$$

式中，ESTD_{ij} 为第 i、j 种生态系统服务权衡协同度；ESC_{ib} 为 b 时刻第 i 种生态系统服务的价值量；ESC_{ia} 为 a 时刻第 i 种生态系统服务的价值量；ESC_{jb}、ESC_{ja} 与此相同。ESTD 代表某两种生态系统服务变化量相互作用的程度和方向，ESTD 为负值时，表示第 i 种与第 j

种生态系统服务为权衡关系；ESTD 为正值时，表示两者之间为协同关系；ESTD 绝对值代表相较于第 j 种生态系统服务的变化，第 i 种生态系统服务变化的程度。

3.3.2 生态系统服务空间格局

3.3.2.1 空间分布格局

基于栅格计算得到额尔齐斯河流域 2000—2015 年生态系统服务价值，根据价值量高低分为 6 类，得到区域内生态系统服务价值的空间分布图，整体来看，生态系统服务价值呈现北高南低中部突出的空间分布特征。由图 3-22 可知，额尔齐斯河流域生态系统服务价值高值区域主要分布于流域中部的乌伦古湖、乌伦古河中下游以及额尔齐斯河下游的水域及农田覆盖地区；而南部区域土地利用类型主要为包含沙漠、未利用地等在内的荒漠，属于生态系统服务价值低值区域。按行政区划划分，阿勒泰市、福海县和布尔津县内耕地和水域占比较大，生态系统服务价值主要集中分布在这部分地区，青河县与吉木乃县内土地利用类型以未利用地为主，因此生态系统服务价值低值区域较多，生态系统服务价值整体较小。

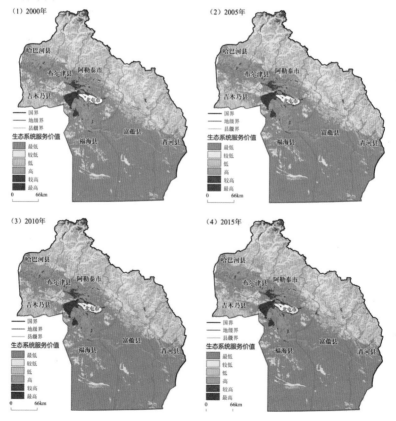

图 3-22 2000—2015 年生态系统服务价值空间分布

3.3.2.2　空间集聚特征

用冷热点表征额尔齐斯河流域生态系统服务的高值和低值的集聚区,利用 ArcGIS 空间分析中的热点分析工具(Getis-Ord Gi*)检测具有统计量显著性的热点和冷点空间聚集(王劲峰等,2010),探析栅格尺度上生态系统服务及权衡与协同关系的时空特征。计算公式如下:

$$G_i^* = \frac{\sum_{j=1}^{n} w_{i,j} x_j - \bar{X} \sum_{j=1}^{n} w_{i,j}}{S \sqrt{\dfrac{\left[n \sum_{j=1}^{n} w_{i,j}^2 - \left(\sum_{j=1}^{n} w_{i,j} \right)^2 \right]}{n-1}}}$$

式中,x_j 为要素 j 的属性值;$w_{i,j}$ 为要素 i 和 j 的空间权重;n 为要素总数;S 为要素的标准差;G_i^* 统计为 z 得分,因此无须做进一步的计算。且:

$$\bar{X} = \frac{\sum_{j=1}^{n} x_j}{n}$$

$$S = \sqrt{\frac{\sum_{j=1}^{n} x_j^2}{n} - (\bar{X})^2}$$

该分析方法主要通过 z 得分和 p 值判断要素是否具有完全的空间随机性。其中 p 值(P-Value)表示概率,即所观测的空间模式由某一随机过程创建而成的概率,反映某一事件发生的可能性大小,p 值越大则表示随机生成的概率越大;z 得分表示标准差的倍数,z 得分越高则聚类程度越大,若接近于 0 则表示不存在明显的空间聚类。在热点分析结果中,若 z 得分高且 p 值小,则表示有一个高值的空间聚类,若 z 得分低并为负值且 p 值小,则表示有一个低值的空间聚类。

图 3-23 为额尔齐斯河流域 2000—2015 年生态系统服务价值冷热点分析结果,图中极显著热点代表 99% 的置信水平,显著热点代表 95% 的置信水平,热点代表 90% 的置信水平,冷点与之对应。

可以看出生态系统服务价值存在明显的空间集聚现象,其中极显著热点集群区域主要分布于流域中部的乌伦古河下游、乌伦古湖以及额尔齐斯河下游地区,包括福海县北部、阿勒泰市南部以及哈巴河县和哈巴河县的南北部地区;极显著冷点集群区域主要分布流域北部以及包括青河县、富蕴县、阿勒泰市诸县北部、布尔津县和哈巴河县中部以及吉木乃县的大部分地区。

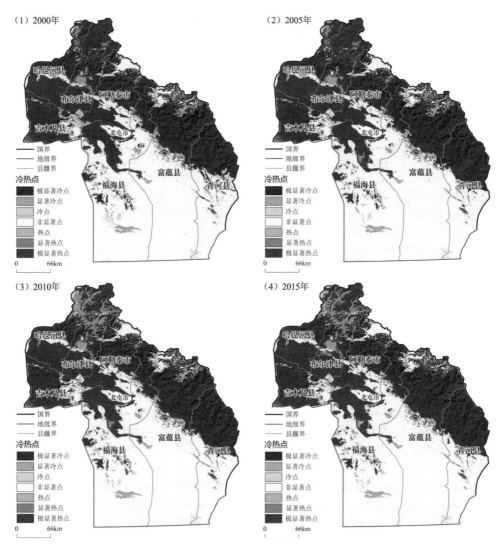

图 3-23 2000—2015 年生态系统服务价值冷热点

结合额尔齐斯河流域 2000—2015 年土地利用类型可以看出，极显著热点集群区域主要为耕地以及水域集中分布地区，如乌伦古河下游三角洲农业区、额尔齐斯河下游河谷盆地农业区以及乌伦古湖，而在哈巴河县及布尔津县北部由于有喀纳斯湖等湖泊分布，因此该区域也为极显著热点集群区域，极显著冷点集群区域主要为林地和草地覆盖区域，而非显著点集群区域为未利用地覆盖区域，主要集中在流域南部的荒漠区。

整体来看，额尔齐斯河流域生态系统服务价值以非显著点为主，而极显著冷点面积明显大于极显著热点区域面积。2000—2015 年，极显著热点面积占比由 16.73% 变化至 14.80%，虽然面积占比有所减少，但热点和显著热点区域面积占比有明显提升，分别由 2000 年的 0.07% 和 0.34% 增长至 2015 年的 0.21% 和 2.33%，对应的冷点和显著冷点区域面积占比下降，分别由 2000 年的 1.40%和 1.88%减少至 2015 年的 0.63%和 1.55%，非显著点区域面积占比基本稳定，因此额尔齐斯河流域生态系统服务价值整体呈现增长的变化态势。

3.3.3　生态系统服务协同权衡关系

在对额尔齐斯河流域生态系统服务价值估算的基础上，根据相关性分析得到 9 种生态系统服务之间的相关性。相关性结果为正时，表明两种生态系统服务具有协同关系，即两种生态系统服务在同一时间段内具有相同的上升或下降的变化趋势，一种生态系统服务的增加会对另一种生态系统服务产生一定的促进或增幅作用，根据生态系统服务价值变化方向，可分为协同增长或协同降低；结果为负值时，表明两种生态系统服务具有权衡关系，即一种生态系统服务的增加会对另一种生态系统服务具有抑制作用。

如图 3-24 所示，9 种生态系统服务间构成的 81 组值，除对角线元素以及重复关系外，共有 36 组生态系统服务间的相对关系。36 组生态系统服务相关系数均为正值，表明 2000—2015 年，额尔齐斯河流域各生态系统服务间关联关系均为相互增益的协同关系，协同关系占比 100%，为流域生态系统服务间的主导关系，其中 28 组在 0.01 水平上呈显著正相关性，2 组在 0.05 水平上呈显著正相关。

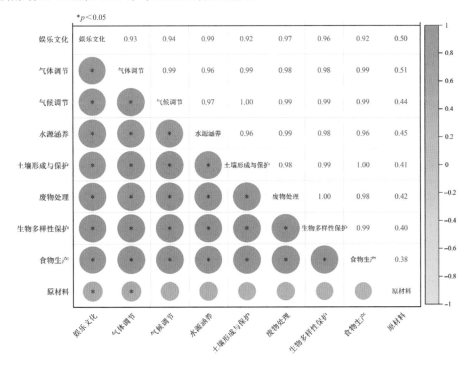

图 3-24　额尔齐斯河流域生态系统服务价值相关性

整体来看，除供给服务中的原材料服务外，其他生态系统服务均与其他类型生态系统服务具有良好的相关性，相关系数均达到 0.9 及以上。在供给服务的原材料服务与气体调节服务和娱乐文化服务的相关系数分别为 0.506 和 0.502，显著性水平在 0.05 之上，除此之外，原材料服务与其他生态系统服务的关系中，相关系数几乎均低于 0.45，表明原材料服务与其他生态系统服务关系不明显。

生态系统服务之间的相关分析是从整个时间跨度方面分析生态系统服务之间的关系。为了进一步评估不同时间段生态系统服务之间相互作用的程度和方向，通过 ESTD 模型对额尔齐斯河流域生态系统服务间的关系进行量化评估。研究分别对 2000—2005 年、2005—2010 年、2010—2015 年 3 个时间段的生态系统服务权衡协同度进行计算，结果表明，2000—2015 年，额尔齐斯河流域各生态系统服务之间协同关系是主导关系。

由表 3-10 可知，2000—2005 年，额尔齐斯河流域生态系统服务间的权衡协同关系中各生态系统服务之间组成 72 组值，其中 16 组为负值，56 组为正值，协同关系占 77.78%，表明在额尔齐斯河流域生态系统服务之间协同关系是主导关系。权衡关系主要表现在原材料提供服务和各服务功能之间，表明原材料提供服务与各服务功能之间存在"此消彼长"的情况。在权衡关系中，原材料提供服务与废物处理服务（-153.80）的权衡度最高，原材料和娱乐文化的权衡度（-0.10）最低。协同度呈现比较平稳的趋势，其中废物处理服务和娱乐文化服务协同度（15.09）最高，气体调节和废物处理协同度（0.15）最低。

表 3-10　2000—2005 年各生态系统服务权衡与协同关系

功能	气体调节	气候调节	水源涵养	土壤形成与保护	废物处理	生物多样性保护	食物生产	原材料	娱乐文化
气体调节		0.42	0.26	0.28	0.15	0.64	0.37	-22.68	2.22
气候调节			0.62	0.66	0.35	1.55	0.88	-54.43	5.34
水源涵养				1.08	0.57	2.51	1.43	-88.40	8.67
土壤形成与保护					0.53	2.33	1.32	-81.96	8.04
废物处理						4.37	2.48	-153.80	15.09
生物多样性保护							0.57	-35.18	3.45
食物生产								-61.97	6.08
原材料									-0.10
娱乐文化									

由表 3-11 可知，2005—2010 年，额尔齐斯河流域生态系统服务间的权衡协同关系中各生态系统服务之间组成 72 组值，全部为正值，协同关系 100%，表明在额尔齐斯河流域生态系统服务之间的主导关系仍旧为协同关系。原材料提供和各生态系统服务之间的权衡关系也逐渐表现为协同关系，且协同度较大，原材料提供服务与废物处理、土壤形成与保护、水源涵养服务之间的协同度最高，分别为 231.43、142.71、127.48，与娱乐文化服务之间的协同度最低，为 0.08，说明额尔齐斯河流域内生态系统服务均逐渐转变为

相互促进、同增同减关系。

表 3-11　2005—2010 年各生态系统服务权衡与协同关系

功能	气体调节	气候调节	水源涵养	土壤形成与保护	废物处理	生物多样性保护	食物生产	原材料	娱乐文化
气体调节		0.51	0.34	0.30	0.19	0.88	0.44	43.01	3.55
气候调节			0.66	0.59	0.37	1.73	0.87	84.73	6.99
水源涵养				0.89	0.55	2.60	1.30	127.48	10.51
土壤形成与保护					0.62	2.91	1.46	142.71	11.77
废物处理						4.72	2.37	231.43	19.09
生物多样性保护							0.50	49.00	4.04
食物生产								97.70	8.06
原材料									0.08
娱乐文化									

由表 3-12 可知，2010—2015 年，额尔齐斯河流域生态系统服务间的权衡协同关系中各生态系统服务之间组成 72 组值，全部为正值，协同关系 100%，表明在额尔齐斯河流域生态系统服务之间的主导关系仍旧为协同关系。其中废物处理服务与原材料提供服务协同度（74.30）最高，与 2005—2010 年变化相比，协同度降低较为明显，与娱乐文化服务之间的协同度（0.09）最低，比 2005—2010 年略有增加。

表 3-12　2010—2015 年各生态系统服务权衡与协同关系

功能	气体调节	气候调节	水源涵养	土壤形成与保护	废物处理	生物多样性保护	食物生产	原材料	娱乐文化
气体调节		0.44	0.14	0.34	0.11	0.67	0.50	8.54	0.78
气候调节			0.33	0.77	0.26	1.54	1.14	19.54	1.79
水源涵养				2.37	0.81	4.73	3.51	60.08	5.51
土壤形成与保护					0.34	2.00	1.48	25.36	2.33
废物处理						5.85	4.34	74.30	6.81
生物多样性保护							0.74	12.69	1.16
食物生产								17.13	1.57
原材料									0.09
娱乐文化									

对比三期数据间的权衡协同关系可以发现，土地利用类型虽有所转变，但各服务之间的主导关系仍属于协同关系，并且协同关系所占比例显著提升，表明额尔齐斯河流域内的生态系统服务功能一直处于相互促进、同增同减关系。

第4章

额尔齐斯河流域生态安全格局

近年来，一方面，城市化的不断推进使生态系统面临巨大压力甚至诱发生态灾难，另一方面人类对于生态系统服务福祉的提升提出了新要求，因此经济发展和生态保护两者之间的矛盾不断激化。生态安全格局作为沟通生态系统服务和人类社会发展的桥梁，目前被视为区域生态安全保障和人类福祉提升的关键环节，是实现区域生态安全的基本保障和重要途径，能够有效缓解生态保护与经济发展的矛盾（彭建等，2017）。本书基于"识别源地-构建阻力面-提取廊道"的研究模式，研究构建额尔齐斯河流域生态安全格局。首先，利用生态保护红线划定技术方法，基于区域自然保护地以及生态系统服务重要性识别重要生态源地。其次，选取 5 个生态阻力因子建立生态安全评价指标体系，利用 ArcGIS 软件构建生态阻力面，并从区域尺度和网格尺度对区域生态安全状态等级进行划分，对生态安全空间特征进行分析和评价；在确定生态源地和生态阻力面的基础上，利用成本距离和成本路径工具，应用最小累积阻力模型（Minimum Cumulative Resistance，MCR）将生态源地之间的最小累计耗费路径作为依据提取区域的潜在生态廊道，并通过重力模型提取重要潜在生态廊道（姚材仪等，2023）；进而结合区域生态环境和地形特点，提取最小耗费路径的汇集点作为景观生态节点。最后，根据生态源地、生态廊道与生态节点进行生态规划布局，构建出"点-线-面"相互交融的生态系统服务功能网络体系。

4.1　流域生态安全格局评价方法构建

4.1.1　生态安全评价方法与模型

4.1.1.1　生态安全评价模型

在分析额尔齐斯河流域景观格局演变的基础上，以景观生态安全格局基本理论为基础，采用压力-状态-响应框架模型建立额尔齐斯河流域生态安全评价与监测指标体系，构建生态安全指数（Ecological Security，ES），利用 GIS 空间分析方法，完成区域生态安全综合评价。额尔齐斯河流域人口增长和经济发展必然给耕地、林草地、水域等景观资源和社会经济造成影响，因此"压力"表征为人类活动给流域景观生态安全带来的负荷；"状态"表征区域自然资源和生态环境所处的状态，从景观属性出发来构建"状态"指标，突出生态安全研究中的景观格局对生态变化过程内涵的诠释；"响应"表征针对压力和当前的状态所采取的措施，与景观生态安全压力、状态指标相对应。

因此，从生态环境压力、自然资源状态和自然与环境响应 3 个方面出发，基于自然和人为因素对区域生态系统可能造成的影响，借助于区域生态安全评价模型完成额尔齐斯河流域生态环境安全状况的定量评价，以此来描述特定生态环境的安全程度和生态环境质量状况，探讨区域景观格局对生态安全的影响，最终实现人类基于决策对区域生态安全状况作出响应。生态安全评价模型构建如下：

$$ES=f(EEP,NRS,NER)$$

式中，ES 为区域的生态安全指数；EEP 为生态环境压力；NRS 为自然资源状态；NER 为自然与环境响应。

4.1.1.2　生态安全评价指标

生态安全评价涉及自然、环境、经济、社会等多个方面，生态系统现状是自然条件、人文影响及景观响应三者共同作用的结果。本书基于额尔齐斯河流域生态系统实地调查、统计和监测数据，遵循独立性、可比性、科学性和实用性的原则，选取对额尔齐斯河流域生态安全影响较大的自然、人文、景观、社会因素等相关评价指标。

（1）自然资源状态

1）景观因子。景观格局稳定性与内部景观斑块类型、形状、数量及其空间连通有关。景观格局指数是景观结构衡量不同景观类型所代表的生态系统受到外部干扰的程度，考虑到额尔齐斯河流域自然保护地保护类型和功能区划特征，选择边缘密度、斑块密度、蔓延度指标和景观多样性指数等景观指标刻画景观格局稳定性，各生态景观指数含义及其计算方法见本书第 3.1.3 节。

2）自然因子。本书在不考虑人类活动影响的前提下，选择在自然状况下潜在的影响生态环境安全问题可能性的自然因子，在实地调查的基础上，选取年均温、年降水量和地形因子作为主要指标。

（2）生态环境压力

人类作为额尔齐斯河流域生态环境的主体和核心，自身活动会给区域生态环境带来一定的压力，并且该压力与人类活动方式强度高低与规模大小息息相关，对于一个相对稳定的生态系统而言，人类不合理的活动干扰，不仅会导致区域生态环境偏离原来的平衡状态，还会影响生态系统功能的正常发挥，最终导致生态环境质量恶化。本书从生态环境承载的人口数量和资源利用方式为出发点，选取人口数量和社会生产总值作为构建生态压力模型的指标，以期探究区域人为压力对生态安全和服务功能发挥的影响程度。

（3）自然与环境响应

人类对自然和环境的干扰响应致使区域生态系统结构和功能改变，同时致使其区域生态环境发生变化。基于此，将植被指数、植被覆盖度因子作为自然与环境响应因素。

4.1.1.3 评价指标值归一化计算

生态安全评价是针对多指标的综合评价，在评价过程中所涉及的各指标数值不仅范围广、取值范围相差较大，指标之间量纲也不一致，因此需要归一化处理。此外，参与生态安全评价部分指标与区域生态环境之间还存在正向和逆向两种关系，因此，参照流域的实际生境自然生态状况，在已有评价分级研究的基础上，对各评价指标进行分级、标准化处理和生态赋值，分为1、2、3、4、5共5级。

在生态安全评价指标体系中，有些评价指标的数值越大，则该指标对区域生态安全的贡献越大，安全水平越高。此外，有些评价指标与生态安全水平呈一定的负相关，即该评价指标数值越大，则该指标对区域生态安全的贡献越小，生态安全水平越低。正相关指标标准化公式为：

$$x_i = \frac{x_i - x_{min}}{x_{max} - x_{min}}$$

负相关指标标准化公式为：

$$x_i' = \frac{x_{max} - x_i}{x_{max} - x_{min}}$$

式中，x_i 和 x_i' 为 i 指标的标准化数值；x_i 为指标 i 的原始数值；x_{min} 和 x_{max} 分别为指标 i 的最小值和最大值。

4.1.1.4 评价指标权重

本书选用模糊综合评判法（龚建周等，2008）评价额尔齐斯河流域生态安全，主要步骤如下：

（1）建立评价因子集合（U），评判因素集合中按照某个属性 e，将评判因素集合划分成 m 个子集，且子集满足以下两个条件：

1）得到二级评判因子集合，即：

$$U = \sum_{i=1}^{n} U_i$$

2）确定评判因素，即：

$$U/e = (U_1, U_2, \cdots, U_m), U_i = \{u_{ik}\}, (i = 1, 2, \cdots, m, k = 1, 2, \cdots, nk)$$

（2）确定评价集合等级。根据评价决策的实际需要和评价效果，可将评判等级标准分为 5 个等级，分别为："好""较好""一般""较差"和"差"。

（3）确定综合评判结果。按照单层次模糊综合评判模型，通过评判决策矩阵 R_i，结合 U_i 的权重分配 W_i，确定第 i 个子集 U_i 的综合评判结果，即：

$$B_i = W_i \times R_i = [b_{i1}, b_{i2}, \cdots, b_{in}]$$

（4）确定决策矩阵。对 U/e 中的 m 个评判因素子集 U_i 进行综合评判，进而确定其评判决策矩阵。

（5）综合评判。对各评判因素子集分配权重（W），完成综合评判结果，即：

$$A = W \times B$$

结合如上方法，对权重结果的分析结果如表 4-1 所示。

表 4-1　额尔齐斯河流域生态安全评价指标权重

目标层	因素层	指标层	指标属性	权重值
生态安全评价	生态环境压力因子	人口数量	负向	0.07
		社会生产总值	负向	0.05
	自然资源状态	边缘密度	负向	0.05
		斑块密度	负向	0.06
	景观因子	蔓延度指标	正向	0.06
		景观多样性指数	负向	0.07
		水土流失敏感性	负向	0.11
		土地沙化敏感性	负向	0.09
		土壤盐渍化敏感性	负向	0.06
	自然因子	年均温	正向	0.06
		年降水量	正向	0.11
		坡度	负向	0.05
	自然与环境响应因子	植被 NDVI	正向	0.08
		植被覆盖度	正向	0.08

4.1.2　生态安全格局构建方法

4.1.2.1　生态源地识别

生态源地识别是生态安全格局构建的基础，是生态系统提供服务、产品以及生态流的源地，主要是指提供重要生态系统服务的斑块（彭建等，2018）。有效识别生态保护源地、构建地区生态安全格局，可以对生态环境进行有效调控，进而保障生态系统服务功能及服务的充分发挥。本书采取定性（基于生态保护红线的直接识别方法）和定量法（生态系统服务综合评估方法）识别生态源地。针对区域典型生态系统，定量评估生态系统服务的供给能力，识别生态系统服务供给的重要区域，可以作为源地识别的有效方法。针对区域自然基底特征和生态环境现状，研究选取了水源涵养、土壤保持、防风固沙和生物多样性维护 4 种生态系统服务进行重要性评价，评价方法参考《生态保护红线划定指南》。

4.1.2.2 生态阻力面设置

物种、能量在空间中迁移、流动时，会受到自然干扰或人为活动的影响，并集中体现为不同土地利用类型之间的特征差异。本书综合考虑流域的地形地貌条件，选取土地利用类型、高程和坡度 3 个因子构建综合阻力面（刘立程等，2019；刘维等，2021），依据因素重要程度比较法确定各阻力因子权重，构建阻力评价体系（表 4-2），在此基础上使用夜间灯光指数修正景观类型因子的相对阻力值（周汝波等，2020），再使用栅格计算器工具加权叠加计算生成综合阻力面。通过 ArcGIS 10.2 的 Cost Distance 工具，利用生态源地和综合阻力面计算得到每个像元到成本面上最近源地的最小累积阻力距离表面，在此基础上，利用 Cost Path 工具计算生态源地相互之间的最小成本路径以生成潜在生态廊道（孙丽慧等，2022）。

表 4-2 阻力因子分级和赋值

阻力因子	权重	分类	阻力赋值
土地利用类型	0.3	建设用地	5
		耕地	4
		水域、湿地、冰川和永久积雪	3
		灌木地、未利用地	2
		草地、林地	1
高程	0.2	>2 400	5
		1 700～2 400	4
		1 100～1 700	3
		700～1 100	2
		<700	1
坡度	0.2	>30	5
		20～30	4
		10～20	3
		5～10	2
		<5	1

阻力因子	权重	分类	阻力赋值
居民点	0.15	<500	5
		500~1 000	4
		1 000~2 000	3
		2 000~3 000	2
		>3 000	1
道路	0.15	<500	5
		500~1 000	4
		1 000~1 500	3
		1 500~2 000	2
		>2 000	1

4.1.2.3　生态廊道提取

作为区域内源地斑块间物质流与能量流的连通载体，生态廊道是生态安全格局的重要组成部分之一，可以为物种迁徙提供重要通道，具有生态、社会、文化等多种功能（蒙吉军等，2016）。识别关键廊道并对其加以保护是维护区域生态要素流动的重要保障，而对现有廊道进行优化，重点改进廊道布局，有助于增强生态系统功能的完整性。

最小累积阻力（Minimal Cumulative Resistance，MCR）模型通过计算生态源地和目标之间的最小累积阻力距离模拟最小成本路径，以此确定生物迁徙路径（Knaapen et al.，1992）。MCR 模型的计算公式为：

$$\text{MCR} = f \times \min \sum_{j=n}^{i=m} D_{ij} \times R_i$$

式中，MCR 为最小累积阻力值；D_{ij} 为生态用地从源 i 到 j 的空间距离；R_i 为栅格 i 对生态用地空间扩张的阻力系数；Σ 为栅格 i 与源 j 之间穿越所有单元的距离和阻力的累积；f 为最小累积阻力与生态过程的正相关关系。

大型生境斑块是区域生物多样性的空间保障和重要源地，而生态廊道系统是保障生态源地之间物质与能量流通连接的路径，其对于生物多样性保护、生境质量优化和生态系统功能的完整性具有重要意义。本书利用重力模型来量化 MCR 模型提取的生态源之间潜在生态廊道的重要性，从而识别出重要的潜在生态廊道，并形成生态安全网络（韦宝婧等，2022）。重力模型计算公式如下：

$$G_{\text{ab}} = \frac{N_a N_b}{D_{\text{ab}}^2} = \frac{\left(\dfrac{1}{P_a} \ln S_a\right)\left(\dfrac{1}{P_b} \ln S_b\right)}{\left(\dfrac{L_{\text{ab}}}{L_{\max}}\right)^2} = \frac{L_{\max}^2 \ln S_a \ln S_b}{L_{\text{ab}}^2 P_a P_b}$$

式中，G_{ab} 为生态源斑块 a、b 两者间的相互作用力；N_a、N_b 分别为生态源斑块 a、b 二者的权重；D_{ab}^2 为生态源斑块 a、b 二者间潜在生态廊道阻力的标准化值；P_a 为生态源斑块 a 的阻力值；S_a 为生态源斑块 a 的面积；L_{ab} 为生态源斑块 a、b 两者间潜在生态廊道的累积阻力值；L_{max} 为全部生态源斑块之前的潜在生态廊道累积阻力值中的最大值。

4.1.2.4 生态节点确定

生态节点是生态网络中的关键点，是物种迁移中的踏脚石（是指位于大型生态斑块之间，由一系列小型斑块构成生物做短暂栖息和迁移运动的通道，可以作为生物迁徙的中间站）和休憩地。本书根据景观生态学上对战略点的判识方法，并结合研究需要识别生态节点。

利用自然断点法，将最小累积阻力距离表面划分为源地缓冲区、低阻力区、中阻力区和高阻力区，与构建的生态廊道进行空间叠加，将生态廊道之间的交点以及生态廊道与最小累积阻力表面分区界线处的交点作为生态节点。

纵横交错的道路网会将景观格局切割成破碎的生境斑块，造成景观破碎化，使连续的廊道网络产生一定空间范围的生态间隙，不利于物种的交流扩散。本研究将生态廊道与流域的主要交通道路网的交叉点确定为生态断裂点，加以修复控制。

4.2 生态安全等级评价

4.2.1 生态安全评价等级

基于生态安全评价的主导性、整体性和相关性等原则，从自然资源状态、生态环境压力和自然与环境响应 3 个方面出发，通过构建区域生态安全综合评价模型，开展区域生态安全状况的评价研究，探讨区域景观格局变化对生态安全的影响。生态安全评价模型的计算公式为：

$$ES = 10 \times \left(\sum_{j=1}^{n} A_j \times W_j + \sum_{j=1}^{n} B_j \times W_j + \sum_{j=1}^{n} C_j \times W_j \right)$$

式中，A_j 为 NRS 的指标因子；B_j 为 NEP 的指标因子；C_j 为 NER 的指标因子；W_j 为综合评判因素权重。

结合流域自身特点，参考已有的研究成果，将流域的生态安全评价划分为极低度安全（Ⅰ级）、低度安全（Ⅱ级）、中度安全（Ⅲ级）、高度安全（Ⅳ级）和极高度安全（Ⅴ级）5 个等级（表 4-3）。

表 4-3　生态安全评价分级标准

生态安全指数	生态安全状态	生态安全等级	生态环境特征
0～0.2	极低度安全	I	对人类干扰极为敏感,不仅区域内生态功能存在严重的问题,且生态退化严重,区域生态环境的安全等级极低,生态系统遭到外来的严重破坏,生态系统朝着恶化方向演变,呈现逆向演替的趋势,且难以被扭转
0.2～0.4	低度安全	II	对人类干扰较为敏感,生态安全现状较差,生态系统遭到一定程度上的破坏,且潜在生态问题的威胁很大,生态环境可能会受到较长时间的影响,生态承载力较低
0.4～0.6	中度安全	III	对人类活动敏感,生态环境受到一定程度外来影响和破坏后,生态系统结构产生一定的变化,容易发生生态问题,且生态系统具有一定的自我恢复和自救能力,尚可维持基本功能,具有一般的生态安全水平
0.6～0.8	高度安全	IV	抵抗干扰和自我恢复能力强,生态环境受到一定的外来影响,可在很短时间内恢复,生态系统服务功能基本完整,生态安全水平高,可能存在一定的潜在问题
0.8～1.0	极高度安全	V	生态环境基本不受外来影响,抵抗干扰能力和自我恢复能力强,面临的生态压力很小,同时生态系统结构完整且生态系统服务功能完整,生态安全水平极高

4.2.2　生态安全评价结果

根据上述生态安全评价方法和模型,以额尔齐斯河流域整体作为评价对象,对区域生态安全指数进行计算,结果如表 4-4 所示。

表 4-4　生态安全指数评价结果

	2000 年	2005 年	2010 年	2015 年	2020 年
生态安全指数	0.427 0	0.432 0	0.445 1	0.438 1	0.441 2

综合考虑各因素影响,对流域生态安全指数进行分析。结果发现,2000—2020 年流域生态安全状况整体呈现倒"V"形波动变化趋势,生态安全指数由 2000 年的 0.427 0 升高为 2010 年的 0.445 1,2020 年又降低为 0.441 2。2000—2020 年,流域平均植被覆盖度由 2000 年的 33.65%增长至 2010 年的 39.99%,随后减少至 2020 年的 29.64%。且在 2000—2020 年,流域斑块数量、斑块密度指数下降,均匀度指数上升,地区生境破碎化程度有所减少,景观多样性指数上升,这些因子变化情况均与流域生态安全指数变化趋势基本一致。额尔齐斯河流域生态安全评价等级如图 4-1,表 4-5 所示。

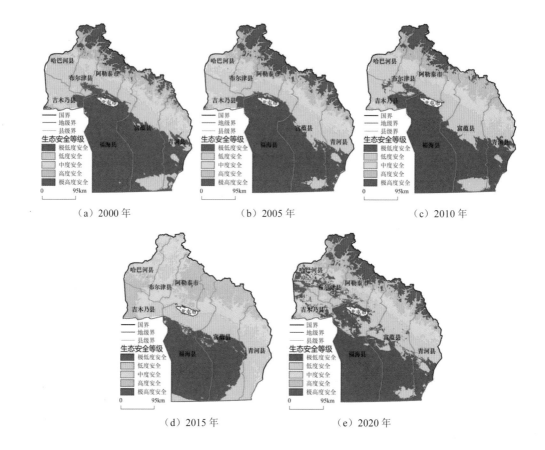

(a) 2000 年　　　　　　　(b) 2005 年　　　　　　　(c) 2010 年

(d) 2015 年　　　　　　　(e) 2020 年

图 4-1　生态安全评价等级

表 4-5　生态安全等级与面积占比

年份	等级	极低度安全	低度安全	中度安全	高度安全	极高度安全
2000	面积/km²	48 254	33 445	15 116	12 905	6265
	占比/%	41.6	28.84	13.03	11.13	5.4
2005	面积/km²	53 312	30 117	13 158	11 747	7651
	占比/%	45.96	25.97	11.34	10.13	6.6
2010	面积/km²	48 983	28 606	14 793	12 636	10 967
	占比/%	42.23	24.66	12.75	10.89	9.46
2015	面积/km²	35 719	31 610	28 291	20 341	24
	占比/%	30.8	27.25	24.39	17.54	0.02
2020	面积/km²	48 563	29 305	15 673	11 126	11 318
	占比/%	41.87	25.27	13.51	9.59	9.76

　　根据额尔齐斯河流域生态安全等级结果，大部分地区处于极低度安全和低度安全等级，占流域总面积的 50% 以上，这与地区生态脆弱和敏感区域大、人类活动干扰强度大有关。由表 4-5 可以看出，2000—2020 年，极低度安全和低度安全区域面积占比也呈现先升后降又逐步回升趋势，从 2000 年的 70.44% 上升至 2005 年的 71.93%，然后降低为 2015 年的 58.05%，又升至 2020 年的 67.14%；高度安全和极高度安全区域面积占比由 2000 年的 16.53% 上升至 2020 年的 19.35%。从分布图可以看出，2000—2020 年，从北向南生态安全性逐渐降低，极低度安全到极高度安全的面积占比逐渐减小。其中，极高度、高度、中度安全区域主要分布在流域北部的山地丘陵区域以及中部两河一湖生态安全维护区、两河流域林地生态保护区和冰川保护区；低度和极低度地区安全区域主要分布在流域南部的低山丘陵荒漠区。

4.3　生态安全格局构建

4.3.1　生态源地

4.3.1.1　自然保护地

　　阿勒泰地区是全国六大林区之一、新疆第一大天然林区，森林覆盖率为 22.65%，以其优越的生态系统被国务院确定为水源涵养型山地草原生态功能区。区域内拥有自然保护区、森林公园、湿地公园、地质公园、矿山公园等各类自然保护地 30 处（表 4-6 和图 4-2）。

表 4-6　阿勒泰地区自然保护地名录

序号	自然保护地类型	名称	级别
1	自然保护区	新疆哈纳斯国家级自然保护区	国家级
2		新疆布尔根河狸国家级自然保护区	国家级
3		新疆科克苏湿地国家级自然保护区	国家级
4		新疆额尔齐斯河科克托海湿地自然保护区	自治区级
5		阿尔泰山两河源自然保护区	自治区级
6		卡拉麦里山有蹄类野生动物自然保护区	自治区级
7		福海金塔斯山地草原保护区	自治区级
8	森林公园	新疆哈巴河白桦国家森林公园	国家级
9		贾登峪国家森林公园	国家级
10		白哈巴国家级森林公园	国家级
11		阿尔泰山温泉国家森林公园	国家级
12		新疆布尔津森林公园	自治区级
13		新疆额尔齐斯河北屯森林公园	自治区级

序号	自然保护地类型	名称	级别
14	森林公园	新疆福海森林公园	自治区级
15		青河县青格里河森林公园	自治区级
16		新疆小东沟森林公园	自治区级
17		大青河森林公园	自治区级
18		神钟山森林公园	自治区级
19	湿地公园	新疆青河县乌伦古河国家湿地公园	国家级
20		新疆吉木乃高山冰缘区国家湿地公园	国家级
21		新疆乌伦古湖国家湿地公园	国家级
22		新疆乌齐力克湿地公园	国家级
23		哈巴河县阿克齐国家湿地公园	国家级
24		新疆富蕴可可托海国家湿地公园	国家级
25		新疆布尔津托库木特国家湿地公园	国家级
26	地质公园	可可托海世界地质公园	世界级
27		新疆布尔津喀纳斯湖国家地质公园	国家级
28		新疆吉木乃草原石城国家地质公园	国家级
29		新疆布尔津国家级地质公园	国家级
30	矿山公园	新疆富蕴可可托海稀有金属矿国家矿山公园	国家级

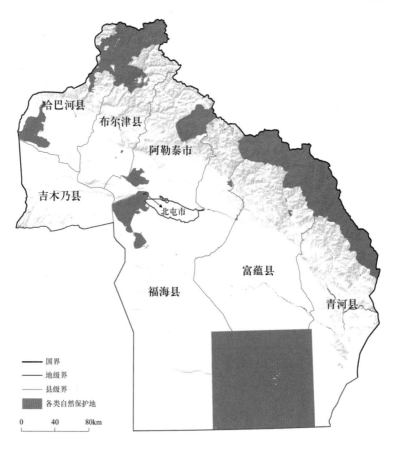

图 4-2　阿勒泰地区各类保护地

4.3.1.2　生态系统服务重要性评价

　　额尔齐斯河流域水源涵养极重要区主要分布在北部山区，此区域的高山带终年被积雪覆盖，是区内河流的水源补给区，"V"形谷底分布广泛，是区域内重要的集水区，河谷两岸起伏变化大，水能蕴藏丰富。这些地区多为森林和草地覆盖，土质疏松，渗流能力较强，水热均衡条件较好，对于截留降水、增强土壤下渗、减缓地表径流等有重要作用。额尔齐斯河流域水土保持极重要区零星地分布在北部山区，这些地区植被覆盖度较高，土壤可蚀性较弱，能够起到拦截降雨、减缓地表径流动能等作用，进而固定土壤，减少地表土壤随降水流失。额尔齐斯河流域防风固沙极重要区主要分布在福海县南部和富蕴县中南部区域。额尔齐斯河流域生物多样性维持极重要区主要集中分布在北部山区，中部丘陵河谷平原区有条带状零散分布。这些地区生境质量较好，植被类型多样，动物物种丰富，对于调节气候、扩散种子与花粉、净化土壤环境、减轻洪涝与干旱灾害均有重要作用（图 4-3）。

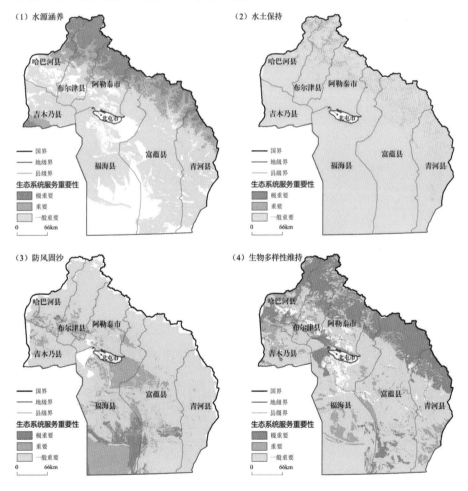

图 4-3　生态系统服务重要性评价及分级结果

图 4-3 中 4 种生态系统服务极重要区叠加形成额尔齐斯河流域重要生态系统服务区，主要分布在北部山区、乌伦古湖、额尔齐斯科克托海湿地自然保护区和卡拉麦里山有蹄类自然保护区等区域（图 4-4）。

图 4-4　生态功能极重要区

4.3.1.3　生态源地确定

额尔齐斯河流域的生态源地包括各类自然保护地和生态系统服务重要区。为消除细碎斑块对生态安全格局构建过程的影响，提取的生态源地单个斑块面积不小于 5 km²。额尔齐斯河流域生态源地主要包括哈纳斯国家级自然保护区、布尔根河狸国家级自然保护区、科克苏湿地国家级自然保护区、额尔齐斯河科克托海湿地自然保护区、阿尔泰山两河源自然保护区、卡拉麦里山有蹄类野生动物自然保护区、喀纳斯湖风景名胜区、白哈巴国家级森林公园、新疆小东沟森林公园、乌伦古河国家湿地公园、乌齐力克湿地公园、水产种质资源保护区、饮用水水源地保护区、国家一级公益林、冰川及永久积雪等，共 35个斑块，总面积为 45 037.44 km²（图 4-5）。

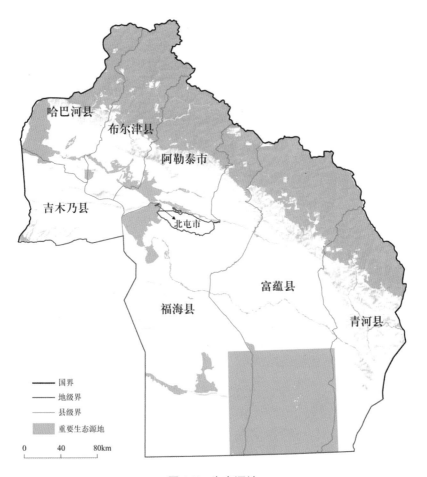

图 4-5 生态源地

4.3.2 阻力面

以生态源地为源数据,将高程、坡度、居民点、道路等作为成本阻力基面,通过计算成本距离可得到最小累积阻力面,即流域生态安全格局阻力的空间分布特征,各阻力因子空间分布如图 4-6 所示。

额尔齐斯河流域生态阻力面如图 4-7 所示,高生态阻力地区主要位于流域北部以及吉木乃县南部的山地地区,生态阻力值随海拔降低而逐渐减小。

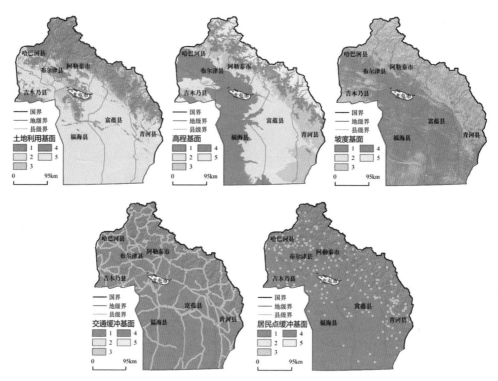

图 4-6　生态阻力各指标的阻力基面

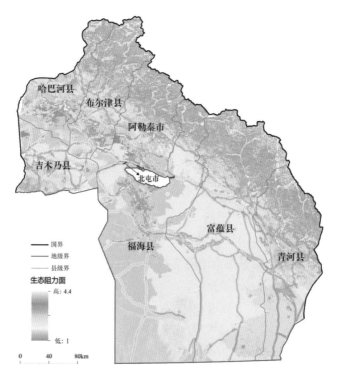

图 4-7　生态阻力面

4.3.3 生态廊道

基于生态源地和生态阻力面,在 ArcGIS 中利用成本路径(Cost Path)和成本距离(Cost Distance)工具进行计算,共提取出潜在生态廊道 595 条,在潜在廊道的基础上利用重力模型提取出重要廊道 74 条,潜在生态廊道和重要生态廊道空间分布如图 4-8 所示。

图 4-8 生态廊道

4.3.4 生态节点

生态节点一般位于生态廊道上生态功能最薄弱处,即最小路径与最大路径的交点或最小路径的汇集处,对维护区域景观生态结构的整体性、连续性和生态功能的发挥具有战略意义。提取生态节点的方法有两种,一种是最小耗费路径的汇集点,利用 ArcGIS 的相交功能提取;另一种是累积阻力表面的"脊线"与生态廊道的交点,借助 ArcGIS 的水文分析工具,再通过邻域分析和重分类等操作提取累积阻力表面阻力值最高的"脊线",

利用相交功能求得交点，即生态节点。本研究采取第二种方法计算生态节点，结果如图 4-9 所示。

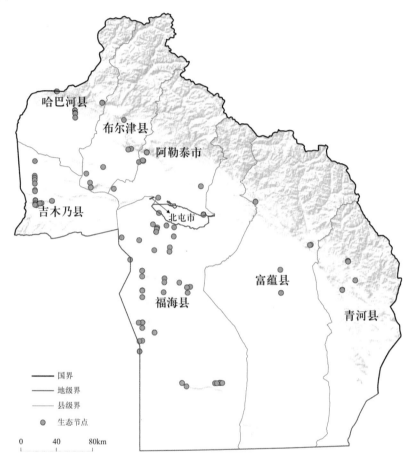

图 4-9　生态节点

4.3.5　生态安全格局判别

　　额尔齐斯河流域的生态安全格局由生态源地、生态阻力面、生态廊道和生态节点共同组成（图 4-10），与实际布局相比，廊道和节点的建设均有待完善，要通过生态安全格局各组分的优化布局来提升流域的生态安全水平。生态源地多数较为集中，要增强对分散源地的防护力度，维护其生物多样性；潜在生态廊道与实际已有廊道存在重叠段，应在稳固原有生态廊道的基础上进行生态廊道建设；道路型廊道可加强两侧的绿化程度，促进其生态流通作用；生态节点是生态安全格局中的关键点，需要强化其功能并确保其少受干扰。

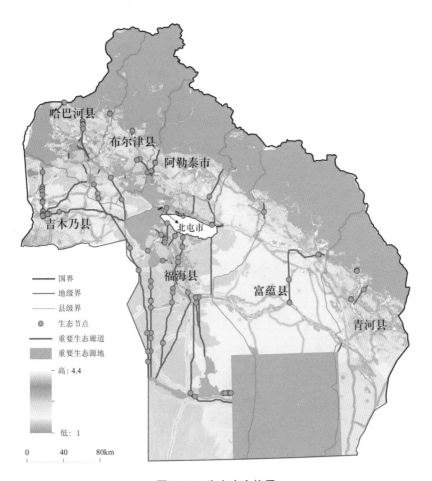

图 4-10　生态安全格局

4.4　生态安全格局优化提升对策建议

根据生态安全格局构建结果,结合生态系统格局-质量-服务分布和变化特征以及人类活动或区域发展的生态用地需求,围绕流域复合生态系统生态安全格局提升,提出生态安全保障与提升对策建议。

(1)通过国土空间规划及相关生态功能区规划,严格用途管制,保护区域内各级各类风景区、自然保护区等重要生态源斑块的完整性,通过绿地规划增大斑块面积,提高生态网络框架中的生态源斑块的生境质量,增强生物种对斑块的生境适宜性,加强生态网络框架中的生态源地保护与建设。

(2)加强对潜在生态廊道和重要生态廊道的保护,提升一般生态廊道的连通度。潜在生态廊道与生态高阻力路径交汇的生态节点比较敏感,需加强城市或者居民集中区范围内生态廊道连接的生态节点的培育与建设，此举将有助于提升生态源斑块之间的连接度，从而有利于增强生态连通性。

（3）进一步完善生态网络结构。结合现有的旅游路线及绿地网络，合理规划区域内道路、河流水系、防护林带等廊道。

（4）加强生物物种与所选择生态源斑块之间的适宜性分析。阿勒泰地区是全国六大林区之一，北有阿尔泰山，南部是准噶尔盆地，还有额尔齐斯河、乌伦古河、吉木乃山溪的滋润，大自然孕育和创造了丰富多彩、种类繁多的植物种群，使这里成为重要的生物物种基因库，针对性地选择相应的生物确定适宜的生态阻力路径，将更能为有效保护生物多样性及构建生态安全格局提供规划布局依据。最后，生态网络空间优化需进一步加强区域生态敏感性与社会经济、产业布局等耦合关联分析，生态安全建设更要紧密结合区域的生态治理工程、生态产业和旅游项目开发及生态补偿机制等进行整体布局和规划实施。

第**5**章

额尔齐斯河流域生态保护修复整体方案

结合生态系统退化特征和生态环境突出问题，从生态系统整体性和区域差异性出发，坚持重点问题导向和有限目标导向，采用分类引导、分区施策、统筹兼顾、突出重点的思路，宜封则封，宜造则造，宜保则保，宜用则用，优化要素配置和工程措施。

5.1 生态修复问题识别

5.1.1 矿山治理修复任务重、难度大，两河源区生态风险持续高位

矿产资源开发形成了大面积的裸地，对山体植被造成了巨大破坏，非法采矿还造成河流改道，加剧了水土流失。据初步计算，仅采金造成的沙石裸露面积就达 40 km²，沙石量至少达 9 840×10⁴ m³，由于多年无序开采使原有的自然景观被严重破坏、水体环境恶化、土壤肥力下降，导致草场退化，草场退化反过来又加剧了水土流失。由于流域土质稀薄，降水量较少，矿山生态修复难度较大。破坏严重的区域主要分布在山区开采历史较长的矿区，包括阿尔泰山诸河沟砂金采区、砂铁矿采区以及可可托海矿区等区域。

5.1.2 生态用水短缺与湿地萎缩交织，两河一湖生态极其脆弱

两河流域湿地众多，由于对水资源的无序开发利用，湿地严重萎缩。2008 年乌伦古河断流达 167 天，目前断流几乎成为常态。额尔齐斯河水量已呈现出明显的减少趋势，2007 年夏季历史性地出现了断流现象。阿勒泰地区境内分布有冰川、高山积雪，生态系统结构相对脆弱，对于气候变化非常敏感。同时由于水位的显著变化，额尔齐斯河下游的鱼类产卵场丧失。据统计，阿勒泰两河流域中生存的 23 种土著鱼类、160 个河狸族系、珍稀物种哲罗鲑等的繁衍都受到了严重影响，有些已接近灭绝（李胜，2022）。

科克苏湿地地处阿勒泰市西南部荒漠平原，是额尔齐斯河流域最重要的鱼类产卵场

和鸟类栖息地,也是新疆北部戈壁荒漠中最大的沼泽湿地。区域内分布有由多科树种组成的天然河谷林,是我国极为珍贵的基因资源库,生态战略位置十分重要。科克苏湿地 2000 年湿地面积为 147 km²,2010 年湿地面积为 107.1 km²,2000—2010 年科克苏湿地面积共减少了 40.6 km²,占比 27.6%,湿地破碎度增加,连通性降低,趋于分散分布,使繁殖亲鱼和孵化鱼苗无法返回河道,导致了生物多样性减少。

5.1.3 气候干旱与超载过牧压力叠加,草地生态功能严重退化

天然草原超载过牧,导致牧草品质降低,影响畜牧业的可持续发展和生态安全。据阿勒泰地区草地资源调查数据,阿勒泰地区自 20 世纪 90 年代开始出现草地退化、草地超载现象,2010 年前后达到峰值,近 20 年来,阿勒泰地区草原一直处于超载状态。过度放牧导致水土流失、植被退化,植物滞留降水、涵养水源、蒸腾以提高空气湿度的功能丧失,造成空气湿度下降、下垫面条件恶化而无法形成"细雨绵绵"的有效降水,同时气温升高、气候干旱叠加,致使暴雨、冰雹类灾害性降水增加,如此气候变化与过度放牧互为因果,形成了恶性循环。受气候变化、超载放牧和病虫害、天然灾害、无序开发等影响,73%的天然草场出现退化,其中严重退化的草地面积约占 40%,水土流失问题突出。

5.1.4 森林老化、退化趋势加速,北疆水塔涵养调节功能明显下降

阿尔泰山森林广袤,草原广阔,湿地类型较多,是维系阿尔泰山生态功能的重要组成部分。据 2010 年阿尔泰山森林二类调查资料显示,山区成熟林龄组面积、蓄积占比分别达 76.8%、81.76%,受到超载放牧和无序砍伐等因素的影响,森林树龄的老龄化趋势加重,更替困难。另外,全地区现有河谷次生林主要分布在额尔齐斯河和乌伦古河干流及其一级支流沿岸,由于过度截流和乱砍滥伐、牲畜啃食,河谷林森林群落快速衰退,生态功能下降。阿尔泰山两河源自然保护区功能仍然脆弱,"两河"流域年径流量明显下降,下游河谷林生态受到一定影响,水源涵养功能下降。退化森林状况如图 5-1 所示。

退化的灌木林草　　　　　　　　　　　　　　　退化的森林

退化的河谷林

图 5-1　退化森林状况

5.1.5　绿洲人类活动持续加剧，两河流域生态环境问题逐步凸显

近年来绿洲人类活动范围和强度持续扩大，农村环境污染和面源污染严重（图 5-2）。绝大多数农村缺乏生活垃圾和污水的收集与处理设施，污水和垃圾直接排放；由于大量施用化肥、农药和地膜，造成土壤板结，养分失调，土壤和环境受到污染；畜禽养殖规模化程度较低，畜禽粪便导致的环境污染未能得到有效治理；农田农膜治理面积仅占耕地面积的 1%。农村饮水安全设施建设滞后，全地区尚有 10 万人还存在饮水安全隐患。

图 5-2　人居环境现状

阿勒泰地区地表水丰富，但是水资源分布不均，水土资源地域组合不平衡，额尔齐斯河以北土地面积占有 1/3，水量却占到 9/10，额尔齐斯河以南土地面积占 2/3，而水量只有 1/10，河流径流量的年际变化大，年较差多数 CV 值在 0.3～0.5，是全疆的最高值，地表水年份也不均衡，主要集中在 5—8 月。由于过度截流，特别是大型引水设施的修建，导致水量减少，水位降低，乌伦古湖等湖泊湿地萎缩、水质咸化、湖周土地沙化以及植被退化。克孜加尔、黄泥滩、东戈壁、阿魏等六大灌区，由于灌溉不善引起土壤次生盐渍化、沼泽化等环境问题。部分河段水质有待提高，乌伦古湖水质为劣 V 类，主要污染物为化学需氧量、氟化物。

5.1.6 生态系统破碎化与人工化增强

5.1.6.1 生物多样性受到威胁，部分珍稀特有物种濒临灭绝

道路、引水渠、围栏、水库大坝等各种设施建设，导致很多野生动物的生存与迁徙面临各种危险，生境的破碎化使生物多样性受到极大威胁。众多野生动物基因交流因人为建设被中断，"岛屿化"现象十分普遍，小种群因近亲繁殖最终难以生存，生态廊道的建设迫在眉睫。蒙新河狸是唯一在乌伦古河分布的物种，目前已经面临灭绝的风险，其濒危的最大威胁就是种群隔离和栖息地丧失。此外，大量的草原围栏成为野生动物的"克星"，野生动物因此被刮伤、致死的事例已屡见不鲜，尤其是食草动物受到狼等猛兽追赶时无法逃生，野生动物的正常生存面临着严重的威胁。同时，围栏造成野生动物种群交流困难，条块分割后的草原已经难以容纳野生兽类。

5.1.6.2 生态保护修复条块分割，整体性系统性亟待加强

目前阿勒泰地区的生态治理和保护修复工作仍存在条块分割现象，缺乏整体性和系统性，在项目建设和资金利用各方面缺乏全局统筹，无法从根本上消除生态威胁。例如，林草部门的水源地禁牧补助、退牧还草、退耕（牧）还湿（还林）、生态护林，文旅部门的扶持政策，人力资源部门的就业培训，以及其他方面的政策等，如果将其统筹安排，就有可能将湿地退化、草原过牧等问题较好解决；由于资金投入严重不足，很多山区公路以通达为底线，没有路面和排水系统，尤其是沿溪流河谷的道路，往往地势较低，暴雨洪水冲毁的现象十分普遍，保存较好的道路也普遍存在边坡路基土壤裸露、废弃土石方随意堆积、排水不畅、侵蚀冲刷的现象，造成严重的水土流失，威胁人类健康和安全。

5.1.6.3　区域发展水平较低，山水林田湖草治理能力非常薄弱

　　山水林田湖草统筹管理往往涉及生态环境、自然资源、水利、住建、林草、农业农村等部门多个机构，涉及控源、截污、治河、治水、治土等污染治理与生态修复相关工程。流域综合监管统筹能力较为薄弱，亟须推进管理手段的优化与完善。一方面，环境监测体系不健全，信息化手段不足，监测网络范围和要素覆盖不全面，技术规范、评价方法不统一，缺乏实时、完整的生态环境监测网络，难以实现"环境-生态一体化实时监控和预警预报"，管理基础较弱。另一方面，资源环境市场配置机制有待健全，流域除通过政府征税收费的行政手段解决生态环境问题外，市场手段运用较少，山水林田湖草系统化、全视角、专业化、多元化的保护与治理亟待加强。

5.2　生态保护修复分区

　　贯彻"山水林田湖草是生命共同体"理念与生态系统理论，从生态系统整体性和生态服务功能管理角度出发，综合考虑流域不同要素间、不同空间区域间的生态联系与耦合过程。采用空间分析和地理信息系统技术，识别"生命共同体"生态保护修复重点区域空间分布和主要结构特征，依据区域突出生态环境问题与主要生态功能定位和保护管理需求等因素，对额尔齐斯河流域山水林田湖草生态保护修复工程实施范围进行实施区域划分，按照"一块区域、一个问题、一套目标、一种技术"的思路，对流域进行生态保护与修复分区，识别不同区域特征，提出不同分区的治理策略，明确不同分区的重点任务。

5.2.1　生态保护修复分区技术流程

5.2.1.1　关键生态过程分析

　　额尔齐斯河流域可以分为额尔齐斯河、乌伦古河、吉木乃诸小河 3 个子流域，从生态系统的系统性、整体性及其内在规律综合考虑流域水土迁移和土壤侵蚀迁移过程，明确额尔齐斯河流域内各生态系统要素之间的相互关系及流域上下游、岸上岸下相互关系。结合流域污染物迁移与控制单元、鱼类产卵场及洄游路线，进行生态过程潜在的和表面的空间分析。

5.2.1.2　重点区域识别与重要生态分区

　　额尔齐斯河流域有自然保护区、风景名胜区、森林公园、地质公园、湿地公园等诸

多自然保护地,以及《中国生物多样性保护战略与行动计划(2011—2030 年)》《新疆维吾尔自治区生物多样性保护战略与行动计划(2011—2030 年)》确定的生物多样性保护优先区域。突出生态功能重要区域和生态脆弱敏感区域,通过生态系统服务功能重要性评估和生态系统敏感性评估,确定影响区域生态安全、产生生态环境问题的关键环节,识别"生命共同体"生态保护修复重点区域空间分布和主要结构特征,研判区域生态环境问题类型与可能性大小,明确特定生态环境问题可能发生的地区范围、严重程度与变化情况。

5.2.2　生态保护修复分区方案

在重点生态区域识别和关键生态过程分析基础上,综合考虑流域内不同区域的生态类型和功能定位、关键生态过程和生态关联关系、面临的主要生态环境问题及其成因,紧紧围绕青山不老、银水长流、草原昌盛、绿洲常在的目标和水这一核心因子,坚持以"生命共同体"为导向,坚持"抚育山区、稳定荒漠、优化绿洲"方针,以矿山生态修复、流域水环境安全保障、湿地修复、天然草场恢复与荒漠化防治、天然林草保育、生物多样性保护等为重点,构建以提升山区源头产流区生态功能为重点的北部阿尔泰山生态功能涵养区、以维护清水产流区和河湖调蓄区生态安全为重点的中部两河一湖生态安全维护片区、以保障内流调节区生态安全为重点的南部荒漠草原生态保育区的生态保护与修复分区布局(表 5-1 和图 5-3)。

表 5-1　阿勒泰地区生态保护与修复分区

片区	范围	面积/km²	占比/%
北部阿尔泰山生态功能涵养区	包括阿勒泰地区北部的山地丘陵区域,行政区划包括阿勒泰市、布尔津县、富蕴县、哈巴河县、青河县、福海县	43 182.66	36.68
中部两河一湖生态安全维护区	包括阿勒泰市、北屯市、布尔津县、福海县、富蕴县、哈巴河县、吉木乃县、青河县低山丘陵及冲积洪积平原	39 633.42	33.67
南部荒漠草原生态保育区	该片区主要包括阿勒泰地区南部的低山丘陵荒漠区,包括福海县、富蕴县、青河县	34 900.88	29.65

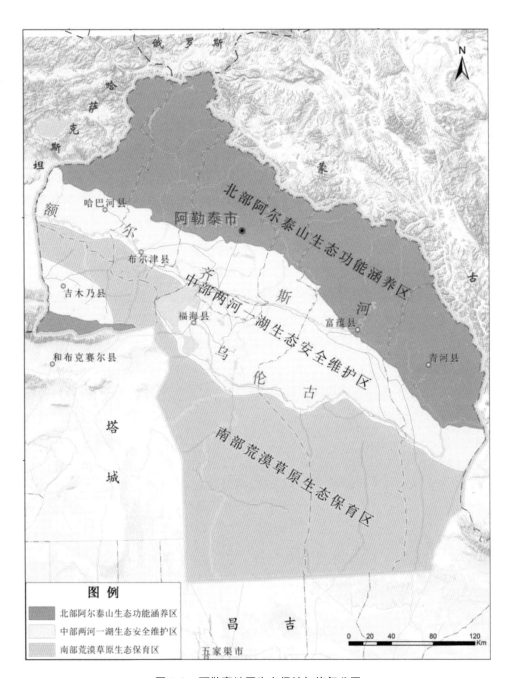

图 5-3　阿勒泰地区生态保护与修复分区

5.2.3 分区特征与重点任务

5.2.3.1 北部阿尔泰山生态功能涵养区

北部阿尔泰山生态功能涵养区域是两河一湖的源头区,主要发挥水源涵养、生物多样性维持、水土保持等功能。分布范围主要包括阿勒泰地区北部的山地丘陵区域,行政区划包括阿勒泰市、布尔津县、富蕴县、哈巴河县、青河县、福海县,面积 43 182.66 km^2,占阿勒泰地区国土面积的 36.68%。按照国家主体功能区划,该区主要属于国家重点开发区域以及国家级、省级禁止开发区。山区生物资源十分丰富,是《中国生物多样性保护与行动计划(2011—2030 年)》中划定的 35 个生物多样性优先保护区域之一。矿产资源丰富,有金、铜、锡和稀有金属、云母、宝石等大型成矿带,盛产稀有金属、白云母及宝石矿,已知矿床(点)百余处。生态系统以草地和森林生态系统占主导,分布有寒温带泰加林,是西伯利亚动植物种类在我国集中分布的代表区域,以西伯利亚落叶松为主,西伯利亚冷杉、西伯利亚云杉、西伯利亚红松也有分布,在河谷和山坡下部则有疣枝桦、山杨等次生林。

北部阿尔泰山生态功能涵养区主要存在矿产资源开采造成生态破坏、森林生态功能降低、水土流失与生境破碎化等问题,因此,生态保护修复的重点任务包括:

(1)加大矿山生态修复治理力度,减轻区域生态环境风险。对重点废弃矿区和裸露沙石进行回填平整,治理水土流失,修复 20 世纪采矿留下的生态伤疤,恢复本区自然生态环境,使生态建设步入良性发展的轨道。同时加大对公路沿线、城市周边、旅游线路等重点区域的受损地质环境修复,减轻因采矿和工程开发而造成的地质环境灾害等生态风险。

(2)加大林草植被修复,提升水土保持和生物多样性维护功能。加大退耕退牧还林还草还湿力度,扩大生态空间的面积。同时加强森林营造和抚育力度,提升森林质量、数量,增强其调节气候、涵养水源的功能。此外,要突出重点区域、重点廊道的修复,增强生态系统连通性,减少破碎度,提高栖息地质量。

(3)加强尾矿修复与综合利用,促进生态保护修复与生态发展同步提升。一方面要加大对尾矿废弃矿渣废渣的处置利用,有效消除尾矿带来的生态环境风险;另一方面在推进矿山修复和林草植被修复过程中,要把促进区域产业转型和农牧民生产生活转型作为重点方向,尤其是要做好资源枯竭型矿山的转型发展探索,使农牧民成为生态保护的获利者。此外,要加强生态环境监测监管能力建设,促进当地经济社会稳步发展。

5.2.3.2　中部两河一湖生态安全维护区

两河一湖是生态安全保障的核心区，主要起到两河一湖生态缓冲调节作用，也是水、牧、农等生态产品供给的主要区域。分布范围主要包括阿勒泰地区的中部区域，属于额尔齐斯河流域和乌伦古湖流域，包括阿勒泰市、北屯市、布尔津县、福海县、富蕴县、哈巴河县、吉木乃县、青河县，面积 39 633.42 km²，占阿勒泰地区国土面积的 33.67%。该区属于国家重点生态功能区，地形类型以山地丘陵和山前冲洪积平原为主，生态系统类型以荒漠和草地生态系统为主，分布面积分别占该片区总面积的 53.3%、25.08%。同时该区域是绿洲分布的核心区，区内工农业生产等人类活动主要集中于这一区域。

中部两河一湖区域既是人类活动的集中区域，也是生态保护修复的重点区域。该区域主要存在湿地退缩、水环境质量有待提升、天然草场退化、河谷林退化、生态环境治理能力弱等问题，因此，生态保护修复的重点任务包括：

（1）加强河湖生态修复，提升两河一湖水生态安全水平。一方面要加强河湖水系连通和生态补水，满足河湖基本生态需水，提升河湖的自净能力和生态功能；另一方面要加大河湖湿地的保护和修复，尤其是乌伦古湖，重建河湖湿地生境和生态缓冲带，提升水质净化、生物多样性维护等生态功能。同时要加强两河一湖主要支流河道及其两侧的综合治理，减轻水土流失、地质灾害，提高水源涵养、水质净化、土壤保持等功能，确保两河水质保持优良，乌伦古湖水质和生态系统稳步改善。

（2）加强草地生态修复，提升草地承载力和调节能力。一方面要加大退耕还草、退牧还草力度，扩大草地生态空间，减轻草地生态压力；另一方面要加大对退化草地的生态修复，以生态淹灌为重要手段，实现草地的自然修复。此外，要加大天然草原的保护力度，通过补播草原、除害草、生态移民等手段，提升草原的生产力。通过提升草地生态质量，恢复和增强草地在水土保持、污染净化等方面的调节作用。

（3）加强绿洲的生态修复治理力度，削减各类污染源。一方面要加强绿洲生态功能提升，加强城镇绿化和生态屏障建设，提升农田生态防护功能，改善区域城乡人居环境的同时增强污染物生态拦蓄能力；另一方面，要着力削减绿洲内部的各类污染源，加大农业面源污染治理，强化重点区段的水质治理，确保区内饮用水水源地水质和各主要支流入河断面水质的稳定达标。

（4）注重整体保护，强化生态治理能力提升。在提升污水垃圾等方面的治理能力的同时，也要重视监测预警、科技支撑等能力的提升。针对区域干旱特征，做好人工调控降水工作，从区域水平提升生态需水的稳定补给能力。强化布尔津县、吉木乃县周边沙化土地治理，防止荒漠化扩张。还要做好生物多样性的保护，重点是做好两河一湖生态系统旗舰物种的种群恢复。通过综合实施各类工程确保出境断面稳定达标。

5.2.3.3 南部荒漠草原生态保育区

南部荒漠草原生态保育区是荒漠化防治和生物多样性保护的重点区。分布范围主要包括阿勒泰地区南部的低山丘陵荒漠区，包括福海县、富蕴县、青河县，面积 34 900.88 km²，占阿勒泰地区国土面积的 29.65%。该区基本是常年无地表径流区，但洪流较为发育，是该区植被生长滋养的水分来源，也是地下水的主要补给水源。区内植被受水源条件制约，一般来说，大的汇水洼地和侵蚀沟谷内地下水埋藏较浅，植被较为稠密，主要植物有梭梭柴、柽柳等，野生动物以有蹄类动物为主。卡拉麦里自然保护区分布在这一区域。

南部荒漠草原生态保育区人口聚集度低，以戈壁荒漠为主，荒漠生态系统分布面积占该片区总面积的 96.21%。目前该区域存在农田开垦造成的地下水位下降、荒漠化加剧，以及矿产资源开发造成生态破坏、荒漠化、生物多样性受到威胁等问题，生态保护修复重点任务包括：

（1）加大重点区域的荒漠化治理，重点是卡拉麦里山周边，强化封禁保护、植被生境恢复和生态廊道建设。

（2）加强矿山生态修复，重点是推进青河沙铁矿区生态修复。

（3）加强农田绿洲的治理，开展退耕退牧还草，扩大自然生态空间，促进农牧民转产转业，减少人类活动的干扰。

（4）加强治理能力提升，尤其是生态管护能力和监测预警能力等。通过加大保育力度，降低荒漠化的发生风险，保持荒漠生态系统的健康稳定。

5.3　生态修复工程方案

5.3.1　重点工程部署

依据额尔齐斯河流域主要生态环境问题和生态保护修复的总体思路、目标和主要任务，坚持问题导向，充分考虑项目的合理性、可行性、重要性、效益性，提出山地生态涵养功能提升、草地生态修复与持续利用、绿洲生态功能提升与人居环境改善、两河一湖生态保护与修复、生物多样性保护与荒漠化防治、生命共同体治理能力提升、"两山"转化与资源枯竭型矿山转型示范工程 7 类重点工程。

5.3.2　工程效益分析

额尔齐斯河流域山水林田湖草生态保护修复工程实施将带来多方面的效益，包括生态环境的改善和保护、经济发展的促进，以及社会文明和谐提升，这些效益将为地区的可持续发展作出积极贡献。

5.3.2.1 生态效益

（1）显著提升国家和区域生态安全保障能力

构建形成区域生态安全格局体系，丝绸之路经济带核心区生态安全水平显著提高。通过实施额尔齐斯河流域山水林田湖生态保护修复工程，将构建形成一轴、二区、多点的生态安全格局，阿尔泰山森林草原国家重点生态功能区生态功能得到全面提升，形成额尔齐斯河丝绸之路生态走廊，筑牢丝绸之路核心区三屏两环的基础。同时古尔班通古特北部荒漠化得到有效控制，也将为北方沙尘暴防治提供重要支撑。国家和区域生态安全水平均将得到进一步提升。

可可托海等矿区治理取得显著进展，阿尔泰山山地森林草原国家重点生态功能区生态服务功能得到明显提升。工程实施后，33.44 km² 废弃矿区恢复原有地貌，26 km² 砂铁矿采坑、废土得以治理，安全隐患得到消除，土地功能逐步恢复，矿区生态环境大幅改善。完成造林 4.04 万亩、森林抚育 19.1 万亩、森林补偿 1 654.55 万亩，原生型泰加林及其生态系统、天然河谷林及其生态系统、荒漠植被及其生态系统、天然草地及其生态系统以及珍稀濒危野生动植物及其栖息地得到有效保护，湿地进一步得到保护和恢复，荒漠化土地得到有效控制。

两河一湖湿地萎缩、生态断裂、绿洲污染等现象得到明显改观，绿洲生产生活环境与新疆水安全保障水平大幅提升。首先，山区森林保护的保护和改造，将进一步提升水源涵养能力，减少水土流失。其次，矿山生态环境治理及尾矿库治理将显著减少流域水生态风险。最后，通过人工调控降水给区域补水，将促进植被的恢复。同时，流域面源污染防治、人居环境整治显著减少了流域污染源。另外，通过实施天然草原生态保护补助奖励 10 605 万亩，将使 75.8% 的草地得到有效保护，显著提升草地涵养净化能力。此外，工程预期实现退耕还湿 8 160 亩，生态治理和修复河道 68 km，实施湿地保护围栏159.01 km，湿地保护面积达到 56.16 万 km²，河湖生态系统健康明显增强，将有效保障额尔齐斯河、乌伦古河以及哈巴河、布尔津河等一级二级河流水质优于Ⅲ类并保持稳定，乌伦古湖水环境保持在Ⅲ类，乌伦古湖水位通过河湖联通和生态补水维持必需的生态水位，将显著改善流域水环境安全。

土著鱼类、河狸等重点珍稀濒危物种将得到有效保护和恢复。一方面，通过保护区能力建设等工程，卡拉麦里、金塔斯、喀纳斯、乌伦古湖等国家级自然保护地保护能力将得到明显提升，自然保护区生物生境的修复和生物多样性的恢复能力得到显著增强；另一方面，通过实施栖息地保护、河湖水系连通、生态廊道等工程，将进一步完善以保护区、森林公园、湿地公园、地质公园为核心的生物多样性保护网络。此外，草原补饲、增殖放流、野生动植物繁育等工程项目也将进一步提升野生动植物种群规模。

（2）额尔齐斯河流域生态服务功能和生态产品供给明显增加

北部中部水土流失得到有效遏制。预期实施天然草原生态保护补助奖励 10 605 万亩，草原围栏建设 74.5 万亩，毒害草治理 36.5 万亩，休牧、轮牧 74.5 万亩，建设饲草料地 28 万亩，通过对阿尔泰山、额尔齐斯河、乌伦古河沿岸林、草植被进行保护修复，地表植被和枯枝叶层增多，地表粗糙程度增加，将会有效阻止土壤流失，起到保持沿岸水土的作用。地表植被的增加和截流水量能力的提高，将会改变地表水和地下水的比例，使地表水流量减少，地下水径流增加，地表蒸发量减少，以及通过人工增雨增加绵绵细雨减少大雨，将降低雨水冲刷能力，减少水土流失。

南部土地沙化得到有效治理。预计完成封禁保护沙化土地 217.44 km²，治理青河县沙铁矿遗留地质受损区域共计 26 km²，防止沙化土地向绿洲区发展。植被的恢复将对控制流沙前移、减少大风带来的灾害起到相当重要的作用，使活化的半固定沙丘、流动沙丘发生逆转，减少了沙源，对于防止沙漠化面积的扩大起到了一定作用。植被恢复也会增加土壤有机质，改善土壤结构和水分状况。林木能通过其强大的根系，从潜水位吸收大量的水分，经过其枝叶蒸腾散发出来，使地下水位得到降低，防止土壤次生盐渍化的产生，以达到改良盐碱土的作用。

重点城镇和河流、道路沿线自然生态灾害发生率和破坏力下降。一方面随着矿山生态环境的治理，矿山破坏造成的泥石流、滑坡等将进一步减少；另一方面水源涵养林的建设、河道生态修复，也将对山洪起到巨大防范作用。此外，流域生态修复也将有效降低地震等灾害产生的损失。还有生物多样性的恢复，也将促进生态系统的平衡，减少草原鼠害等灾害。

改善区域小气候。荒漠植被有效增加可通过改变太阳辐射，削弱近地表面积层气流交换，调节空气的温度，从而提高地温，减少霜害、冻害的发生，避免热风和高温的危害，使区域小气候得到有效改善。

5.3.2.2　经济效益

（1）直接带动经济增长

水土流失治理工程、矿山环境修复工程、流域水环境保护与整治工程、生物多样性保护以及土地整治与土壤改良工程将起到推动经济发展、直接拉动 GDP 增长的作用，尤其是对当地生态环保产业的发展会起到巨大推动作用。

（2）有效改善投资环境和提高资源产出效率

通过额尔齐斯河流域山水林田湖草生态保护修复工程的实施，区域水土资源得到有效利用，不但能为当地粮食安全问题的解决和农村经济的发展提供大量有用的土地储备资源，而且可为县域经济快速、持续、健康、稳定发展夯实基础，注入新的活力。同时，土地资源利用率、土地产出率、劳动生产率均可大幅提高，将有效地促进农业产业结构的调整和农村产业链的升级，带动农村经济发展。

（3）促进阿勒泰地区实现绿色发展

首先，额尔齐斯河流域的金山、银水、雪都、草原、绿洲等生态资源得到保护，不仅为区域发展生态旅游等生态产业提供了重要基础，更为区域探索"绿水青山就是金山银山""冰天雪地也是金山银山"提供了前提。其次，工程实施将提高生态产品的供给能力，增加生态产品的产出。再次，通过生态保护修复，将改善流域生态资源质量，为开展林禽、林菌、林苗、林蜂、林药和生态旅游等多种经营项目和模式，创造新的致富渠道，可有效提高当地农牧民的收入和生活水平。最后，可通过人工调控降水推动冰雪产业快速发展，为区域提供新的经济增长点。

（4）提升资金使用效率

将显著改变过去生态环境治理分散、重复投入、资金使用率低的状况，通过工程整合、资金整合、管理整合，将显著提升生态保护修复资金的投入产出效率。

5.3.2.3　社会效益

（1）增强各族人民获得感，推进民族和谐示范区建设

一方面，通过实施农牧民生态扶贫项目，人均年收入增收约 2 000 元；另一方面，将带动实现农业产业结构的优化调整，改善地区各县（市）投资环境，有效拉动内需，也能增加当地农牧民的就业，促进经济繁荣稳定和社会和谐发展。同时，随着绿水青山转变为金山银山，各族农牧民获得感将明显增强，为民族和谐示范区提供有力助推。

（2）改善农牧区人居环境，加快美丽新疆建设步伐

额尔齐斯河流域山水林田湖草生态保护修复工程预期完成农村人居环境整治村庄190 个，将极大改善农牧区人居环境，有力保障人居安全。同时推动当地的美丽乡村建设，促进科教、文化、卫生事业的发展，群众的文化素质和身体素质得到普遍提高，经济繁荣稳定和社会和谐发展，生态改善，农民增收，广大农村群众过上富裕生活，将增加全地区各族人民幸福感。

（3）增强社会生态意识，推进生态文明示范区建设

在实施过程中，注重全社会参与，将会使全社会对生态保护修复重要性和价值有更充分的认识。有利于树立生态价值意识，形成对自然生态敬畏的价值理念；树立生态责任和生态道德意识，逐步自觉开展生态环境保护；树立生态知识的学习教育意识，更多了解和掌握生态治理与保护的基本常识和理念，形成全社会动员，共治、共管、共享的生态文明新格局，为全疆生态文明示范区建设提供更大助力。

（4）引领丝绸之路沿线示范，展示我国生态大国形象

将有效保障额尔齐斯河出境的水量水质，为中下游的哈萨克斯坦、俄罗斯经济社会发展提供有效保障，为提升我国与哈萨克斯坦、俄罗斯的关系提供有力支撑。同时工程也将有效保护阿尔泰国际生物多样性热点区。这些将成为我国履行国际生态环境责任的佐证，有利于进一步树立我国生态大国形象。另外，将探索形成一套干旱区山水林田湖草生态保护修复技术，不仅适用于我国西北地区，也适用于"丝绸之路"沿线的中亚、西亚等具有相似生态环境的地区，将起到良好的示范引领作用，这也将促进我国与"丝绸之路"沿线国家的生态环境保护合作，进而进一步深化多方位合作。

第6章

额尔齐斯河流域生态保护修复及其管理技术体系

为顺利推进额尔齐斯河流域山水林田湖草生态保护修复工程实施，针对生态修复关键技术，研究提出典型地区的山水林田湖草生态保护修复工程的制度措施和标准规范，构建自然生态系统健康稳定和社会经济绿色发展相辅相成的格局，改变以往"各自为政"的生态修复工作格局，形成额尔齐斯河流域生态保护修复及其管理技术体系。

6.1 矿区平原荒漠草地浅沟播种修复技术

6.1.1 背景意义

荒漠是地球上自然条件极为严酷的地理区域，新疆荒漠化土地面积达 111.6 万 km^2。荒漠地区属极端干燥的大陆性气候，年温差和日温差较大，日照强度大，蒸发量大于降水量，导致土层上部盐分积累，从而形成盐碱地。这种生境条件对植物的生长、存活极为不利。荒漠植物在严酷的生境下演化出了与之相适应的种子萌发对策来确保种子在适宜的时间和空间下萌发。

驼绒藜、木地肤为藜科多年生半灌木荒漠植物，伊犁绢蒿为菊科绢蒿属多年生草本或半灌木状、小灌木状植物，3 种植物均属荒漠草地修复的优势种、建群种，适应严酷的荒漠、半荒漠环境，具有很强的抗逆性，在土地盐渍化改良、水土保持、荒山绿化和生态恢复方面发挥着重要的作用。同时三者营养价值高，品质好，是优良的生态恢复植物和饲用植物，在人工栽培及改良天然草场方面具有很大的发展前景。

开采砂铁矿是人类活动对草地的一项重要干扰因素。砂铁矿开采技术较为简单，露天开采后剩余废砂被露天堆放，形成排土场，被开采挖掘的区域则形成大小不等、深度不一的矿坑，使原来的地形地貌都发生了巨大变化，对周边荒漠草地和种植区的放牧利用与种植均产生较大影响，加之开采前没有进行表土剥离，造成土壤种子库极度破坏，曾经的荒漠草场，现已是千疮百孔，利用率和生产力几乎为零，严重影响了当地畜牧业发展和生态环境安全。

荒漠草原上植物群落的生存、繁衍和扩散是重建退化生态系统的重要组成部分，在植被的发生和演替、更新和恢复过程中起着重要的作用，很大程度决定着植被演替的进度和方向。通过实施"新疆额尔齐斯河流域山水林田湖草生态保护修复工程"对青河县遗留砂铁矿采坑、排土场、残留的建筑和机械设备等治理与微地形改造、植被恢复、改善生态环境、合理规划实施代替产业发展。

6.1.2 技术方法及要求

气候条件：极端最低气温为-53℃，最高达36.5℃；年平均气温0℃，积雪厚度为20 cm左右，年降水量80～150 mm；海拔为500～1 500 m。无霜期平均大于100天。

土壤条件：土壤要求不严格，沙土、壤土均可，对土壤养分要求不高，pH≤8.5，砾石含量≤30%。

植物条件：物种主要选用乡土建群种多年生植物和一年生植物。物种配比可以参考已恢复或重建地区周围植物群落组成。以旱生或超旱生中等以上灌木、半灌木和草本植物为主。

土地平整要求：针对地表严重损毁区，对地面边坡进行削坡处理，使其达到稳定状态，对场地进行推高填低整平处理，保证地形坡度在6°～20°。要求深耕、耙糖，活土层20 cm以上。除去大的砾石，使地面平整、土壤细碎、耕层塌实，做到上虚下实、墒情充足以利播种；撒施粉碎的作物茎秆、果壳等以增加土壤通透性。土地平整后，利用开沟器在平整的地面上开浅沟槽，沟槽深度约10 cm，宽度10～15 cm，行距不大于30 cm。针对地表稀疏植被区，不破坏现有植被根系，利用开沟器在平整的地面上开浅沟槽，沟槽深度约10 cm，宽度10～15 cm，行距不大于30 cm。

种子要求：牧草种子清选后，贮存在低温环境处（低于-15℃），能有效地防止芽率降低和失活。种子低温处理主要针对春播，冬播的种子宜采用当年收获的种子。贮存时间超过3年的种子不建议用作生态修复草种，针对野生牧草种子，种子芽率≥90%，净度≥75%；针对商品种，种子芽率≥95%，净度≥95%。

播期、播量、播种方法要求：一般均采用冬播，第一场雪后、第二场雪前为宜；若降雪较晚，在地表未封冻前进行播种。播种量应结合种子的千粒重、净度、发芽率和种子活力来确定，必要的时候，还应该结合修复后植被覆盖度，综合考虑后再确定播种量，一般实际播种量应大于理论播种量。包衣种的播量至少是裸种播量的2～3倍。一般采用机械播种或人工条播或穴播。

管护要求：①无灌溉条件：在无灌溉条件下，需要每年冬季补播1次，连续补播2～3年，有利于增加植被覆盖度，修复效果较好。②有灌溉条件：灌水定额中不含天然降水量。雨水欠年，4月下旬至5月上旬，灌水1次，灌水定额为30～35 m³/亩。其他时间无须灌水。雨水丰年,在 6 月下旬至 7 月中旬,灌水 1 次,灌水定额 15～20 m³/亩。其他时间无须灌水。

其他注意事项:其余年份,雪水返青后,无须额外灌水,定期对群落进行观测即可。修复年间,禁止牧业利用,禁止人为二次破坏。第 3 年,生态基本恢复,植被覆盖度不低于 20%,群落多年生牧草占比稳定,可以酌情考虑牧业利用。

6.1.3　案例分析

2020 年秋季,青河县阿格达拉镇砂铁矿区修复前地表几乎无植被迹象,对地面进行简单整理,选择驼绒藜、伊犁绢蒿、木地肤、一年生猪毛菜等植物种子(裸种)在冬季播种,播种前测定种子萌发率,并对种子进行包衣处理(试验结果显示 0.03% 的赤霉素对木地肤种子有明显的促进作用,与对照相比,发芽率可提高 15%)。通过浅沟播技术实施,第 2 年的 4 月底,在幼苗期灌水 1 次,有利于植物扎根,之后不再灌水,依靠荒漠植物发达的根系吸收土壤深层次水分,幼苗立地成功后,需要注意鼠虫害防治,尤其是蝗虫高发期,及时治理,可以明显提高生态修复效果。生态修复第 2 年,植被平均高度为16.8 cm,盖度约为 10%,地上生物量为 42 g/m²,与修复前形成鲜明对比(图 6-1)。

图 6-1　浅沟播技术在砂铁矿区的应用

6.2 干旱荒漠区利用人工种子库生态修复技术

6.2.1 背景意义

20 世纪 70 年代以来，土地荒漠化被视为重大的环境问题，许多国际性会议的主要议题都是如何控制荒漠化。中国是受荒漠化危害最严重的国家之一，荒漠化不仅造成了生态系统失衡，而且给工农业生产和人民生活带来了严重影响，这一现实成为制约我国中西部地区，特别是西北地区经济和社会协调发展的重要因素（朱震达，1991；王涛和赵哈林，1999）。人类活动和气候变化是导致荒漠化的直接原因。我国干旱、半干旱和亚湿润干旱区域的面积占国土面积的 38.3%，北方干旱半干旱地区，长期以来由于人类不合理的矿产资源开发、草原超载放牧、绿洲农业过度开发、生产活动、干旱多风的气候条件以及该地区脆弱的生态系统，土地荒漠化严重，而干旱、土壤贫瘠、土壤种子库种源不足等因素又限制了该地区沙荒地植被恢复。

种子库的研究是生态修复、植被恢复的重要内容之一，是目前生态修复学研究的热点。土壤种子库是存在于土壤上层凋落物和土壤中全部存活种子的总和（Simpson et al.，1989），是生态重建和修复中物种的自然供方，其发生发展对种群生态建设、植被恢复与演替、生物多样性和遗传变异进化等方面的研究具有重要作用（Grime et al.，1981）。对土壤种子库的深入研究可以为恢复路矿破坏区域提供有效的信息和参考，是决定路矿破坏区域植被修复的成败关键。借助于土壤种子库进行植被恢复或修复技术必须对目标区域土壤种子库进行深入研究，才能得出科学准确的认知，这在国内外学术和技术领域已形成共识（于顺利等，2003；尚占环等，2009；杨丹丹等，2015；张涛等，2017；方玲玲等，2011）。

目前，在干旱荒漠区通过利用恢复区微咸水及汛期下泄的生态水等有限水资源，在主要优势种种子散布期及土壤种子库多数种子萌发季进行人工引水漫溢，并结合漂种措施人工补充种源，以实现土壤种子库的大面积激活。对于极端退化区及土壤种子库库容严重萎缩的区段，采用物种多样性高且土壤种子库库容丰富的区段进行表层土移植，以实现土壤种子库的"捐赠"。但上述措施多在论述其植被恢复方面的可能性，而从工程角度来看可行性难度较大。

人类在生产建设中，修建水库、道路及矿产资源露天开采等活动过程中剥离挖损表土资源，破坏植被的同时，也严重损毁了表土中的土壤种子库、生物土壤结皮、土壤动物群落，严重破坏地表自然景观与生态系统。开展植被恢复被证实是路矿区域生态重建的有效途径，然而因随机排土，大部分排土场的表层土壤已不适于植物生长，治理难度很大（台培东等，2002）。同时矿山废弃物土壤物质缺乏氮、磷等营养物质，成为限制植物生长的主要因素，该区域种源匮乏也是制约其自然恢复的重要因素之一。

人工种子库是指植被稀疏、地表土被大量扰动或光秃的区域，由于植被稀少，土壤种子库长期缺乏种源蓄积，土壤中种源极度匮乏，即使给水，也不利于地表植被的恢复，借助人工补增种源手段，结合先锋种群及保水保肥技术的构建，促进新移植土壤种子库在原始光秃地表繁殖和融合，从而达到给荒漠区补充土壤种子库的目的。在人工生态修复过程中，需重视种子数量及物种的丰富度，对于干旱荒漠区路矿迹地来说，利用好人工种子库对恢复受损生态具有积极意义。

干旱荒漠区路矿迹地植被生态修复人工种子库的构建，实现了在干旱荒漠区生态修复时大面积补充土壤种子库的目的，人工种子库制备不仅提高发芽率，而且促进幼苗期的生长，增加抗逆性，与自然萌发形成的植被群落共存，形成稳定结构，实现生态修复区自我更新恢复，是干旱荒漠区路矿迹地进行生态修复实现可持续发展的重要前提。荒漠植被人工种子库材料容易获得、成本低、简单易行，适合在干旱荒漠区植被生态修复技术领域推广应用。

6.2.2　技术方法及要求

人工种子库的制备主要是为了解决因长期以来人类不合理的生产活动、干旱、土壤贫瘠、土壤种子库种源不足等因素限制沙荒地植被快速恢复的问题，通过利用干旱荒漠区植被生态修复人工种子库，从工程角度利用人工种子库进行植被恢复，以实现干旱荒漠区的植被生态修复。人工种子库包括以下组分：区域先锋植被种子 1~3 份，区域优势植被种子 15~25 份，抗旱修复基质 50~125 份，鸟鼠兔禽驱避剂 0.70~0.80 份。区域先锋植被种子选择生态修复区适宜的先锋植物，优势植物为生态修复区稳定的优势物种。抗旱修复基质包含组分为：天然钠基膨润土矿粉 50~100 份，黄腐酸钾矿粉 20~40 份，甘草废渣粉 10~20 份，高吸水树脂 2~3 份，多菌灵可湿粉 1~3 份。将区域先锋植被种子、区域优势植被种子混合后，加入抗旱修复基质，利用种子丸粒化机将种子进行大粒化，达到种子质量的 3~5 倍。最后加入鸟鼠兔禽驱避剂 0.70~0.80 份，使丸粒化种子包覆鸟鼠兔禽驱避剂，制成大粒化的植被生态修复人工种子库。大粒化后的种子是净种重量的 3~5 倍，直径为 1~3 mm，且质地坚硬，飞播后能形成一定入土深度，不易被风吹走，解决播种后人工镇压和覆土问题，能够节约大量成本和人工，同时丸粒化种子被抗旱基质包裹，播种后能提高种子的成活率和抗旱能力，节约播种量。

利用人工种子库修复干旱荒漠区的优势主要表现为：一是抗旱修复基质中高吸水树脂具有保水作用，天然钠基膨润土矿粉防止水分缺乏时高吸水树脂发生水分倒吸现象；黄腐酸钾矿粉、甘草废渣粉具有保肥作用，抗旱修复基质水肥的有效配比，提高了种子的成活率。二是人工种子库种子组分上先锋植物和优势植物科学配比,对路矿迹地植被和土壤的良性循环奠定基础。利用先锋植物作为生态恢复初期群落的主要建群种,其多为一年生植物,能够快速适应路矿迹地贫瘠的土壤条件,并能充分利用水分在生长季内快速生长,为区域内优势植物提供荫蔽条件,促进优势植物的生长,同时,生长季后先锋植物快速死亡,能够增加土壤的有机质,形成植被和土壤之间良性循环,为修复区域优势群落的生长和稳定奠定基础。

6.2.3 案例分析

在"新疆额尔齐斯河流域山水林田湖草生态保护修复工程"实施过程中,研究人员以青河县砂铁矿地质环境治理及生态修复-阿苇灌渠渠首片区地质环境治理项目为契机开展人工种子库生态修复示范。项目区修复面积 12 hm^2,初期砂铁矿开采方式简单,对地表环境造成了严重破坏,原始植被基本完全消失,土地平整后表土中的土壤种子库已经不具备自然恢复能力。项目区为干旱荒漠生态系统,周边生态群落为荒漠草原沙生绢蒿群系,建群植物由超旱生、旱生的小灌木、小半灌木以及旱生的一年生草本、多年生草本和中生的短命植物等荒漠植物组成。区域先锋植被选择为驼绒藜、碱蓬,分别称取净种驼绒藜 3.65 kg,碱蓬 18 kg。优势植被选择为泡泡刺、冰草、绢蒿、针茅、猪毛菜,分别称取净种泡泡刺 98 kg、冰草 23 kg、绢蒿 7 kg、针茅 188 kg、猪毛菜 17 kg,将上述种子混合均匀备用。抗旱修复基质选择天然钠基膨润土矿粉重量为 420 kg,细度 120 目;黄腐酸钾矿粉重量为 180 kg,细度为 120 目;甘草废渣粉重量为 90 kg,细度为 30 目;高吸水树脂重量为 15 kg;多菌灵可湿粉重量为 8 kg,将上述材料搅拌均匀备用。植被种子大粒化利用 RH-480 种子大粒化机,将上述混合备用的种子和抗旱修复基质分别加入大粒化机中,进行大粒化处理,制成的大粒应为种子重量的 3~5 倍,在大粒化机中加入鸟鼠兔禽驱避剂 9 kg,制得大粒化荒漠植被人工种子库。修复区土地整理根据矿山迹地治理设计,场地的回填、削坡、平整等工序完成后,撒播前对播种区域进行水平犁沟整地或用拖拉机耙犁松土勾槽的方式整理。利用无人机撒播机进行播种,将制备的荒漠植被人工种子库播种量设置为 90 kg/hm^2,秋季第一场降雪后播种。

播种后翌年春季通过调查发现,大粒化种子发芽率均在 80%以上,成活率能够达到 60%及以上,远高于不经处理直接播种的种子发芽率和成活率。后续持续观测发现,第 2 年秋季修复区域植被覆盖率达到 5%,第 3 年秋季修复区域植被覆盖率达到 8%,自然修复的植被盖度达到了预期目标。种子清理及大粒过程如图 6-2、图 6-3 所示。

图 6-2　种子清理过程

图 6-3　种子进行大粒化过程

6.3　干旱区矿山废弃地生态修复技术

6.3.1　背景意义

　　矿产资源开发给额尔齐斯河流域的生态环境带来了较大的影响。矿产资源开发使原生地表植被遭受毁灭性破坏。矿山开采过程中，地表土壤被剥离，林木遭受砍伐，尾矿堆和废石堆压占大片土地，原有的森林、草原景观变成了千疮百孔的矿山景观。矿区的土壤也发生较大的变化，原生松软肥沃的土壤变为粗颗粒富集及营养匮乏的松散堆积物。因地表植被被破坏，疏松的堆积物造成矿区内水土流失严重，导致河水浑浊不堪，空气中灰尘漫天。在额尔齐斯河流域的部分支流，采矿过程中产生的尾矿堆积于河道，造成河道堵塞，洪水期间还可能形成泥石流。这种生态环境的变化使流域的渔业资源和生物多样性遭到严重的破坏。部分贵金属矿开采中，如金矿、锌矿，大量使用氰化物和汞，极有可能造成难以逆转的氰化物污染和汞污染。同时，还存在重金属污染及铀和钍等放射性污染风险。

在额尔齐斯河流域众多的矿山开采中，以大面积的砂金矿开采、沙石矿开采和大规模的砂铁矿开采破坏性最大。这 3 类矿山分布范围广、破坏严重。在额尔齐斯河流域，几乎每条河沟都有砂金矿开采点。砂金矿开采大多位于河漫滩或河道边缘，砂金矿开采使河床遭受严重破坏，出现大量深浅不一的采坑，大量的尾矿砂堆积于河道，河道行洪能力降低，洪水期间会挟带大量的尾矿砂向下游移动，形成泥石流。砂石矿开采大多数位于额尔齐斯河中下游河床或河漫滩，分布较广，面积较大，对河流水生生态系统以及河岸林生态系统破坏性较强。砂铁矿主要位于额尔齐斯河流域的青河县境内，全县共有砂铁矿石储量 7 000 万 t，砂铁矿开采企业 102 家。砂铁矿区大多位于青河县南部的荒漠草原，这里的戈壁滩表层植被是历经上亿年才形成，砂铁矿开采使地表植被遭受破坏，大风天气加上疏松土壤，土壤风蚀加大，对周边空气、河流、道路造成严重影响，且难以恢复。砂铁矿矿区如图 6-4 所示。

图 6-4　阿勒泰青河县砂铁矿矿区

6.3.2　技术方法及要求

针对额尔齐斯河流域干旱矿区的生态修复难题，新疆大学专门开展了干旱矿区生态修复技术研究，主要包括地形地貌整治技术、盐结皮抗风蚀技术、土壤改良技术、植被重建技术等研究内容。

6.3.2.1　地形地貌整治技术

额尔齐斯河流域矿山恢复区地形破碎、土壤贫瘠，缺少植物生长的立地条件。为了改善其立地条件，创造植物生长的有利条件，需对其地形地貌进行整治。根据因地制宜、近自然整理原则，采取"随坡就势、小平大不平"的方式，对高陡坡进行放坡处理，消除地质灾害，减缓地形起伏，保障安全，营造与周边环境相协调的地形地貌。结合矿区的立地条件，开展微地形营造，为植物生存提供基础条件。

（1）地貌整治

额尔齐斯河流域青河县砂铁矿地貌以剥蚀残余丘陵、山前冲洪积平原地貌为主，地表坡度 2°~8°，地表景观为荒漠草原，如图 6-5 所示。剥蚀残余丘陵出露地层主要有泥盆系、石炭系碎屑岩、火山碎屑岩、局部为花岗岩。海拔高度 900~1 000 m，区内地形平缓，起伏很小，自然坡角多为 15°~25°，抗风化能力较强的岩石形成垄状及岛状残丘，相对高差一般小于 50 m，极个别可达 100 m。残丘间为宽阔的洼地，坡积、残积物广泛分布。冲沟不发育，一般深 2 m 左右，但在河边可达 10~20 m。山前冲洪积平原主要在河流两岸，由于洪水的堆积作用，有的地方形成洪积扇。由山口向下游缓倾斜，坡度 5°~10°，由砂、砾石或卵石组成，受新构造运动影响，发育了 4~5 级洪积阶。

图 6-5　青河县砂铁矿区周边原始地貌

青河县砂铁矿均为露天开采，多年来的砂铁矿开采活动，严重破坏了原始地貌。地表被挖成大小不一的采坑群，坑深 2~40 m，最深的采坑约 60 m，如图 6-6 所示。坑壁陡峭，坑壁坡度接近 90°，坑周边经常发生滑坡灾害。附近是牧民的秋冬牧场，经常有牛羊坠落深坑中死亡。

图 6-6　青河县砂铁矿区陡坎

　　铁矿筛选后尾矿在地表堆成松散的土山，最高的土山约为 100 m。这种松散土山极容易发生大规模山体滑坡，也极易产生水土流失。松散土堆也成为当地沙尘暴主要的释放源。在春秋时节，采坑的无序开挖和排土场的随处堆放，造成砂铁矿周边黄沙漫天，严重影响了周边居民生活，图 6-7 显示的是采坑的无序开挖和排土场的随处堆放的状况。

图 6-7　青河县砂铁矿区高大尾矿堆

砂铁矿开采形成的深坑和尾矿堆与周边地形地貌形成巨大的反差，严重影响景观的协调性，也影响自然植被定植。针对青河县砂铁矿区潜在的地质灾害进行地形地貌整治。考虑到恢复区周边的地形地貌（冲洪积倾斜平原）、生态环境和土地使用功能（荒漠草场），同时考虑经济效益和植被重建，对于独立的、比较小的坑则采取完全填平的方式进行治理，对砂铁矿区的大深坑和高尾矿堆进行"削高填低"。消除坑壁和土堆滑坡地质灾害，与周边地形地貌景观相协调。

独立的、比较小的采坑可采用全场地回填治理。在省道、村庄 2 km 内，对人类活动影响较大的面积小于 5 000 m²、深度小于 5 m 的采坑，利用其周边排土场进行全场地回填治理。以原始地形坡度作为设计地形坡度，利用就近排土场土料回填采坑，采坑回填后与原始地面自然衔接，如图 6-8 所示。土方运距小于 80 m，采用 132 kW 推土机推运回填采坑；运距大于 80 m，采用 3 m³ 装载机挖装 20 t 自卸汽车运输回填采坑。回填时分层压实，分层厚度小于 1 m，压实系数为 0.75，利用自卸汽车及推土机自重碾压，场地整饰采用 118 kW 推土机对场地整饰。在土方回填过程中开展土壤重塑，即将大石块、较大的粗颗粒填入深坑底部，表面覆盖土质相对较好的土壤，便于后续植被重建。回填完成后，按照生态修复标准对采坑回填区进行场地整饰。

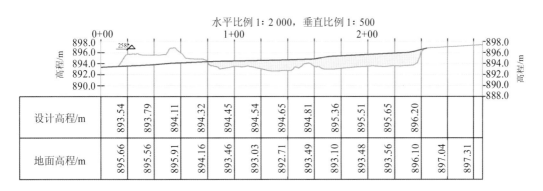

图 6-8　全场地回填剖面设计

对大深坑和高尾矿堆采用"削高填低"的治理方式。大深坑和高尾矿堆的治理过程中需要同时考虑边坡的稳定性和后期植被恢复。土质边坡根据边坡高度分类，边坡高度小于 8 m 为一般边坡，边坡高度大于 8 m 为高边坡。各采区采坑、排土场边坡高度在 10～40 m，边坡安全工程等级为二级、三级，边坡安全系数宜为 1.25～1.30。依据《工程地质手册》（第四版），边坡工程中的参考值：中粗砂、砾卵石在边坡高度为 0～10 m 时，边坡设计参考值 1∶1.5；10～20 m 时，边坡设计参考值 1∶1.75；20～30 m 时，边坡设计参考值 1∶2.0；30～40 m 时，边坡设计参考值 1∶2.25。《土地复垦质量控制标准》（TD/T 1036—2013）附录 D 中表 D.9 西北干旱区土地复垦治理控制标准"人工牧草地地面坡度≤20°"。治理区现状采坑边坡坡度为 70°～90°，排土场边坡坡度为 36°～50°，为使治理场地及边坡自身长期稳定安全，兼顾边坡与周边地形的协调性、经济性及施工的便利性，同时尽可能地减少二次损毁和压占，采坑、排土场边坡设计值统一设计为 1∶2.75（坡脚 20°）。为使治理后效果更加接近原始地形地貌，尽量消除人工痕迹，边坡修整依据现状地形起伏、坡度采取一坡到底进行施工，不修筑平台和马道，最大限度与周边地形地貌结合达到自然协调效果。边坡修整工程结束后，对排土场顶部和采坑底部高低不平的地表进行场地整饰，治理效果如图 6-9 所示。

图 6-9　青河县典型砂铁矿地貌修复前和修复后对比

（2）微地形改造

青河县砂铁矿位于准噶尔盆地东北缘，属于大陆性北温带气候，降水少，蒸发大，多年平均降水量为 82 mm，蒸发却达 1 945 mm，有效地保存有限的降水是该地区植被重建成功的关键。为有效汇集雨水和雪水，确保植物成功定植，研究进行了 3 种微地形改造实验，分别为"V"形水平沟整地、矩形水平沟整地、圆形坑整地实验。

在坡度小于 10% 的修复场地进行"V"形水平沟整地，如图 6-10 所示。采用拖拉机沿等高线犁"V"浅沟，"V"形沟间距为 1 m，沟深 20 cm，沟开口 50 cm。修复区年平均风速约为 1.5 m/s，冬季降雪容易被风吹蚀，地表存雪较薄，"V"形沟内有利于存储冬季降雪。根据春节融雪前积雪调查，浅沟整地地表比无整地地表增加积雪量约 0.02 m^3/m^2。"V"形浅沟还能增加雨水入渗，减少地表径流，增强雨水截留效率，便于植被生存。根据土壤水分数据显示，"V"形沟内 20 cm 处的土壤水分显著高于沟垄上 20 cm 土壤水分，平均高 20% 左右，而在"V"形沟内 5 cm 处的土壤水分与沟垄上 5 cm 土壤水分无显著差异。"V"形沟内还有利于自然植物种子的停留。修复区植物种子大多依靠风媒进行传播，种子随风传输，在"V"形沟内停留下来，并在种子表面覆盖松散的沙土层，有利于植物种子定植与成活。

图 6-10　"V"形水平沟整地

　　为提高土壤水分利用效率，进行矩形水平沟整地实验，如图 6-11（a）所示。沿等高线开挖矩形水平沟，矩形水平沟间距为 2 m，沟深 30 cm，沟宽 50 cm。根据春季融雪前积雪调查，矩形水平沟整地地表比无整地地表增加积雪量约 0.07 m³/m²。矩形水平沟地表无地表径流，雨水全部被截留。根据土壤水分监测数据显示，矩形水平沟内 5 cm 和 20 cm 处的土壤水分分别显著高于沟垄上 5 cm 和 20 cm 土壤水分，分别高 50% 和 38%。矩形水平沟内的自然植物明显要优于沟垄上植被，如图 6-11（b）所示。

（a）矩形沟开沟后　　　　　　　　　　（b）矩形沟植被生长情况

图 6-11　矩形水平沟整地实验

该研究还进行了圆形坑整地实验，如图 6-12 所示。用拖拉机沿等高线开挖圆形坑，圆形坑水平沟间距为 2 m，坑深 50 cm，直径 50 cm，坑内回填改良土壤，然后种植苗木。种植苗木后，坑下凹 20 cm。根据春季融雪前积雪调查，圆形坑整地地表比无整地地表增加积雪量约 0.01 m³/m²。圆形坑试验地位于尾矿库的沙土上，地表无地表径流。根据土壤水分监测数据显示，圆形坑试验地的坑内 5 cm 和 20 cm 处的土壤水分与坑顶上 5 cm 和 20 cm 土壤水分无明显差异。

图 6-12 圆形坑整地实验

从监测的土壤水分来看，矩形水平沟整地、"V"形水平沟整地、圆形坑整地均能增加土壤内部的水分。保存水分最大的是矩形水平沟整地，其次是"V"形水平沟整地，最小的是圆形坑。

6.3.2.2 盐结皮抗风蚀技术

青河县砂铁矿的土壤含盐量较高。采集设计覆盖于表层的种植土进行土壤盐分测试，结果如表 6-1 所示。从测试结果可知大部分设计覆土的含盐量<1.0 g/kg，根据《土壤农业化学分析》属于非盐渍土；个别土壤含盐量>4%，属于中度盐渍土和强度盐渍土。从盐离子组成来看，中度盐渍土和强度盐渍土的 SO_4^{2-} 和 Ca^{2+} 含量相对较高，根据《盐渍土地区建筑技术规范》（GB/T 50942—2014），这类盐渍土属于硫酸盐盐渍土。

表 6-1 青河砂铁矿土壤盐分含量

序号	电导率/(mS/cm)	CO_3^{2-}/(g/kg)	HCO_3^-/(g/kg)	Cl^-/(g/kg)	SO_4^{2-}/(g/kg)	Ca^{2+}/(g/kg)	Mg^{2+}/(g/kg)	K^+/(g/kg)	Na^+/(g/kg)	总含盐量/(g/kg)
1	0.108	0.003	0.130	0.032	0.064	0.045	0.002	0.018	0.033	0.328
2	0.138	0.000	0.103	0.015	0.186	0.104	0.015	0.039	0.016	0.478
3	0.108	0.005	0.144	0.019	0.007	0.027	0.004	0.016	0.032	0.253
4	0.108	0.000	0.117	0.019	0.071	0.057	0.013	0.013	0.030	0.319
5	1.148	0.000	0.038	0.036	2.724	1.445	0.007	0.028	0.024	4.302
6	1.554	0.000	0.086	0.017	2.774	2.082	0.029	0.030	0.024	5.043
7	0.17	0.017	0.394	0.032	0.294	0.111	0.039	0.072	0.044	1.003
8	0.08	0.020	0.439	0.039	0.014	0.111	0.007	0.032	0.027	0.689
9	0.10	0.007	0.199	0.029	0.238	0.099	0.046	0.043	0.017	0.678
10	0.64	0.000	0.096	0.059	1.960	0.344	0.142	0.016	0.057	2.674
11	2.23	0.000	0.086	0.059	6.077	3.185	0.263	0.018	0.053	9.741
12	0.52	0.000	0.120	0.019	1.358	0.292	0.053	0.016	0.057	1.915

在高盐渍土表面常常形成一层盐壳,这层盐壳具有较高的强度可以抵抗风蚀。本研究针对青河县砂铁矿的尾矿库沙土进行了盐结皮试验,试验采用 $CaCl_2$ 和 Na_2SO_4 混合盐进行结皮试验。设置 7 个总盐质量梯度和 11 个盐混比(两种盐的质量比,即 Na_2SO_4:$CaCl_2$),7 个总盐量梯度为 1%、2%、3%、4%、5%、6%、7%(盐质量占土壤质量百分比,下文称为含盐量),11 个盐混比梯度(Na_2SO_4:$CaCl_2$ 的质量比)分别为 0:10、1:9、2:8、3:7、4:6、5:5、6:4、7:3、8:2、9:1、10:0。试验结果如图 6-13 所示。

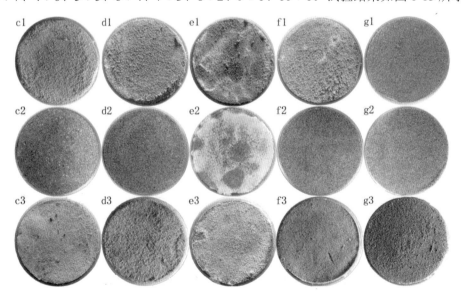

图 6-13 Na_2SO_4、$CaCl_2$ 混合盐结皮表观特征

注:图中 c、d、e、f、g 分别表示盐混比(Na_2SO_4:$CaCl_2$)为 2:8、4:6、5:5、6:4、8:2;1、2、3 分别表示土壤含总盐量为 2%、4%、6%。

Na_2SO_4、$CaCl_2$混合盐的含盐量和盐混比对盐结皮的表观形态影响较大。含盐量相同时，随 Na_2SO_4 比例的增加，混合盐结皮的表面颜色先变白然后逐渐变暗。当含盐量 2%（图 6-13 中第 1 排），盐混比为 2∶8 时，混合盐结皮的表面颜色较浅，表面盐晶体析出较少；随着 Na_2SO_4 比例的增加，表面逐渐变白，盐晶体析出逐步增加；盐混比 5∶5 时，混合盐结皮的表层变得最白，盐晶体析出量最大；随着 Na_2SO_4 比例继续增加，混合盐结皮的表面逐步变暗，盐晶体析出量又逐步减少。其他含盐量时也出现相同的变化规律。表层盐晶体析出量不仅随盐混比的变化而变化，还与含盐量有关系。当盐混比为 2∶8、4∶6、6∶4、8∶2 时，表面颜色随着含盐量的增加呈现先变浅再变深的规律，表面盐晶体随含盐量增加先减后增。而在盐混比 5∶5 时，随含盐量的增加表面颜色逐步变白，表面盐晶体析出量随含盐量的增加逐步增大。

在混合盐中 Na_2SO_4 的比例对结皮抗压强度影响较大。含盐量≤2%，Na_2SO_4 的比例对混合盐结皮强度影响较小，混合盐结皮强度差异较小。含盐量＞3%，随着 Na_2SO_4 比例的减少，混合盐结皮抗压强度呈逐渐增加趋势，盐结皮强度差异也逐步增大。含盐量 1%、2%、3%、4%、5%、6%、7%的不同盐混比结皮的抗压强度极差值分别为 143.7 N/cm^2、241.9 N/cm^2、531.3 N/cm^2、716.9 N/cm^2、744.2 N/cm^2、687.5 N/cm^2、903.6 N/cm^2。盐混比为 10∶0、9∶1、8∶2、7∶3、6∶4、5∶5、4∶6、3∶7、2∶8、1∶9、0∶10 的不同含盐量的结皮抗压强度极差值分别为 72.0 N/cm^2、125.9 N/cm^2、155.9 N/cm^2、99.7 N/cm^2、354.7 N/cm^2、492.0 N/cm^2、684.0 N/cm^2、811.2 N/cm^2、828.6 N/cm^2、677.4 N/cm^2、880.6 N/cm^2（图 6-14）。

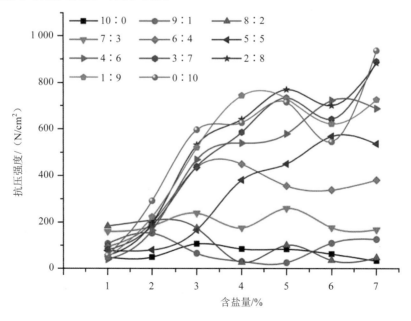

图 6-14　盐结皮抗压强度

试验结果表明：含盐量、盐混比均对结皮抗压强度产生影响，含盐量对结皮抗压强度的影响更大；含盐量通过改变盐-土胶结体的数量影响结皮表观颜色及抗压强度，而盐混比通过影响 Na^+、Ca^{2+}、Cl^-、SO_4^{2-} 4 种离子的相对数量影响结晶产物从而形成不同的胶结方式影响结皮表观形态及抗压强度，含盐量、盐混比的交互作用使结皮抗压强度和表观颜色变化更加复杂；$CaCl_2$ 与 Na_2SO_4 混合盐可形成多层结皮层，结皮韧性相对较强，结皮的抗风蚀能力得到较大提高。

6.3.2.3 土壤改良技术

采集设计覆盖于表层的种植土进行土壤养分测试，结果显示覆盖的土壤养分整体较低，见表 6-2。覆盖土壤有机质含量均低于 6 g/kg；土壤氮、磷、钾含量也较低。根据《全国第二次土壤调查标准》覆盖土壤养分属于 6 级，土壤养分极缺。土壤 pH 大部分低于9.0、大于 7.0，属于弱碱性和碱性土壤。

表 6-2 青河县砂铁矿土壤养分 单位：mg/kg

序号	有机质	硝态氮	铵态氮	速效磷	速效钾	pH（1:5）
1	1.347	1.105	3.835	0.551	71.642	8.35
2	5.452	4.098	2.051	7.249	176.821	7.85
3	1.159	1.309	3.932	0.345	73.921	8.56
4	4.360	3.482	1.972	1.607	53.508	8.15
5	2.673	3.286	5.787	2.614	93.607	7.38
6	3.167	5.453	6.043	2.826	93.780	7.47
7	5.371	4.727	4.535	7.236	366.087	8.76
8	2.875	1.82	5.049	5.205	123.965	9.01
9	4.451	2.936	4.886	9.451	162.637	8.71
10	1.710	2.336	4.1	2.437	82.781	8.16
11	1.554	3.269	3.704	2.321	52.416	7.53
12	3.992	8.767	3.516	3.255	173.568	8.10

（1）土壤施肥

青河县砂铁矿土壤贫瘠、保墒能力弱，为保证植物存活，对土壤进行改良。改良方式主要包括：施用农家有机肥改良、施用无机肥料改良实验，如图 6-15 所示。青河县为牧业县，牧民较多，牧民主要饲养羊和牛，其中牛粪较为丰富。青河县砂铁矿土壤改良选用经过发酵堆积的牛粪作为农家有机肥进行土壤改良，施用量为 1 500 kg/亩。因青河县砂铁矿修复面积较大，农家有机肥不能满足矿山生态修复的需求，同时施用复合肥进行土壤改良，有机复合肥施用量为 30 kg/亩。经对照试验显示，土壤施肥能有效地提高植被盖度和高度，植被盖度提高 10%左右，高度平均提高 15 cm。然而，植被高度和盖度在农家有机肥和复合肥之间无显著性差异。

图 6-15　土壤施用有机肥和无机肥

（2）土壤保水

青河县砂铁矿恢复区大部分为沙土。采集覆土的土壤样品，利用 DIK-2012 团粒分析仪进行土壤团聚体分析，分析结果如表 6-3 所示。从分析结果可以看出，设计覆盖土壤的＞2 mm 的石砾含量均较高，根据《国际制土壤质地分级标准》，设计覆盖土壤大部分属于多砾质土（砂土），少量设计覆盖土属于轻砾石土（砂土）。

表 6-3　青河县砂铁矿表层土土壤团聚体分析　　　　　　　　　单位：%

分析号	土壤粒径/mm					
	＞2	1～2	0.5～1	0.25～0.5	0.105～0.25	＜0.106
1	37.69	11.09	7.48	6.45	8.61	28.69
2	24.69	8.90	13.43	14.10	10.86	28.03
3	12.64	7.89	14.75	12.99	10.84	40.90
4	33.58	12.99	14.75	11.48	7.84	19.38
5	30.65	15.80	12.93	9.80	7.89	22.94
6	20.75	9.88	13.75	13.05	11.10	31.48

为保证土壤的保水性，本研究进行了膨润土和保水剂土壤改良试验。在膨润土改良试验中，将 0～50 μm 膨润土和沙土按比例（表 6-4）进行混合试验，每个比例设置 3 个平行对照组。通过环刀法测土壤容重和总孔隙度。将装满混合土样的环刀放于盛有水的磁盘上，环刀顶部使用保鲜膜封住（防止水分蒸发），让混合土样自然吸水。每日对吸水

环刀土样进行称重，直至环刀中的土样不再吸水为止（连续 3 日环刀土样重量差值在 0.01 g 内），即达到饱和持水量。混合土样到达饱和持水量后进行自然蒸发试验。将环刀表面的保鲜膜去掉，在室内环境进行土壤水分蒸发试验。每天定时（每日 12 点）记录一次环刀土样重量数据。已有的研究发现，分别施加聚丙烯酰胺（PAM）和羟甲基纤维素钠（CMC）两种保水剂时，土壤样品均在蒸发 12 天后逐渐接近稳定蒸发，所以，本试验选择连续测定 16 天，计算土壤日蒸发量和累积蒸发量。

表 6-4　膨润土（0~50 μm）和沙土（150~200 μm）混合比例（体积比）　　　单位：%

膨润土（0~50 μm）	0	4	8	12	16
沙土（150~200 μm）	100	96	92	88	84

试验结果显示：随着膨润土比例的增加，土壤样品质量、非毛管孔隙度和容重逐渐减小，总孔隙度和毛管孔隙度逐渐增加。当膨润土比例为 16% 时，其土壤样品质量和土壤容重值最低，分别为 141.9 g、1.419 g/cm³。当膨润土比例为 0 时（对照样品），其土壤样品质量和土壤容重值最高，分别为 147.79 g、1.477 9 g/cm³。当膨润土比例为 16% 时，其土壤样品质量和土壤容重值均是当膨润土比例为 0 时的 96.01%。当膨润土比例为 16% 时，总孔隙度为 46.45%，分别是膨润土比例为 0、4%、8%、12% 时的 1.050 3 倍、1.037 2 倍、1.024 6 倍、1.012 2 倍。当膨润土比例为 16% 时，毛管孔隙度为 41.79%，分别是膨润土比例为 0、4%、8%、12% 时的 1.115 7 倍、1.095 2 倍、1.075 1 倍、1.034 8 倍。当膨润土比例为 16% 时，非毛管孔隙度为 4.66%，分别是膨润土比例为 0、4%、8%、12% 时的 68.84%、70.35%、72.07%、84.61%。膨润土的添加在一定程度上降低了土壤的容重和非毛管孔隙度，增加了土壤的总孔隙度和毛管孔隙度（表 6-5）。

表 6-5　不同混合比例土壤的物理性质

膨润土比例/%	土壤样品质量/g	容重/（g/cm³）	总孔隙度/%	毛管孔隙度/%	非毛管孔隙度/%
0	147.79a	1.478a	44.23e	37.46b	6.77a
4	146.32b	1.463b	44.78d	38.16b	6.63a
8	144.85c	1.449c	45.34c	38.87ab	6.47a
12	143.38d	1.434d	45.89b	40.38ab	5.51a
16	141.9e	1.419e	46.45a	41.79b	4.66a

注：相同指标数据间不同小写字母表示差异水平显著，即 $p < 0.05$，相同小写字母表示差异水平不显著，即 $p > 0.05$。

不同混合比例土壤的饱和持水量和所需的时间如图 6-16 所示。随着膨润土比例的增加，土壤饱和持水量和所需的时间均大幅增加。当膨润土的比例为 4%、8%、12% 和 16%

时均远远高于对照组（$P<0.05$）。当膨润土的比例为 8% 和 16% 时，土壤饱和持水量分别是对照组的 1.070 4 倍和 1.175 7 倍。当膨润土的比例为 16% 时，土壤饱和持水量最高，为 30.404%。当膨润土的比例为 4%、8%、12% 和 16% 时，达到土壤饱和持水量所需时间分别是对照组的 13.534 倍、23.134 倍、47 倍和 64.2 倍。当膨润土的比例为 16% 时，所需时间最长，为 321 h。由此可见，添加膨润土极大地增加了土壤饱和持水量，也极大延长了土壤的吸水时间。

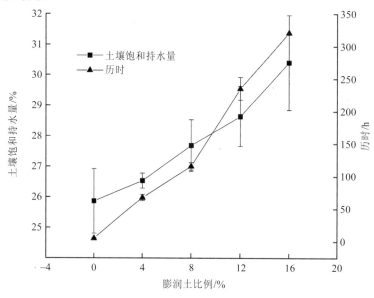

图 6-16　不同混合比例对土壤饱和持水量的影响

不同混合比例土壤的累积蒸发量如图 6-17 所示。随着膨润土比例的增加，土壤累积蒸发量逐渐减小。当膨润土比例为 4%、8%、12% 和 16% 时，土壤累积蒸发量均小于对照组，分别减少 1.034%、1.428%、4.504% 和 4.819%。当膨润土比例为 16% 时，土壤的累积蒸发量最小，仅为 36.21 g，略小于膨润土比例为 12% 时的累积蒸发量。当膨润土比例为 0 时，累积蒸发量在前 7 天迅速增加，7～10 天增加速率变缓，10 天后累积蒸发量保持不变，停止蒸发。在前面 4 天，膨润土的添加对土壤累积蒸发量影响不大。4 天后，膨润土的添加对土壤累积蒸发量的抑制效果逐渐变得明显。当膨润土比例为 0、4%、8%、12% 和 16% 时，土壤累积蒸发量曲线均在 6～7 天出现转折，由快速增加变为缓慢增加。由此可知，膨润土的添加对土壤蒸发具有较强的抑制作用。随着膨润土比例的增加，其对土壤蒸发的抑制作用逐渐增强。

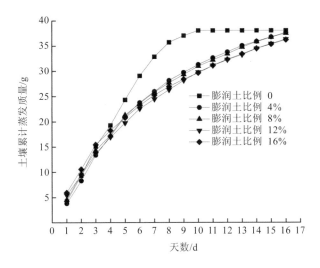

图 6-17　不同混合比例土壤的累积蒸发量

不同混合比例土壤的日蒸发量如图 6-18 所示。随着天数的增加，土壤的日蒸发量均先快速降低，最后趋于稳定。当膨润土的比例为 0 时，土壤日蒸发量在前面的 9 天内均高于掺了膨润土的混合土壤。当到第 11 天时，土壤的日蒸发量几乎为 0，即蒸发结束。然而，添加膨润土的土壤仍在进行蒸发。当膨润土比例为 4%、8% 和 12% 时，在前面的 14 天内土壤的日蒸发量略高于膨润土比例为 16% 时的土壤日蒸发量，在 14 天以后逐渐降低，并且低于膨润土比例为 16% 时的土壤日蒸发量。由此可见，膨润土的添加在一定程度上抑制了土壤的蒸发，减缓了土壤的失水速率，使土壤中的水分得到缓慢的释放，提高了土壤的保水能力。

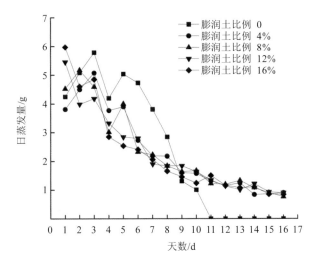

图 6-18　不同混合比例土壤的日蒸发量

随着膨润土比例的增加，土壤的毛管持水量和残余水量逐渐增加。当膨润土比例为 16%时，土壤的毛管持水量和残余水量值均最大，分别为 29.45%、15.99%。当膨润土比例为 0 时，土壤的毛管持水量和残余水量值均最小，分别仅有 25.34%、0.47%。当膨润土比例为 0 时，土壤残余水量的方差最小。当膨润土比例为 4%、8%、12%和 16%时，土壤残余水量的方差均较大。当膨润土比例为 4%时，土壤毛管持水量的方差最小。当膨润土比例为 0、8%、12%和 16%时，土壤毛管持水量的方差均较大。这可能是由于膨润土与风沙土混合的均匀度不同造成的。当膨润土比例为 0 时，由于土壤中的水分几乎蒸发殆尽，土壤表面的风沙土颗粒极为松散。当膨润土比例为 4%时，土壤表面出现了一定的板结现象，其表面松散的风沙土颗粒也略微减少。当膨润土比例为 8%、12%和 16%时，土壤表面松散的风沙土颗粒显著减少。由此可知，随着膨润土比例的增加，土壤表面松散的风沙土颗粒也越来越少，原因在于风沙土颗粒由于膨润土的作用胶结在一起，土壤表面变得致密坚硬。膨润土的增加使土壤的持水能力得到极大提高。这可能是由于膨润土的添加使土壤中的大孔隙减少，细小孔隙增加，由此导致土壤中的毛管孔隙增加，导致土壤中能储存更多的水分。同时，膨润土的添加能使土壤表面松散的风沙土颗粒黏连在一起，形成一层致密坚硬的土层，对土壤内部水分的蒸发在一定程度上也具有抑制作用，因此在一定程度上也提高了土壤的持水能力（图 6-19）。

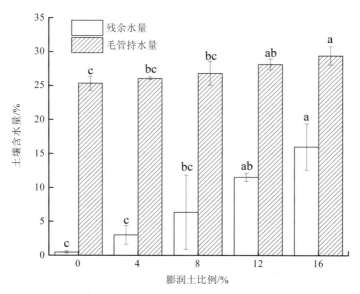

图 6-19 不同混合比例土壤的含水量

注：相同指标数据间不同小写字母表示差异水平显著 $p < 0.05$，相同小写字母表示差异水平不显著 $p > 0.05$。

试验结果：

（1）随着膨润土比例的增加，土壤容重和非毛管孔隙度逐渐减小，总孔隙度和毛管孔隙度逐渐增加，有利于土壤储存更多的毛管水，供植物吸收利用。

（2）添加膨润土的土壤其饱和持水量较对照组均有较大的提高，同时延长了土壤的吸水时间。随着膨润土比例的增加，土壤饱和持水量和土壤的吸水时间表现出逐渐增加的趋势。膨润土的添加使土壤的吸水过程变得缓慢。

（3）膨润土的添加使土壤的累积蒸发量和日蒸发量均在一定程度上得到了抑制，同时极大延长了土壤的蒸发时间。随着膨润土比例的增加，其对土壤中水分的蒸发抑制程度也在逐渐增强。膨润土的添加也能使得土壤表面松散的风沙土颗粒粘连在一起，使得土壤表面变得致密坚硬，对土壤内部水分的蒸发在一定程度上也具有抑制作用，因此，向土壤中添加膨润土，能够极大地抑制土壤中水分的蒸发，使得土壤的释水过程变得缓慢，有利于土壤在更长的时间内保持更多的水分。

（4）随着土壤中膨润土比例的增加，土壤累积蒸发量与蒸发天数呈对数函数关系，土壤日蒸发量与蒸发天数呈幂函数关系。随着膨润土比例的增加，土壤的残余水量逐渐增加。因此，膨润土的添加使得土壤的持水能力得到极大提高。

结合水平沟整地和圆穴整地方式，采用沟施和穴施保水剂的方式改良土壤结构，增强其保水能力。测定不同保水剂施用量下土壤水分的改变量以及对植被生长的影响。通过监测使用保水剂的土壤的植被表明，施用土壤保水剂的植被生长显著高于没有施用土壤保水剂的土壤，如图 6-20 所示。

图 6-20　土壤施用保水剂实验及其效果

6.3.2.4 植被重建技术

青河县砂铁矿为半干旱、干旱荒漠地区，植被组成较为简单，类型单调，分布稀疏。建群植物由超旱生、旱生的小乔木、灌木、小半灌木以及旱生的一年生草本、多年生草本和中生的短命植物等荒漠植物组成。优势种类以藜科、蓼科中的旱生、沙生种类为主，高等植物有 42 科 165 属 304 种。其中双子叶植物 33 科 137 属 260 种，单子叶植物 8 科 27 属 39 种，占优势的科主要是藜科和菊科。藜科有 23 属 52 种；其次为菊科，22 属 39 种（表 6-6）。周边植被群落如图 6-21 所示。

表 6-6 青河县砂铁矿周边植物

科名	拉丁科名	属数	种数	科名	拉丁科名	属数	种数
麻黄科	Ephedraceae	1	5	伞形科	Apiaceae	2	5
杨柳科	Salicaceae	1	1	报春花科	Primulaceae	2	2
蓼科	polygonaceae	5	21	白花丹科	Plumbaginaceae	2	5
藜科	Chenopodiaceae	23	52	夹竹桃科	Apocynaceae	1	1
裸果木科	Paronychiaceae	1	1	旋花科	Convolvulaceae	2	5
石竹科	Caryophyllaceae	3	6	紫草科	Boraginaceae	8	13
毛茛科	Ranunculaceae	3	4	唇形科	Labiatae	9	11
罂粟科	Papaveracea	3	3	茄科	Solanaceae	2	2
山柑科	Capparidaceae	1	1	玄参科	Scrophulariaceae	1	1
十字花科	Cruciferae	17	27	列当科	Orobanchaceae	2	4
景天科	Crassulaceae	1	1	车前科	Plantaginaceae	1	2
蔷薇科	Rosaceae	2	5	茜草科	Rubiaceae	2	3
豆科	Leguminosae	9	21	菊科	Compositae	22	39
牻牛儿苗科	Geraniaceae	2	2	香蒲科	Typhaceae	1	1
白刺科	Nitrariaceae	1	3	水麦冬科	Juncaginaceae	1	2
骆驼蓬科	Peganaceae	1	1	禾本科	Gramineae	17	21
蒺藜科	Zygophyllaceae	3	8	莎草科	Cyperaceae	2	4
大戟科	Euphorbiaceae	1	2	灯心科	Juncaceae	1	2
柽柳科	Tamaricaceae	2	5	百合科	Liliaceae	3	6
胡颓子科	Elaeagnaceae	1	2	石蒜科	Amaryllidaceae	1	1
锁阳科	Cynomoriaceae	1	1	鸢尾科	Iridaceae	1	2

图 6-21　青河砂铁矿周边主要植被群落

矿区周边主要为荒漠草原沙生绢蒿群系。项目区周边植被盖度总体较低，大部分区域的植被盖度<10%。在水分条件较好的部分区域，植被盖度在20%～40%。恢复目标设为干旱荒漠生态系统，群落设计为灌-草植被群落，物种为当地乡土物种。同时考虑种苗的可得性，设计的植物选梭梭、绢蒿、驼绒藜、木地肤、披碱草、针茅、猪毛菜，设计植物特性如表6-7所示。治理修复后的植被盖度与周边现有的植被盖度相同，选择设计盖度为10%。考虑植物种子寿命、发芽率以及周边的立地条件，梭梭、绢蒿、驼绒藜、木地肤、披碱草、针茅、猪毛菜设计为种子播种。种植设计为播种机条播，以降低施工成本，提高种子发芽率和成活率。考虑生态修复的经济性和可持续性，本次生态修复采用无灌溉修复方式。为了提高土壤肥力，在播种梭梭时施少量的复合肥。

表6-7 设计植物特性

设计植物	种类	科、属	特性
梭梭	小乔木	藜科、梭梭属	梭梭具有两次休眠特性，4月底至5月初，型小而数量繁多的花5～8 d迅速开放后，子房暂不发育，而处于休眠状态（夏眠），直到秋季气候凉爽后才开始发育成果实，10月底或11月初成熟，梭梭随即便进入冬眠。抗旱能力非常强，最显著的特征是叶子退化成为极小的鳞片状，仅用当年生绿色嫩枝进行正常的同化作用。在干旱炎热的夏季到来后，部分幼嫩同化枝自动脱落，以减少其蒸腾面积。绿色的幼嫩同化枝条外表十分光亮，而内部完全被二层排列紧密的栅栏组织包围，细胞小，细胞液浓度很大，渗透压高，抗脱水力强，这些特征都能有效地降低体内水分的散失，有利于适应降水量仅有几十毫米而蒸发量高达3 000 mm的大气干旱。根系发达，主根很长，往往能够深达3～5 m，扎入地下水层，以充分吸收地下水。其侧根也非常发达，长达5～10 m，往往分为上下两层，上层侧根通常分布于地表层40～100 cm，可充分吸收春季土壤上层的不稳定水，下层侧根一般分布于2～3 m，便于充分利用土壤内的悬着水。梭梭不但能够凭借其表面灰白色枝干的坚硬，绿色同化幼嫩枝光滑发亮来反射掉部分阳光的照射，减轻高温对树体的灼伤，而且嫩枝肉质化，细胞液黏滞度很大，蛋白质凝固点很高，原生质亲水力很强，使其不致因高温而强烈脱水，造成代谢紊乱或停止。所以梭梭在气温高达43℃而地表温高达60～70℃，甚至80℃的情况下仍然能够正常生长。茎枝坚硬，木质部非常发达，韧皮生存在沙漠边缘部极度退化。夏秋季节肉质同化嫩枝不断脱落；秋末剩下的同化嫩枝皮层逐渐加厚，迅速木质化。所以梭梭能够忍受-40℃低温。茎枝内盐分含量高达15%左右，抗盐性很强。土壤含盐量在1%时生长很好，甚至在3%时成年树仍能生长。梭梭喜光性很强，不耐庇荫。梭梭生长较快，寿命较长。1～3年生梭梭的高生长一般，5～6年生高生长最为迅速。树高达3 m以上，树枝多而细长，树冠宽度小于树高，开始结实。10年生进入中龄林时期，树高4～5 m，地径可达10 cm。树冠多发育成球状，冠幅宽度4～6 m，开始大量结实。20年后生长逐渐停滞，枝条下垂，侧方枝条折毁，进入衰老期。35～40年开始枯顶逐渐死亡。在条件较好的地区，树龄可达50年。 沙漠中梭梭树的种子生命力很强，只要有一点点水，在两三小时内就会生根发芽。梭梭直播造林方法简便，节省人力、物力，但由于沙漠地区条件一般比较干旱、炎热和多风，管理困难，所以在沙漠地区进行直播造林，通常成活率较低，只有10%

设计植物	种类	科、属	特性
梭梭	小乔木	藜科、梭梭属	左右,特别是在盐渍化过重或风蚀较严重的沙地以及石砾戈壁上,成活率更低,甚至不能成功。但是在降水较多的年份,早春季节待冰雪融化时或秋季雨水较多,天气连阴的季节,在一些湿润的固定半固定沙丘、丘间沙地或湖盆沙地上及时抢播,成活率一般可以达到 40%
驼绒藜	灌木	藜科、驼绒藜属	驼绒藜属半灌木,高 30~100 cm,多分枝,有星状毛。抗旱、耐寒、耐瘠薄,是改良天然草场最有前途的植物之一。 植株高 0.1~1 m,分枝多集中于下部,斜展或平展。叶较小,呈条形、条状披针形、披针形或矩圆形,长 1~2(5)cm,宽 0.2~0.5(1)cm,先端急尖或钝,基部渐狭、楔形或圆形,1 脉,有时近基处有 2 条侧脉,极稀为羽状。雄花序较短,长达 4 cm,紧密。雌花管椭圆形,长 3~4 mm,宽约 2 mm;花管裂片角状,较长,其长为管长的 1/3 到等长。果直立,椭圆形,被毛,花果期为 6—9 月。 驼绒藜是一种抗旱、耐寒、耐瘠薄的半灌木。根茎较粗壮,常裸露地表,主根入土 60 cm 左右,侧根发育较差,根系暴露于土外较多,容易枯死。驼绒藜种子的寿命较短,发芽能力一般只能保持 8~10 个月,超过一年则发芽较差。据栽培观察,在温度 4℃ 左右时,土壤水分适宜,种子很快萌发,在温度 25℃ 时,24 小时之内发芽率可达 75.9%。驼绒藜是一种温带旱生半灌木,适宜于年积温 1 700~3 000℃ 及年降水量在 100~200 mm 的干旱与半干旱的气候条件下生长,土壤为棕钙土、灰钙土、灰棕荒土或棕色荒漠土。主要分布于荒漠地带,也可进入荒漠草原地带,形成单纯优势种群落,或与其他小半灌木及多年生禾草等共同组成不同类型的驼绒藜群落
木地肤	半灌木	藜科、地肤属	木地肤高 10~90 cm,根粗壮,茎多分枝而斜升,呈丛生状。叶于短枝上簇生,条形或狭条形,长 8~25 mm,宽 1~1.5 mm,两面疏被柔毛。花单生或 2~3 朵集生于叶腋,或于枝端构成复穗状花序,花被片 5,密被柔毛,果期自背部横生 5 个膜质的薄翅。胞果扁球形;种子卵形或近球形,黑褐色,直径 1.5~2 mm。一般主根长达 2~2.5 m,侧根达 1.4 m。根系生长速度快,可超过地上部分 1~1.5 倍,茎与根的长度比为 1:(26~40)。木地肤既有粗而长的主根深入土壤,以吸取土壤下层比较稳定的水分和养料,又有发达的上部侧根,以充分利用土壤上层水分。当土壤上层水分含量较低时,它仅吸收深层水分就能维持生长发育的需要,一旦上层水分状况有所改善,即可看到长势发生明显变化。这样强大的根系,加以上下结合吸取水分和养料的特性,使它具有极强的抗旱能力。在干旱年份或地区,常可看到和它生长在一起的许多植物,因土壤干旱(土壤水分含量不足 5% 时)出现凋萎时,木地肤仍保持鲜嫩的绿色,苗壮生长。木地肤茎秆和叶片上着生短而密的柔毛,柔毛的多少与水分状况密切相关。水分多,柔毛减少,反之柔毛增加。同一株在一年内降水的季节分配不同,柔毛多少也有变化。往往春季柔毛少,夏季柔毛增加,秋季柔毛又有所减少,正和各季的降水和蒸腾变化情况相适应。 木地肤在遇到夏季极端干旱、降水少、气温高、土表 5 cm 内含水率下降到 1%~2%、15 cm 土层内含水率在 3%~5% 时,则出现夏季休眠现象。这个时期生长停滞或十分缓慢,饲用物质的贮藏量相对减少。一旦环境条件好转,立即恢复生机。 木地肤春季返青较早,冬季残株保存完好,粗蛋白质含量较高,故在放牧场上能被早期利用,对家畜恢复体膘,改变冬瘦春乏状况具有较大意义

设计植物	种类	科、属	特性
绢蒿	草本	菊科、绢蒿属	绢蒿属多年生草本或稍呈半灌木状植物。主根明显，细或稍粗；根状茎稍粗短，具少数短小，一年生的营养枝，枝端密生叶。茎高 40～50 cm，下部半木质，稀近木质化，上部草质，并有少量斜向上生长的短的分枝；营养期茎、枝被灰绿色蛛丝状柔毛，以后毛部脱落。叶稍柔弱，两面初时被蛛丝状柔毛，后部分脱落；茎下部叶呈长卵形或椭圆状披针形，长 3～4 cm，宽 0.5～2 cm，二回羽状分裂，每侧有裂片 4～5 枚，再次羽状全裂，小裂片狭线形，长 3～5 mm，宽 0.3～0.8 mm，先端钝或尖，叶柄长 0.3～0.7 cm；中部叶（一至）二回羽状全裂，基部有小型假托叶；上部叶羽状全裂，无柄，基部裂片半抱茎；苞片叶不分裂，狭线形，稀少羽状全裂。 生长于海拔 1 500 m 以下荒漠化或半荒漠草原，局部地区可成为植物群落的优势种，也生长于戈壁、砾质坡地、干山谷、山麓、干河岸、湖边、路旁和洪积扇地区，在盐渍化草甸附近及微盐渍化的土壤上也见生长
针茅	草本	禾本科、针茅属	多年生密丛禾草。叶片通常内卷。顶生圆锥花序，小穗含 1 花，脱节于颖之上，具尖锐的基盘，基盘上具向上的髭毛，颖近等长，外稃顶端长而膝曲，约 100 种，多生长于干燥温带地区。我国有 10 多种，常成为草原上的优势种或建群种，它们具有旱生结构，如叶面积缩小、叶片内卷、气孔下陷、机械组织与保护组织发达。主要分布在欧洲、中亚、西伯利亚及中国新疆、内蒙古等地。 新疆地区 4 月中旬萌发，6 月下旬至 7 月开花，7～8 月结实，之后进入夏季休眠，9—10 月中旬再生，10 月下旬枯黄。开花期干物质中含粗蛋白质 11.02%，粗脂肪 3.99%，粗纤维 29.22%，无氮浸出物 48.53%，粗灰分 7.25%。结实前粗蛋白质含量高。春秋再生草嫩叶适口性好，马最喜食，羊牛次之
披碱草	草本	禾本科、针茅属	披碱草属多年生草本植物，秆疏丛，直立，基部膝曲。叶鞘光滑无毛；叶片扁平，稀可内卷，上面粗糙，下面光滑，有时呈粉绿色，穗状花序直立，较紧密，穗轴边缘具小纤毛，小穗绿色，成熟后变为草黄色，颖披针形或线状披针形，外稃披针形，全部密生短小糙毛，先端延伸成芒，芒粗糙，成熟后向外展开；内稃与外稃等长，先端截平，脊上具纤毛，至基部渐不明显，脊间被稀少短毛。 披碱草属旱中生牧草，适应性广，特耐寒抗旱，在冬季–41℃的地区能安全越冬。根系发达，能吸收土壤深层水分，叶片具旱生结构，遇干旱叶片内卷成筒状，以减少水分蒸发，增强抗旱能力，从而在干旱条件下仍可获高产。较耐盐碱，在土壤 pH 7.6～8.7 的范围内，生长良好。具有抗风沙的特性，适于风沙大的盐碱地区种植。分蘖能力强，分蘖数一般可达 30～50 个，条件好时分蘖数达 100 个以上。性喜肥，氮肥供应充足时，分蘖数增多，株体增高，叶片宽厚，产量和品质也显著提高
钠猪毛菜	草本	藜科、猪毛菜属	一年生草本，高 10～40 cm；茎自基部分枝，枝互生，最基部的枝近对生，生短柔毛及稀疏的长柔毛，毛以后常脱落。叶片半圆柱形，长 0.8～1.5 cm，宽 1～1.5 mm，疏生长柔毛，顶端钝，基部稍扩展，果时叶片脱落。花序为由许多穗状花序构成的圆锥状花序；苞片宽卵形，边缘膜质，与小苞片近等长；小苞片近于圆形，稍短于花被；花被片卵形或披针形，背部近肉质，绿色，边缘膜质，无缘毛或仅在顶端有缘毛；果时自背面中上部生翅；翅 3 个较大，宽倒卵形或半圆形，膜质，黄褐色或黑褐色，边缘无色，脉细而密集，2 个较小，宽条形，花被果时（包括翅）直径 7～9 mm；花被片在翅以上部分，宽三角形，无毛，向中央聚集，紧贴果实；花药长约 1 mm；柱头丝状，与花柱近等长。种子横生或斜生。花期 7—8 月，果期 9—10 月。生长于戈壁滩或沙丘

　　通过样方调查法对植被生长过程进行监测，如图 6-22 所示。监测结果显示，植物播种后，第一年生态修复区的植被覆盖度达 20% 以上，先锋物种占主要部分，如图 6-23 所示。先锋物种主要有猪毛菜、盐生草、刺沙蓬、沙蓬，如图 6-24 所示；多年生的梭梭、驼绒藜、木地肤已经出现，如图 6-25 至图 6-27，整个生态系统向良性发展。

图 6-22　植被生长样方调查

图 6-23　矿山迹地生态修复示范区效果

图 6-24　修复区先锋植物

图 6-25　多年生小乔木——梭梭

图 6-26　多年生灌木——驼绒藜

图 6-27　多年生灌木——木地肤

6.3.3 案例分析

针对破坏面积大、生态环境影响严重的额尔齐斯河流域砂金矿、沙石矿和砂铁矿，在乌伦古河两岸、喀拉额尔齐斯河沿线以及福海县、阿勒泰市、哈巴河县、吉木乃县、布尔津县等废弃采矿点通过设置大规模生态修复工程，恢复破坏的生态系统。主要部署的工程项目包括青河县南部荒漠区砂铁矿受损地质环境治理项目、阿尔泰山两河源头区受损地质环境治理、两河中下游区受损地质环境恢复治理、哈巴河流域老旧废弃矿山生态治理项目等重点工程。建设内容包括青河县沙铁矿遗留 37.87 km² 受损区域治理、阿尔泰山 0.81 km² 废弃矿区生态修复、布尔津县窝依莫克镇喀拉加勒村 0.428 km² 砂石料矿地质环境治理、布尔津县城东 0.36 km² 地质环境治理项目、吉木乃县木乎尔台 0.124 km² 废弃砂石矿地质环境治理、吉木乃县托斯特乡 0.061 1 km² 废弃砂石矿采坑矿山地质环境治理、富蕴县额尔齐斯河和喀拉额尔其斯河两岸 5.6 km² 河道治理及生态恢复、富蕴县喀拉额尔齐斯河七道湾区域 2.1 km² 河道治理及生态恢复等工程项目。

设置的矿山生态修复工程项目大部分位于降水量 200 mm 以下的大陆温带干旱区。这些区域降水量少、蒸发量大，植被稀疏，植被主要为荒漠植被。植被群落以绢蒿为主的荒漠草本群落，包括白茎绢蒿、驼绒藜、小蓬、针茅、角果藜、梭梭、猪毛菜等，植被盖度普遍在 20%以下。周边原生土壤大多为灰漠土或灰钙土，这类植被群落恢复重建较为困难。

6.4 干旱荒漠区无人机飞播植被修复技术

6.4.1 背景意义

近年来，无人机技术应用广泛，分布于农业、航拍、物流、监控、救援、林业、环保等多个领域，无人机技术作为飞行器的革命性创新，未来的发展前景十分广阔。在未来几年内，无人机技术将越发成熟，并逐渐成为现代化信息技术和物流等行业不可或缺的重要工具。精准农业是无人机最有经济价值的应用领域之一，随着无人机在飞行路径识别及地形高度自适应等方面的突破，无人机在复杂地形条件下开展替代性工作已成为未来的趋势。

目前，在干旱荒漠区特别是山区大面积植被恢复过程中，因为受到地形地势影响，不能大面积开展机械作业，通常只能采用人工植苗、人工播种等方式进行植被恢复，对于坡度较大、地形复杂的区域，实现不规则地块全覆盖和均匀播种是制约该区域植被恢复的主要因素，复杂地形条件下人工作业难度较高、效率低，利用无人机播种直接播种则存在净种轻、种子种类单一、播种后需要镇压和覆土等问题，通过将种子进行丸粒化处理成功解决了路矿迹地无人机播种后还需人工镇压和覆土问题，无人机在飞行路径识别及地形高度自适应等方面的技术突破则解决了路矿迹地复杂地形情况人工播种的不可操作性以及不规则地块人工播种的均匀度较低的问题，通过基于无人机的飞播植被恢复方法，不仅降低了路矿迹地生态修复的成本和人工，而且提高了播种的效率和均匀度，为干旱荒漠区大面积生态修复的开展提供了最佳的播种方法，为生态系统的修复奠定了基础。

6.4.2　技术方法及要求

飞播前期调查拟修复路矿迹地周边植被特征，根据"近自然"修复理念构建适宜修复区域的群落配置模式，选取先锋植被和优势植被种类及比例建立人工种子库，用抗旱修复基质包裹净种进行大粒化处理得到丸粒化种子。无人机飞播前，应对拟修复区域进行调查，校正地理信息系统数据，确定拟修复区域的边界、坡度、海拔、主要避障点，根据拟修复区实际情况，确定飞行高度，设定撒种转速、飞行高度、飞行路线。设置路线后，无人机装入人工种子库的种子进行飞播。无人机种子箱每次装载人工种子库种子 20 kg，设定播撒转速 600~800 r/min，播撒宽幅 6~8 m，每分钟撒种 5.5 kg，无人机每日工作 6~8 h，单架无人机每日可播种 20~35 hm^2，播种效率较人工提高 20 倍以上，播种后设置调查样地，随机抽取样地调查播种量及均匀度，对于播种量不足区域进行补种。

6.4.3　案例分析

在"新疆额尔齐斯河流域山水林田湖草生态保护修复工程"实施过程中，研究人员以青河县砂铁矿乌伦古河北岸东区生态修复区为范例，开展无人机飞播生态修复。该区域属于青河县萨尔托海乡，砂铁矿埋藏浅，开采方式简单，禁止开采活动后，矿山迹地遗留了大量的采矿坑、排土场、废弃建筑物、采矿设备等。矿坑、排土场、建筑垃圾等对地表环境造成了严重破坏。飞播前进行详细实地调查，结合 GIS 软件数据，将拟修复区域分为修复 1 区和修复 2 区，总面积 87.57 hm^2，依据拐点坐标、海拔、坡度和需要规避的障碍点，规划无人机飞播路线。

通过对周边植被开展调查发现，此区域属于干旱荒漠区，建群种多是旱生荒漠植物，建群植物由超旱生、旱生的小灌木、小半灌木以及旱生的一年生草本、多年生草本组成。通过筛选建立适宜的群落配置模式为：木地肤、猪毛菜为先锋植物，优势植物包括梭梭、绢蒿、驼绒藜、针茅、披碱草。先锋植被木地肤、猪毛菜净种质量比为 1∶4，优势植物梭梭、绢蒿、驼绒藜、针茅和披碱草净种质量比为 6∶1∶3∶3∶11。分别收集木地肤、猪毛菜、梭梭、绢蒿、驼绒藜、针茅、披碱草 37 kg、138 kg、420 kg、70 kg、228 kg、229 kg、806 kg 净种混匀备用。抗旱修复基质天然钠基膨润土矿粉过 120 目筛、4 303 kg，黄腐酸钾矿粉过 120 目筛、1 435 kg，甘草废渣粉低温烘干粉碎，过 30 目筛、750 kg，高吸水树脂 172 kg，多菌灵可湿粉 137 kg，将上述材料搅拌均匀备用。

将混合备用的净种和抗旱修复基质分别加入 RH-480 种子大粒化机，进行种子大粒化处理，大粒化后种子是原净种重量的 3～5 倍。再在大粒机中加入 48 kg 鸟鼠兔禽驱避剂，获得大粒化种子。将大粒化种子装入种子箱进行无人机调试。种子箱内加入大粒化种子 20 kg，转速 800 r/min，高度 3 m，测得撒播宽幅 8 m，每分钟种子掉落 5.5 kg。

采用无人机飞播之前，需要对土地进行平整处理，保证耕地质量达到平整、洁净、深度均匀的要求，土地整地效果如图 6-28 所示。

图 6-28　前期土地整地

如图 6-29 所示，测试完毕后开始无人机撒播。按照人工种子库撒播配比设置为 100 kg/hm²，秋季第一场雪后开始播种，无人机每日工作 7 h，每日播种 20 hm²，5 个工作日完成播种任务。播种后，即在修复 1 区随机抽取 0.5×0.5 m 的样方 30 个，修复 2 区抽取 0.5×0.5 m 的 6 个样方，取表层 10 cm 土壤，粗筛去掉土壤和杂质，称取大粒化种子质量，计算播种量。如图 6-30 所示，通过抽样调查播种量发现，无人机播种均匀度较高，能够满足路矿迹地植被修复播种要求，适合在干旱荒漠区开展植被生态修复推广和利用。

图 6-29　无人机飞播大粒化种子

图 6-30 设置样地并调查播种量

6.5 草地免耕松土补播机械作业技术

6.5.1 背景意义

免耕补播技术是指采用免耕的方法，在不破坏或少破坏原生植被的前提下，利用免耕补播机在草地上补播优质、抗逆性强的牧草种子，依靠自然降水或配合少量灌水以提高草地覆盖度及生产力的技术，适用于土层厚度在 15 cm 以上的草原类退化草地免耕补播作业。与传统翻耕种草模式相比，免耕补播最大限度地保护了原生植被不受破坏，且增加了草原物种多样性，维护了草原生态系统的稳定性。免耕补播技术减少了对草原土壤的扰动，在防风固沙、保持水土、恢复草原生产力等方面发挥了积极作用。

6.5.2 技术方法及要求

适宜的草地类型：温性荒漠草原、温性草原、温性草甸草原和山地草甸。

气候条件：降水量≥200 mm。

土壤条件：适用于土层厚度在 15 cm 以上的草地。

植物条件：依据不同的草地类型，选择合适的优质牧草。

种子要求：一般采用商品种。如采用野生牧草种子，牧草种子清选后，贮存在低温环境处（低于-15℃）。在播种前测定种子发芽率。

播期要求：一般采用冬季播种或顶凌播种。

管护要求：修复年间，禁止牧业利用，禁止人为二次破坏。第二年，可以酌情考虑牧业利用。

6.5.3 案例分析

案例区隶属哈巴河县，属于大陆性北温带气候，具有降水少、蒸发大、干燥多风的特点，冬季寒冷漫长，积雪时间较长。水资源丰富，但空间时间分布不均匀。土壤以沙土为主，有机质含量低，植被覆盖度低，植物种类单一。原始植被主要有稀疏灌木（柽柳）、苦豆子、苔草、赖草和禾草等。修复前植被以车前、三叶草、无芒雀麦、薹草、委陵菜、赖草为主，年降水量 200 mm，土壤沙化严重。于 2020 年 11 月冬播，采取免耕播无芒雀麦、披碱草和长穗燕麦草，比例为 1∶1∶1，裸种播量为 3 kg/亩，施 20 kg/亩复合有机肥。补播后采取围栏保护，第二年利用方式为放牧或打草。2021 年 7 月初，在案例区每个样区设定 1 条样线，每间隔 200 m 测定样方 1 个，每条样线共设置 5 个样点，测定其群落的高度、盖度和生物量，将 5 个样方的群落生物量混合样阴干、粉碎，用于测定养分；在测定植物群落样方的同时，对土壤含水量和土壤理化性质进行采样及测定。

免耕播+封育处理的植物组成中增加了早熟禾、长穗燕麦草、红豆草、苇状羊茅、天蓝苜蓿等植物，草地物种多样性增加，草群高度、盖度和生物量均大幅提高，生物量是原来的近 10 倍，草地修复效果显著（图 6-31）。

图 6-31 免耕补播技术在低地草甸中的应用

6.6　绢蒿属植物种植技术

6.6.1　背景意义

通过育苗、移栽、定植后灌水，优选出了提高荒漠草地绢蒿植苗成活率的方法，提出了提高荒漠草地绢蒿植苗成活率的综合措施。

6.6.2　技术方法及要求

6.6.2.1　栽培条件

（1）气候条件。应选取年降水量为 150～250 mm 草地。如有补充灌溉条件年降水量可低于 80 mm，年均气温要求在 7℃以上。

（2）土壤条件。一般的荒漠土、淡栗钙土均可，土层要求超过 20 cm，砾石含量不超过 15%，土壤 pH 不超过 8.5，含盐总量不超过 0.7%。

6.6.2.2　实生苗栽培技术

（1）种子要求。种子可以自采，也可以购买（尽可能用本地种），裸种一直是低温贮存。如果是包衣种，包衣剂中可适当添加赤霉素和保水剂，加快种子萌发，包衣体积是原种大小的 50 倍，包衣后确保种子不淋雨、不受潮，放在干燥通风处。包衣后的种子应尽快完成播种，不宜久放，播前需测定种子发芽率。

（2）播种机改进与调试。目前没有绢蒿属植物的专用播种机，对牧草播种机的排种轮、排种口、下种管和排种轮转速等根据绢蒿属种子特征加以改进，可以基本满足其条播需要。

6.6.2.3　播种技术

（1）播种时间。新疆天然草地上绢蒿属植物是深秋种子成熟且落地，靠早春积雪融化抢墒萌发出苗。在生产中采用临冬寄籽播种，出苗效果最好。播种时间确定为 11 月份，种子萌发依靠冬季积雪或春季融雪水。如果有灌溉条件，也可选择春播，播种后应即时给水，以保证出苗率。

（2）播种量。在天然草地生态修复中，播种量应该综合考虑种子纯度、净度、千粒重、种子用价以及出苗率和保苗率。

（3）播种方法。采用条播，行距 30 cm，应选择无风天气或风速低于 2 级天气进行。大风天气种子易被风吹搬动，不易成行，造成种子分布不均匀。

（4）覆土深度。临冬播种直播在地表，轻微镇压，使种子与土壤充分接触；春播种子应覆土 1～2 cm。

6.6.2.4　管护措施

（1）补种措施。由于绢蒿属植物地处干旱区，生态环境脆弱，草籽的出苗率和成活率很难得到保障，因此，天然草地在植物种植后，需要对其管护，管护期一般为 2 年，管护期内逐年对复垦区成活率不高的区域进行补种。依据项目区的自然环境特征、以往复垦植被的成活率以及复垦植被的自然恢复率、适时对草地进行补种，确保生态修复区内种植植被的覆盖率应达到生态修复质量要求。

（2）病虫害防治。绢蒿属植物实生苗植株茎叶嫩，容易造成蝗害，夏季蝗虫严重时期，应定期监测，如发现病虫害则要及时防治，根据病虫害种类的生长发育期选用不同的药物，使用不同的浓度和不同的方法来防治病虫害。

6.6.3　案例分析

如图 6-32 所示选择籽粒饱满无缺损的种子穴播于装有花土的塑料花盆中，种子埋深约 0.5 cm，在人工培养室或室温下培养育苗。培养室温度为（25±2）℃，光照 12 h/d，光强约 600 μmol/（m²·s）。种子通过萌发、幼苗生长、适时炼苗、耐旱锻炼等过程，长至 45～60 天株龄于秋季移栽至大田。于 9 月下旬完成移栽，移栽时给水，根据后期观测试验，第二年植株返青率 100%。

图 6-32　绢蒿属植物育苗移栽案例

6.7　干旱荒漠区植被修复技术

6.7.1　背景意义

我国干旱荒漠区主要包括新疆准噶尔盆地、塔里木盆地、东疆盆地，甘肃河西走廊，青海柴达木盆地和内蒙古西部的阿拉善高原，面积约占我国国土的 20%，该区域植物种类稀少，生态系统脆弱，是我国西部生态建设的重要区域。干旱荒漠区的生物多样性是在极端自然条件和长期进化过程中发展起来的，对保持水土、减弱风蚀、维持生态平衡起着不可替代的作用，但其生态系统极其脆弱，一旦遭到破坏将很难得到恢复。因此，干旱荒漠区路矿迹地生态修复是我国生态文明建设的重要组成部分，路矿迹地生态修复对区域生态安全格局的构建具有重要的现实意义和生态意义。通过对路矿迹地生态修复能够有效改善区域生态环境，维护生态平衡，对建设山川秀美的大西北具有重要意义。

6.7.2　技术方法及要求

　　荒漠区大部分地区没有足够的水分满足种子萌发需要，或虽有种子萌发，但恶劣的气候条件又将遏制其生存。自种子萌发至进入干热气候的一段时期，幼苗处于结构与功能的自我调整改组过程，对环境极度敏感。此敏感阶段对幼苗的顺利发育至关重要，目前更为急需解决的问题是如何保护已萌发的幼苗度过危险期（黄培祐，2002），使其逐渐具有类似成体的适应能力，在随之而来的恶劣气候环境中保持机体的生机，由对环境极度敏感的幼苗变为耐受极端环境的幼苗。这一过程的顺利完成需要协调的温湿条件来保障。而在荒漠区，温度的剧烈变化使尚未完成适旱结构发育的幼苗，或因沙土升温而造成灼伤致死，或因温度升高，蒸发加快，沙表干燥，部分幼苗因根系未及时深入能提供水分的土层而夭折（高瑞如和赵瑞华，2004）。温湿条件的相互协调只有在部分生境中才能达到，因而干旱荒漠区幼苗自然补充在多数年份极为困难，仅凭侥幸存活下来的幼苗维持着干旱荒漠区的生机和新老种的更替过程。以新疆北部为例，首先，对于降水量稀少的干旱荒漠区，融雪水对植物的生长作用极为显著，稀疏灌丛的存在可形成以其为中心的融雪漏斗，促使水分向灌丛集聚。资料表明（黄培祐等，1992），融雪期间，灌丛周围的沙层含水量为裸沙区的 152.9%～228.2%，这不仅提高了对融雪水的利用率及灌丛自身的供水条件，还为效应区内其他物种的萌发、生长提供了适宜场所，灌丛对积雪融化有延缓效应，这一效应可使初萌发幼苗得到持续期较长的"救命水"。试验表明，采用人工设计和利用自然形成的有利条件，给种子萌发和幼苗生繁准备"安全场所"，在裸地上实现第一株植物的成功定居，不仅意味着后续工作的可能性，也可以减小风速，促使土壤结皮，固定风沙，截留少量降水，增加土壤营养（李新荣等，2000）。

　　荒漠区生态修复难度大，短期的人工干预措施不能形成长效的稳定生态系统，在生态修复过程中应掌握其退化生态系统本底情况，了解其退化的主导因子，采取自然的解决途径，即充分利用自然，遵循生态系统自身规律，按照"整体生态功能恢复"和"近自然"生态系统恢复与重建典型群落类型配置模式，以"自然恢复为主、人工干预为辅"恢复受损区域，坚持植被恢复宜林则林、宜草则草、草灌优先，修复后的植被覆盖率不应低于当地同类土地植被覆盖率,植被景观格局应与周边自然环境相协调,而且区域整体生态功能良好。开展生态修复要分轻重缓急,突出重点,分步实施,优先抓好生态破坏与环境污染严重的区域开展生态修复的工作,按照生物生长的物候节律,合理配置自然恢复与人工修复、生物措施与工程治理,选择适宜的保护与恢复措施,科学设定不同工程措施实施的顺序和间隔,以点带面统筹推进项目区全方位、全过程地进行生态修复。

根据荒漠生态修复区生态系统本底调查资料,分析群落物种组成、结构等,选取植物群落中的演替早期阶段物种或演替中期阶段的物种作为先锋树种。这类物种多为一年生植物,能够快速适应退化的土壤条件,在生长季内快速生长,能够为修复区域内其他植物提供荫蔽条件,促进其他植物的生长。同时,先锋物种快速死亡,能够增加退化土壤的有机质,在有效的时间内形成植物与土壤之间的良性循环,为生态修复区域优势群落的生长和稳定奠定基础。同时,按照自然群落结构、特征、生物多样性组成,根据生态系统群落中建群物种、优势物种、组成物种在群落中的地位和综合作用,构建荒漠生态修复区典型植物配置组成。以先锋物种和自然群落分布的典型配置实现生态保护与恢复生物多样性。

典型植物群落配置模式主要包括区域先锋植被种子、区域优势植被种子。该模式利于先锋植被种子、优势植被种子提高发芽率并促进幼苗期的生长,增加抗逆性,自然萌发形成植被群落,多物种共存,结构稳定,实现生态修复区自我更新恢复,同时,可以实现在干旱荒漠区生态修复时达到大面积补充土壤种子库的目的,解决因长期以来人类不合理的生产活动、干旱、土壤贫瘠、土壤种子库种源不足等因素限制植被快速恢复的问题。

6.7.3 案例分析

通过调查周边植物群落、土壤种子库,筛选出适宜生态修复区域的植物,构建适宜的群落配置模式。参考本章 6.2 节内容利用人工种子库修复技术,按照适宜的群落配置模式,将先锋植物、优势植物和抗旱修复基质混合,用种子大粒化机进行大粒化处理,制得大粒化人工种子库。在秋季第一场雪后,利用无人机进行播种,有效利用自然降雪,保存水分,为来年种子发芽奠定基础。播种后对修复区域设置围栏封禁 5 年,种植后连续 4 年每年进行植被和土壤调查,对缺苗严重区域进行补种。持续植被调查发现,在上述试验示范区采用先锋物种加优势种的科学配比,使播种后先锋物种如猪毛菜、刺沙蓬、盐生草等,迅速生长,发芽率、成活率均较高。同时,土壤种子库的狗尾草、早熟禾等物种也陆续生长起来,后期多年生梭梭、驼绒藜、木地肤开始出现,整个生态系统向良性发展。如图 6-33 和图 6-34 所示。

图 6-33　先锋植物成活状况

图 6-34　优势植物生长良好

　　研究表明，干旱缺水、热量充裕而水源不足、水热因子极不协调，是干旱区荒漠植被恢复的巨大障碍。在干旱区无灌溉条件下植被恢复和重建中，从第一株植物的定居到整个荒漠植被盖度的提高，无不与幼苗的发生与保存相关，而解决问题的关键是在当地有限水源条件下解决幼苗与立地条件的协调关系。荒漠生态修复区"近自然"修复理念的应用、典型植物群落配置模式的形成、人工种子库的构建及无人机飞播技术的利用，将在干旱荒漠区生态修复中建立以灌木为主，乔灌草相结合的新模式，加快植被恢复速度，建立安全可靠稳定的生态系统。

6.8 生态保护修复工程区域生态环境基线调查技术

6.8.1 主要技术方法

　　形成一套以"制定标准依据-梳理指标体系-调查监测评估"为主体的系统性山水林田湖草沙生态保护修复区域生态环境基线调查技术方法。基于要开展生态环境基线调查的山水林田湖草沙生态保护修复区域的实际生态环境状况，专门制定符合区域实际情况的相关标准规范和实施方案，用于指导相关区域开展生态环境基线调查，提高生态环境基线调查科学性、针对性和规范性。基于山水林田湖草沙生态保护修复区域实际情况，如经济社会发展与生态环境保护的主要矛盾点、重要自然生态保护区域等，构建系统科学的调查指标体系，进一步明确区域生态环境基线调查的方向和重点。以更加系统全面的调查指标对生态保护修复区域生态环境基线开展调查评估，对于保护修复区域整体了解更加清晰全面。明确了山水林田湖草沙生态保护修复区域生态环境基线调查的技术流程分为开展资料收集、数据资料处理、实地调研核查、形成调查成果 4 个步骤。基于野外调查工作研发 4 项调查设备并应用：样方框用于植物种子收集装置等能够快速辅助完成野外植物调查，水陆两用设备、多功能铲等能够便捷高效支撑野外样品采集工作，并得到良好的应用，支撑野外调查工作高效开展。资料收集过程应覆盖生态环境基线调查所有方面，确保数据的完整性，可以收集分析遥感数据、地理信息数据、气象水文土壤数据、生态环境数据、社会经济数据、文献数据、实地调研数据、生态实验站数据等，并对调查结果进行数据处理和信息化集成。调查单元分为区域整体、县级行政区划和工程区域 3 个层次，在得到宏观、全面的数据基础上，采用生态环境监测和生态样地观测的点位数据进行补充，二者相互结合，兼顾调查研究的广泛性和典型性。

6.8.2 主要研究内容

　　为满足生态环境管理的需求，对生态保护政策制定、成效评估、绩效考核、科学研究等提供数据支撑，开展对区域的基本信息、环境质量状况、污染物排放状况、生态系统状况、人类活动状况、管控措施等调查统计工作。主要通过现场调查、遥感监测、统计资料收集、地面监测站获取等技术手段开展，以县级行政区为基本单元进行汇总（图 6-35）。

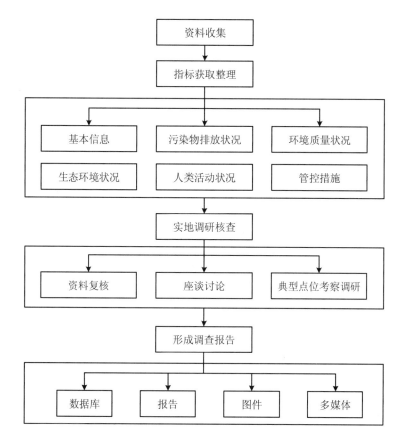

图 6-35　生态保护修复区域生态环境基线调查主要内容

6.8.2.1　生态保护修复区域生态环境基线调查主要技术流程

通过收集分析遥感数据、地理信息数据、气象水文土壤数据、生态环境数据、社会经济数据、文献数据、实地调研数据、生态实验站数据等,对调查结果进行数据处理和信息化集成,全面摸清生态保护修复区域生态环境本底状况,为指导生态保护修复工程的开展、评判山水林田湖草沙生态保护修复工程的成效和绩效、研究生态保护修复区域复合生态系统形成机制与生态安全格局等提供基础信息和科学依据。

遵循生态学、地理学等相关学科的理论,坚持严谨的科学态度,采用科学的技术方法,在深入研究并对调查主体充分认识的基础上,设计能够反映生态环境基本特征的调查指标体系并制定调查实施方案。生态环境基线调查应结合生态保护修复地区的生态环境问题与生态保护修复工程项目的特点,突出重点,抓住亮点,从自然地理状况、社会经济状况、环境质量状况、污染物排放状况、生态系统状况、人类活动状况和管控措施等方面进行重点调查。调查工作主要以收集现有数据为基础,在保障调查结果准确性和实用性的基础上，应充分考虑人力、物力、资金、后勤保障、数据可获取性等条件，因地制宜，结合实际情况科学选取调查数据源。有条件的地区，可在规定的调查内容外，根据实际需求开展补充调查。如一些地区无法获取所需数据，则调查人员需根据具体情况选取替代指标，或提供较为权威的定性描述。调查单元整体上以县级尺度为主，在得到宏观、全面的数据基础上，采用在保护修复地区布设的大气、水、生态等生态环境监测和生态样地观测的点位数据进行补充，二者相互结合，兼顾调查研究的广泛性和典型性。加强生态保护修复区域内各县（市）协调对接，充分发挥生态环境、自然资源、农业农村、林业和草原、水利、住房和城乡建设、气象等相关部门协同推进作用，充分运用各部门研究及工作成果开展生态环境调查，提高工作效率。

生态保护修复区域生态环境基线调查的技术流程分为开展资料收集、数据资料处理、实地调研核查、形成调查成果 4 个步骤。

6.8.2.2 收集资料

明确涉及生态保护修复区域的各级各部门的职责分工，各级各部门需根据职责分工，收集相关区域自然地理、社会经济、生态保护等相关基础资料，包括但不局限于专题图件、遥感影像、统计年鉴及现有各部门开展的权威调查监测结果。

6.8.2.3 生态保护修复区域生态环境基线调查指标数据

（1）基本信息

自然地理状况主要调查气象（降水、温度、蒸发量、沙尘暴天数、风速风向、无霜期、生长期）、地形（DEM）、土壤（类型、有效含水量、容重、pH、有机质含量）、植被（面积、盖度、蓄积量、产草量）、水文（水位、流量、流速、含沙量、水温）、水资源（水资源情况、供水情况、用水情况）、矿产资源（主要矿产资源类型、探明资源储量、年产矿石总量）、土地资源（各地类面积及其变化情况）、生物资源（野生动植物种类、国家重点保护野生动植物种类、受威胁野生动植物的种类、外来入侵动植物种类）等状况。社会经济主要调查区域的人口（户籍总人口数量、常住人口数量、乡村人口数量、城镇人口数量等）、产值（地区生产总值、第一产业增加值、第二产业增加值、第三产业增加值、旅游产业产值、矿业产值）、居民收入（城镇居民人均可支配收入、农牧民人均纯收入）、地方财政（地方财政收入、地方财政支出）等。

（2）环境质量状况

环境质量状况主要调查区域范围内大气、水、土壤环境的质量情况以及生态环境状况指数（EI）。大气环境质量主要调查细颗粒物浓度和以及环境空气质量优良天数及比例。水环境质量数据需要调查县域范围内所有河流、湖库、集中式饮用水水源地监控断面（点位）的水质以及主要污染物浓度（总磷、总氮、氨氮、五日生化需氧量、化学需氧量、高锰酸盐指数、氟化物、矿化度、硫酸盐、溶解性总固体、年均营养状态指数）。土壤环境质量方面，耕地地块调查土壤重金属（镉、汞、砷、铅、铬、铜、镍、锌）、六氯环己烷（俗称六六六）、双对氯苯基三氯乙烷（俗称滴滴涕）和苯并[a]芘的含量及受污染耕地安全利用率，建设用地地块需要调查土壤重金属（砷、镉、铬、铜、铅、汞、镍）、挥发性有机物、半挥发性有机物的含量及污染地块安全利用率。

（3）污染物排放状况

污染物排放状况主要调查废气、废水、固体废物、农业面源污染物的排放和处理情况。废气污染物排放及处理情况主要调查废气排放固定点源数、工业源和生活源排放量、二氧化硫、氮氧化物、烟（粉）尘、挥发性有机物排放总量以及工业源废气治理设施处理能力。水污染物排放及处理情况主要调查废水排放固定点源数、生活源和工业源废水排放总量、化学需氧量、氨氮、总氮、总磷排放量以及城镇污水集中处理率和工业园区污水处理率等。固体废物污染物排放及处理情况主要调查一般工业、居民生活固体废物产生量和危险固体废物产生量以及工业固体废物和生活垃圾集中处置率、危险废物收集处理率等。农业面源污染物排放及处理情况主要调查单位面积化肥施用量、单位面积农药施用量、秸秆产生量、秸秆综合利用率、畜禽粪污产生量、畜禽粪污综合利用率、单位面积农膜产生量、农田废旧地膜回收率等。

（4）生态系统状况

生态系统状况主要调查生态系统构成、生态系统质量、生态系统功能。生态系统构成主要调查生态保护修复区域及下属各县林地、草地、耕地、湿地、人工表面、其他生态系统的面积及分布。生态系统质量主要调查植被状况（采用归一化植被指数衡量）、不同等级森林面积（图）、各县森林覆盖率和森林蓄积量、草原综合植被盖度、不同等级草原面积（图）、产草量、草层高度等，以及水土流失、土地沙化、荒漠化、盐渍化土地面积及程度。生态系统功能主要调查水源涵养、水土保持、防风固沙、生物多样性维护功能，分别采用水量平衡方程、修正通用水土流失方程、修正风蚀方程、NPP 校正法等方法计算水源涵养量、水土保持量、防风固沙量、生物多样性维护功能指数，并将各生态系统功能量分别划分为极重要、重要、一般重要 3 个等级，统计每个等级的面积占比。

（5）人类活动状况

人类活动状况主要调查农业活动、工矿业活动和旅游业活动。农业活动主要调查播种面积、粮食作物面积、经济作物面积、饲草面积、农田有效灌溉面积、牧民承包经营草原面积、牲畜养殖种类、年末牲畜存栏量、平均理论载畜量、实际载畜量、超载率、土著鱼苗种繁育产能。工矿业活动主要调查工矿业用地的面积、工业园区分布、线性工程长度、已开发矿产资源的类型、矿产资源开采面积、探矿权数量、采矿权数量等。旅游业活动主要调查景点数量、占地面积、全年接待旅游人数。

（6）管控措施

管控措施主要调查各类保护地建设、环境治理恢复状况、环境基础设施建设、资金投入、队伍建设、制度建设 6 个方面。各类保护地建设主要调查各级各类保护地的数量、面积及其主要保护对象。环境治理恢复状况主要调查矿山环境综合治理面积、退耕还林面积、水土流失治理率、农村人居环境整治村庄数量、新增退化草原改良修复面积、草原禁牧面积等。环境基础设施建设主要调查各类环境监测点数量、自然保护地标志和监控设施数量、生态环境监测网络覆盖率等。资金投入主要调查国家、地方对生态环境保护建设投入的总金额、所占 GDP 的比例及用于基础设施建设、污染治理、生态修复等各项生态环境保护项目的资金支出。队伍建设主要调查长期从事生态保护修复的专业技术人员数量以及地方管理、技术人员为提升监管能力举办或参加的培训和会议的数量。制度建设主要调查出台生态保护修复相关的规章制度的数量及其执行情况。

6.8.2.4　开展实地调研与核查

对山水林田湖草沙生态保护修复区域选取重点工程、重点区域和重点问题进行实地调研，并对所收集的数据进行核查。同时，根据实地调研情况补充收集数据资料。

6.8.2.5　形成基线调查成果

由技术专家组结合数据资料和实地调研情况，进行数据整理分析，摸清生态保护修复区域生态环境现状，形成生态保护修复区域生态环境调查报告、数据库、图件等调查成果。

6.8.3　技术转化应用及效益

将生态保护修复区域生态环境基线调查各项成果进行数据整理整合、质量检查和数据入库，形成生态保护修复区域生态环境基础信息台账。有条件的地区可依据监管数据需求，开展补充调查，结合自然资源统一确权登记，确定土地权属和用地性质，并进行调查成果信息化集成。数据库信息为生态保护修复区域后续生态安全格局科学研究、生态保护修复工程的成效评估与绩效考核等提供坚实支撑。

基于额尔齐斯河流域山水林田湖草沙生态保护修复工程效益评估项目，2018—2020年实施了生态保护修复区域生态环境基线调查。形成 2018 年、2019 年和 2020 年额尔齐斯河流域生态环境调查评估报告。报告涵盖调查和评估两大方面，以及生态和环境两大调查评估对象。

调查方面，对典型流域的社会经济情况、自然资源情况、流域生态状况、环境质量情况、受损区域修复情况 5 个方面进行了全面调查；评估分析方面，对流域环境质量、流域生态环境状况、项目关键指标变化情况 3 个方面进行了系统的分析和评估。同时对已开展的相关工作与成效进行了总结分析。主要包括污染防治工作力度、推进流域山水试点申报、生态环境保护修复成效、山水项目取得的成果等几个方面。

6.9　生态保护修复工程实施成效评估技术

6.9.1　评估技术路线

额尔齐斯河流域山水林田湖草沙生态保护修复成效评估开展遵循以下技术流程。

（1）确定评估年份与范围

根据生态保护修复工程实施的时段和评估需求确定评估周期，明确评估年份和评估本底。以生态保护修复工程实施方案中确定的工程范围作为评估范围。

（2）建立评估指标体系

围绕生态保护修复工程的目标及要解决的主要生态环境问题，结合工程规划或实施方案的要求，明确生态保护修复工程实施成效评估的生态效益指标和工作成效指标，建立生态保护修复工程实施成效监督评估指标体系，确定评估指标。

（3）获取评估数据集

针对各项具体指标，采用资料收集、遥感和实地调查监测等方式，获取评估所需的基础数据，建立评估数据集。

（4）评估指数计算

根据评估指标计算方法和基础数据，计算生态保护修复工程实施成效监督评估各项指标得分及综合评估指数，确定评估等级。分析评估指标变化情况，对生态保护修复工程实施取得的效果进行评估，得出评估结论（图 6-36）。

6.9.2　评估指标体系

参考《生态保护修复成效评估技术指南（试行）》（HJ 1272—2022）、《全国生态环境十年变化（2000—2010 年）遥感调查与评估》《自然保护区保护成效评估技术导则》（LY/T 2244—2014）、《自然保护区管理评估规范》（HJ 913—2017）、《三江源生态保护和建设生态效果评估技术规范》（DB 63/T 1342—2015）、《区域生态质量评价办法（试行）》、《自然保护区生态环境保护成效评估标准（试行）》（HJ 1203—2021）、《生态环境状况评价技术规范》（HJ 192）标准及文献，构建包含生态系统格局、生态环境质量、生态服务功能、工程绩效、工程管理 5 个评估类别的指标体系（表 6-8）。

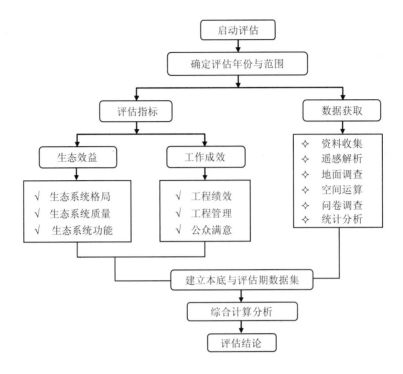

图 6-36　评估流程

表 6-8　生态保护修复工程实施成效监督评估指标体系

评估内容	评估指标	具体指标	指标权重	评分内容
生态效益	生态系统格局	重要生态用地保护修复指数	0.10	森林、草地、湿地等生态用地保护修复面积增长率
		景观破碎度指数	0.10	区域内景观破碎度指数提高率
	生态环境质量	植被覆盖度指数	0.10	植被覆盖度提升率
		水环境质量	0.10	地表水水质变化指数
	生态系统功能	主导生态功能指数	0.2	水源涵养、水土保持、防风固沙、洪水调蓄等主导生态功能提升率
工作成效	工程绩效	绩效目标完成状况	0.15	生态保护修复规划及实施方案中各项指标完成情况
		公众满意度	0.05	当地公众对工程实施成效的满意
	工程管理	组织保障	0.05	工程验收、评估、信息化监管、后期管护、档案管理等制度建立情况
		项目实施及管理	0.10	项目管理工作实施
		资金保障	0.05	资金筹措及拨付使用完成率

（1）生态系统格局。

生态系统格局评估选取生态系统转化、景观格局优化两个二级指标。生态系统格局变化指标通过土地覆被转类指数表示，景观格局优化指标通过最大斑块指数变化和景观连通性变化指数表示，分析景观优势度及连通性变化，从而衡量景观格局与功能。

（2）生态环境质量。

山水林田湖草沙生态保护修复以护山育林、整河还湖、矿山修复、植被恢复、提质减负等为主要措施。因此，生态环境质量评估选取水环境质量为二级指标。水环境质量指标以地表水水质表示。

（3）生态服务功能。

生态服务功能评估选取水源涵养、土壤保持、防风固沙、生物多样性保护 4 个二级指标。水源涵养指标以水源涵养量表示，土壤保持指标以土壤保持量表示，防风固沙以防风固沙量表示，生物多样性保护指标以生物多样性维护服务能力表示。

（4）工程绩效。

工程绩效从山水林田湖草试点工程的目标完成情况和公众满意度两方面考虑。山水林田湖草试点区域主要生态系统退化问题包括森林老化退化、生态功能降低、草场退化、湿地退缩、河流水质污染、水土流失与生境破碎化、矿山开采造成生态环境破坏，退化生态系统修复评估，选取退化土地修复、退化植被修复、退化河流修复、退化湿地修复 4 个二级指标。退化土地修复考虑水土流失治理、沙化土地修复、土地整理及矿山修复，因此指标以水土流失治理目标完成率、沙化土地恢复目标完成率、土地整理工程完成率、矿山环境修复目标完成率表示。植被破坏修复从森林、草原两个方面考虑，指标以森林保护修复目标完成率、退化草原保护修复目标完成率表示，退化河流修复指标以退化河流修复目标完成率表示，退化湿地修复指标以退化湿地修复目标完成率表示。公众满意度指公众对生态保护修复工程实施效果的满意程度，指标以公众满意率来表示。

（5）工程管理。

工程管理评估选取组织保障、项目管理、资金保障使用 3 个二级指标。组织保障指标以组织领导制度建立健全情况表示，项目管理指标以项目管理相关工作开展情况表示，资金筹措使用指标以项目资金筹措及拨付使用情况表示。

由于生态保护修复的部分效果具有一定的时间滞后性，因此在评估时以定性分析为主；对资金筹措、资金管理、目标完成度等指标以定量分析为主；对评价过程中具体的工程通过定量与定性相结合的方法进行评估。各具体指标计算依据如表 6-9 所示。

表6-9　评估指标归一化赋值及依据　　　　　　　　　单位：%

评估指标	赋值依据
土地覆被转类指数	参考《三江源生态保护和建设生态效果评估技术规范》（DB 63/T1342—2015）赋值标准，赋值小于−1%为退化，−1%～1%为无明显提升，1%～5%为轻度提升，5%～15%为明显提升，大于15%为显著提升
景观破碎度变化指数	参考拉市海高原湿地自然保护区保护成效评估研究（郑骁喆，2018），结合额尔齐斯河流域景观破碎度变化指数分布区间设置赋值标准，赋值大于1%为退化，−1%～1%为无明显提升，−3%～−1%为轻度提升，−5%～−3%为明显提升，小于−5%为显著提升
地表水水质变化指数	由于额尔齐斯河流域除乌伦古湖外，其他各国控监测断面水质均在Ⅱ类以上，将地表Ⅲ类水比例变化率作为赋值依据难以反映额尔齐斯河流域水质变化情况。在此将额尔齐斯河流域2015年Ⅲ类水国控断面比例作为该指标的初始分值（最大为80分，最小为60分），其他区间按水质改善或退化的国控断面比例进行赋值
植被覆盖率变化指数	参考《三江源生态保护和建设生态效果评估技术规范》（DB 63/T 1342—2015）和实施方案目标指标赋值，赋值小于−0.1%为退化，−0.1%～0.1%为无明显提升，0.1%～0.3%为轻度提升，0.3%～0.6%为明显提升，大于0.6%为显著提升
水源涵养有效性指数	参考国家重点生态功能区2010—2015年生态系统服务价值变化评估（刘慧明，2020），2010—2015年国家重点生态功能区生态系统服务价值均值变化幅度16.45%，分级标准为−1%～1%为基本均衡，1%～5%为较明显增加，大于5%定义为明显增加；参考三江源生态保护和建设一期生态成效评估（邵全琴，2016），1997—2012年三江源地区水源涵养量增加了15%，土壤保持量增加了32.5%。因此，赋值小于−1%为降低，−1%～1%为无明显变化，1%～5%为轻度提升，5%～10%为明显提升，大于10%定义为显著提升
土壤保持有效性指数	
防风固沙有效性指数	
生物多样性保护有效性指数	
水土流失治理目标完成率	参考《新疆维吾尔自治区水土保持目标责任考核暂行办法》（新政办发〔2018〕5号）和其他各省（区、市）水土保持目标责任制考核办法，新增水土流失治理目标完成率根据工程治理面积完成率数值赋值，大于等于100%，赋值1，小于100%的，按完成率赋值
沙化土地恢复保护目标完成率	根据工程目标完成率数值赋值，完成率大于等于100%，赋值1，小于100%的，按完成率赋值
土地整理目标完成率	
矿山环境治理目标完成率	
森林保护修复目标完成率	
退化草原保护修复目标完成率	
退化河流修复工程完成率	
退化湿地修复工程完成率	
组织保障制度建立	参考山水林田湖草绩效考核指标赋分
项目管理工作实施	参考山水林田湖草绩效考核指标赋分
资金筹措及拨付目标完成率	参考山水林田湖草绩效考核指标，根据资金筹措及拨付情况赋值，调度及拨付率大于等于100%，赋100分，小于100%的，按实际完成率赋分
公众满意度	参考《生态保护红线监管技术规范保护成效评估（试行）》（HJ 1143—2020），按照公众满意率赋分

6.9.3　综合指标评估

结合指标因子赋值标准，规定山水林田湖草生态保护修复生态系统格局、生态环境质量、退化生态系统修复、工程绩效和工程管理成效分级标准。

（1）生态系统格局优化评估

基于生态系统格局综合指数大小，分析评估区域生态系统格局变化的总体趋势（表 6-10）。

表 6-10　基于生态系统格局成效评估的分级标准

成效评估分级	显著提升	明显提升	轻度提升	无明显提升	退化
土地覆被转化指数	>15%	5%～15%	1%～5%	−1%～1%	<−1%
景观破碎度变化指数	< 5%	−5%～−3%	−3%～−1%	−1%～1%	>1%
分值	≥80	70～80	60～70	50～60	<50

（2）生态环境质量改善评估

基于生态环境质量综合指数大小，分析评估区域生态环境质量变化的总体趋势（表 6-11）。

表 6-11　基于生态环境质量成效评估的分级标准

成效评估分级	显著提升	明显提升	轻度提升	无明显提升	退化
地表水质变化指数	按水质等级退化国控断面数量占比进行赋值			2015 年 3 类水比例大于 X%，则合格值按 X 计，$60 \leqslant X \leqslant 80$	按水质等级退化国控断面数量占比进行赋值
分值	>X			X	<X
植被覆盖度变化指数	>0.6%	0.3%～0.6%	0.1%～0.3%	−0.1%～0.1%	<−0.1%
分值	≥80	70～80	60～70	50～60	<50

（3）生态服务提升评估

基于生态服务综合指数大小，分析评估区域生态系统服务功能变化的总体趋势（表 6-12）。

表 6-12　基于生态服务功能成效评估的分级标准

成效评估分级	显著提升	明显提升	轻度提升	无明显提升	降低
生态系统服务指数	≥10%	5%～10%	1%～5%	−1%～1%	<−1%
成效评估分数	≥80	70≤分数<80	60≤分数<70	50≤分数<60	分数<50

（4）工程绩效评估

基于退化生态系统修复综合指数大小，分析评估区域退化生态系统修复工程实施的总体情况（表 6-13）。

表 6-13 基于退化生态系统修复成效评估的分级标准

成效评估分级	优秀	良好	合格	不合格
成效评估分数	≥90	80≤指数＜90	60≤指数＜80	指数＜60

（5）工程管理评估

基于制度与资金保障建立综合指数大小，分析评估区域项目组织保障制度建立健全、项目管理及专项资金筹措拨付情况（表 6-14）。

表 6-14 基于制度与资金保障成效评估的分级标准

成效评估分级	优秀	良好	合格	不合格
成效评估分数	≥90	80≤指数＜90	60≤指数＜80	指数＜60

基于生态系统格局、生态环境质量、生态系统功能、工程绩效和工程管理，构建山水林田湖草生态保护修复生态成效综合指标，成效评估综合指数为评估指标归一化赋值（D_i）与评估指标权重（C_i）的乘积累计值；并依据综合指标数值将生态成效指标划分为4级，即显著好转、明显好转、无明显成效、负面成效（表 6-15）。

$$成效评估综合指数 = \sum D_i C_i$$

表 6-15 额尔齐斯河流域生态保护修复生态成效评估分级标准

成效评估分级	成效评估分值	生态成效状况
显著好转	分值≥85	表明评估区域生态保护修复成效处于显著好转状态，或增量上生态保护显著大于生态退化
明显好转	55≤分值＜85	表明评估区域生态保护修复成效处于明显好转状态，或增量上生态保护大于生态退化
无明显成效	45≤分值＜55	表明评估区域生态保护修复成效处于相对稳定状态，或处于生态保护与生态退化均衡对峙期
负面成效	分值＜45	表明评估区域生态保护修复成效处于下降状态，或增量上生态保护小于生态退化

第**7**章

额尔齐斯河流域生态保护修复成效评估

针对新疆额尔齐斯河流域山水林田湖草生态保护修复试点工程开展情况，以"山水林田湖草沙是生命共同体"为理论依据，结合《额尔齐斯河流域山水林田湖草生态保护修复成效评估技术规程》，以额尔齐斯河全流域、涉及县（市）为评估对象，从生态安全格局、生态环境质量、生态系统服务 3 个方面全面评估山水林田湖草生态保护修复成效。通过成效评估，可以准确掌握额尔齐斯河流域山水林田湖草生态保护修复终期目标的完成情况、政策措施的落实情况等，发现现状与目标之间的差距，总结额尔齐斯河流域山水林田湖草生态保护修复试点工程取得成效。也为全国此类项目的开展提供经验，进一步增强生态保护修复工程实施的前瞻性、针对性和科学性，不断提高项目的产出。

本章主要包含以下 3 个方面内容：①区域整体生态修复成效。分别从生态系统格局、生态环境质量、生态服务功能 3 个方面阐述额尔齐斯河流域山水林田湖草生态保护修复工程实施的成效。②县域成效评估。分别对流域各县（市）山水林田湖草生态保护修复工程实施的成效进行评估。③经验及建议。总结凝练流域山水林田湖草生态保护修复的经验及项目实施后续建议。

7.1 区域整体生态修复成效

7.1.1 生态安全格局

7.1.1.1 生态用地保护修复

与 2015 年相比，2020 年额尔齐斯河流域除林地和其他用地外，其他生态系统类型面积均有不同程度的增长，其中草地面积由 2015 年的 25 437.42 km^2 增长至 2020 年的 26 347.43 km^2，共增长 910.01 km^2，增幅为 3.58%；耕地面积由 2015 年的 4 907.24 km^2

增长至 2020 年的 6 176.95 km²，共增长 1 269.72 km²，增幅为 25.87%；湿地面积由 2015 年的 2 613.95 km² 增长至 2020 年的 2 691.72 km²，共增长 77.77 km²，增幅为 2.98%；人工用地面积由 2015 年的 179.97 km² 增长至 2020 年的 366.41 km²，共增长 186.44 km²，增幅为 103.59%；而林地面积由 2015 年的 9 936.32 km² 减少至 2020 年的 9 621.97 km²，共减少 314.35 km²，变化率为−3.16%；其他用地面积由 2015 年的 76 857.95 km² 减少至 2020 年的 74 728.35 km²，共减少 2 129.59 km²，变化率为−2.77%。整体上，2015—2020 年额尔齐斯河流域生态用地面积共增长 673.44 km²，增幅为 1.77%，土地覆被转类指数变化情况属于明显增长（图 7-1 和表 7-1）。

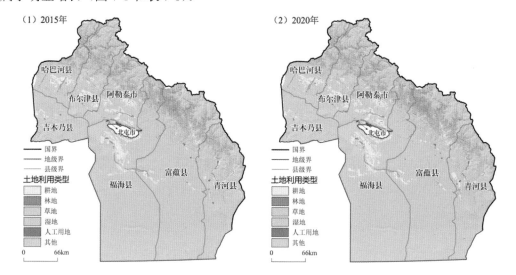

图 7-1　2015 年与 2020 年生态系统空间分布

表 7-1　2015 年与 2020 年生态系统面积及变化

土地利用类型	2015 年		2020 年		变化量/km²	变化率/%
	面积/km²	占比/%	面积/km²	占比/%		
林地	9 936.32	8.28	9 621.97	8.02%	−314.35	−3.16
草地	25 437.42	21.21	26 347.43	21.97%	910.01	3.58
耕地	4 907.24	4.09	6 176.95	5.15%	1 269.72	25.87
湿地	2 613.95	2.18	2 691.72	2.24%	77.77	2.98
人造地表	179.97	0.15	366.41	0.31%	186.44	103.59
其他	76 857.95	64.08	74 728.35	62.31%	−2 129.59	−2.77

7.1.1.2　生态系统景观格局指数

　　景观格局通常是指景观的空间结构特征，具体是指由自然或人为形成的，一系列大小、形状各异、排列不同的景观镶嵌体在景观空间的排列，它既是景观异质性的具体表现，也是包括干扰在内的各种生态过程在不同尺度上作用的结果。景观格局及其变化是自然和人为的多种因素相互作用产生的一定区域生态环境体系的综合反映，而景观格局指数是景观格局分析的主要手段，景观格局指数高度浓缩了景观格局信息，反映其结构组成和空间配置某些方面的特征，定量表达了景观格局和生态过程之间的关联性，是景观生态学中广泛使用的一种定量研究方法。在此根据评估对象特征与评估内容，在景观水平上选取斑块密度、斑块数量、最大斑块指数、蔓延度指数、景观形状指数、Shannon-Wiener 多样性指数和 Shannon-Wiener 均匀度指数共 7 项指标对额尔齐斯河流域景观格局变化进行分析。

　　由表 7-2 可以看出，额尔齐斯河流域斑块密度和斑块数量有所减少，表明区域内景观破碎化程度有所降低，同时景观蔓延度指数较大表明了额尔齐斯河流域景观连通度较高，优势斑块类型在空间上形成了较好的连接性；Shannon-Wiener 多样性指数和 Shannon-Wiener 均匀度指数的同时增长表明区域内各景观类型斑块在景观中趋向均匀化、均衡化分布。

表 7-2　2015 年与 2020 年生态系统景观格局指数变化

景观格局指数名称	缩写	单位	2015 年	2020 年	变化率/%
斑块密度	PD	个/100 hm^2	8.614 4	7.832 4	−9.08
斑块数量	NP	个	1 033 148	939 366	−9.08
最大斑块指数	LPI	%	55.699 9	53.414 4	−4.10
蔓延度指数	CONTAG	%	63.541 6	62.770 2	−1.21
景观形状指数	LSI	—	362.696 4	335.664 8	−7.45
Shannon-Wiener 多样性指数	SHDI	—	1.044 3	1.085 8	3.97
Shannon-Wiener 均匀度指数	SHEI	—	0.582 9	0.606	3.96

7.1.2　生态环境质量

7.1.2.1　植被覆盖度

　　对 MOD13A3 NDVI 数据产品进行预处理，利用自然间断法将额尔齐斯河流域 NDVI

数据划分为 5 个等级：低覆盖度（<0.2）、较低覆盖度（0.2～0.4）、中等覆盖度（0.4～0.6）、较高覆盖度（0.6～0.8）和高覆盖度（0.8～1.0）。由图 7-2 中可以看出，额尔齐斯河流域中南部以及哈巴河县、布尔津县和阿勒泰市的南部荒漠覆盖区属于低植被覆盖度区域，额尔齐斯河流域北侧山地与平原交界处属于较低植被覆盖度区域与中等覆盖度区域，额尔齐斯河流域北部阿尔泰山所在山地地区以及"两河"流域下游属于较高植被覆盖区域，而额尔齐斯河流域的高植被覆盖区域主要位于布尔津县北部的布尔津河河谷。根据计算，额尔齐斯河流域 2015 年植被覆盖度为 29.52%，2020 年植被覆盖度为 29.64%，因此额尔齐斯河流域植被覆盖度变化指数为 0.40%，变化特征属于较明显增加。

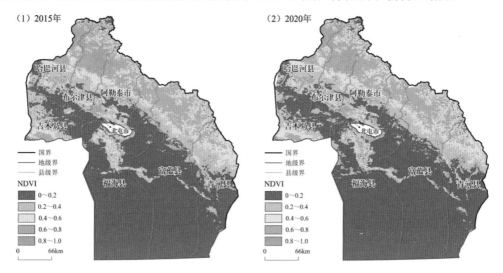

图 7-2 2015 年与 2020 年植被覆盖度空间分布

7.1.2.2 水环境质量

额尔齐斯河流域国控断面空间分布及水质状况如图 7-3 和表 7-3 所示。额尔齐斯河流域整体水质为 II 类，其中布尔津大桥断面、顶山断面、喀纳斯湖南码头断面与山区林业局断面水质为 I 类；乌伦古湖处南部渔政点、乌伦古湖码头和呼伦古湖中心等断面水质为劣 V 类。2015—2020 年，额尔齐斯河流域国控断面水质整体有所改善，其中北屯大桥、别列则克桥、布尔津水文站、额河南湾、富蕴大桥、哈巴河大桥、群库水文站断面水质稳定保持为 II 类水质，山区林业局断面水质稳定保持为 I 类水质，布尔津河大桥和喀纳斯湖南码头断面水质由 II 类提升为 I 类，而南部渔政点、乌伦古湖码头和呼伦古湖中心 3 个位于乌伦古湖的国控断面水质仍为劣 V 类。

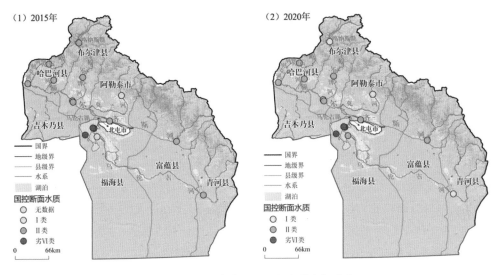

图 7-3 2015 年与 2020 年水质空间分布

表 7-3 2015 年与 2020 年国控断面水质情况

序号	县（市）	断面名称	断面类型	所在水体	水质状况	
					2015 年	2020 年
1	阿勒泰市、福海县、富蕴县	北屯大桥	河流	额尔齐斯河	II	II
2	布尔津县、哈巴河县	别列则克桥	河流	克列则克河	II	II
3	布尔津县	布尔津河大桥	河流	布尔津河	II	I
4	阿勒泰市、布尔津县	布尔津水文站	河流	额尔齐斯河	II	II
5	青河县	顶山	河流	乌伦古河	II	I
6	布尔津县、哈巴河县	额河南湾	河流	额尔齐斯河	II	II
7	阿勒泰市、福海县、富蕴县	福海	河流	乌伦古河		II
8	富蕴县	富蕴大桥	河流	额尔齐斯河	II	II
9	哈巴河县	哈巴河大桥	河流	哈巴河	II	II
10	布尔津县	喀纳斯湖南码头	湖库	喀纳斯湖	II	I
11	福海县、吉木乃县	南部渔政点	湖库	乌伦古湖	劣 V	劣 V
12	布尔津县	群库水文站	河流	布尔津河	II	II
13	阿勒泰市	山区林业局	河流	克兰河	I	I
14	福海县、吉木乃县	乌伦古湖码头	湖库	乌伦古湖	劣 V	劣 V
15	福海县、吉木乃县	乌伦古湖中心	湖库	乌伦古湖	劣 V	劣 V

7.1.3 生态系统服务

7.1.3.1 水源涵养指数

（1）指标计算方法

通过水量平衡方程来计算水源涵养能力，计算公式为：

$$TQ = \sum_{i=1}^{j}(P_i - R_i - ET_i) \times A_i \times 10^{-3}$$

式中，TQ 为水源涵养能力，m^3；P_i 为多年平均降水量，mm；R_i 为多年平均地表径流量，mm；ET_i 为多年平均蒸散发，mm；A_i 为 i 类生态系统面积，km^2；i 为评估区第 i 类生态系统类型；j 为评估区生态系统类型数。

（2）指标评估

额尔齐斯河流域纬度较高，属于典型的温带大陆性寒冷气候，其特点是夏季干热，冬季严寒，蒸发量大于降水量，平原地区年均降水量 131～223 mm，年蒸发量 1 367～2 066 mm。2015 年、2020 年蒸发量均高于降水量，2015 年水源涵养指数为–174，2020 年水源涵养指数为–188，2020 年水源涵养量较 2015 年减少 8.04%，为较明显降低（图 7-4）。

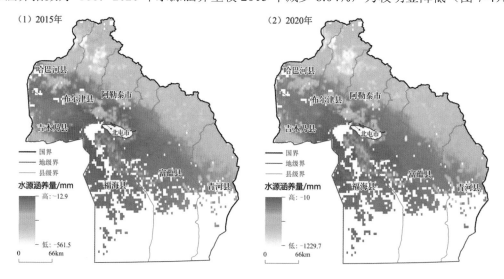

图 7-4　2015 年与 2020 年水源涵养指数

7.1.3.2 水土保持指数

（1）指标计算方法

指评价区植被保持土壤的能力，计算公式为：

$$Q_{水土} = \frac{\sum\limits_{i=1}^{n} Q_{水土i}}{n}$$

$$Q_{水土i} = 100 \times \left(0.5 \times \frac{\mathrm{NDVI}_i - 0.05}{0.90} + 0.5 \times \frac{\mathrm{NPP}_i}{\mathrm{NPP}_{max}} \right)$$

式中，$Q_{水土}$ 为水土保持指数；$Q_{水土i}$ 为像元的水土保持指数；n 为评价区内像元数，个；NDVI_i 为评价年 5—9 月像元归一化差值植被指数最大值；NPP_i 为评价年 5—9 月像元植被净初级生产力累积值；NPP_{max} 为评价区内最好气象条件下的植被净初级生产力，选取 2015—2020 年 NPP 累积值最大值。

（2）指标评估

2015 年额尔齐斯河流域水土保持指数为 53.50，2020 年水土保持指数为 60.38，增长率为 12.86%，区域内水土保持功能显著提升（图 7-5）。

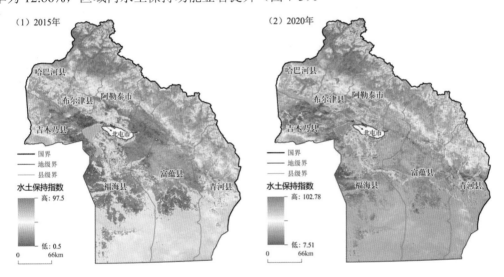

图 7-5　2015 年与 2020 年水土保持指数

7.1.3.3　防风固沙指数

（1）指标计算方法

指评价区植被抵抗风力侵蚀的能力，计算公式为：

$$Q_{风} = \frac{\sum\limits_{i=1}^{n} Q_{风i}}{n}$$

$$Q_{\text{风}i} = 100 \times \left(0.5 \times \frac{\text{NDVI}_i - 0.05}{0.70} + 0.5 \times \frac{\text{NPP}_i}{\text{NPP}_{\max}} \right)$$

式中，$Q_{\text{风}}$ 为防风固沙指数；$Q_{\text{风}i}$ 为像元的防风固沙指数；n 为评价区内像元数，个；NDVI_i 为评价年全年像元归一化差值植被指数最大值；NPP_i 为评价年全年像元植被净初级生产力累积值；$\text{NPP}_{\max}$ 为评价区内最好气象条件下的植被净初级生产力，选取 2015—2020 年 NPP 累积最大值。

（2）指标评估

2015 年额尔齐斯河流域防风固沙指数为 58.83，2020 年防风固沙指数为 64.33，增长率为 9.35%，区域内防风固沙功能明显提升（图 7-6）。

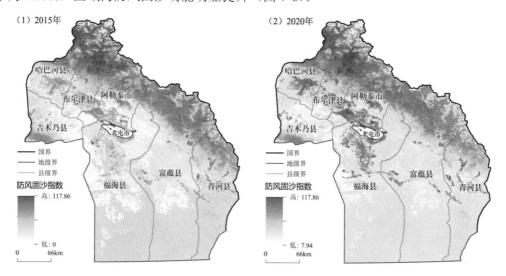

图 7-6　2015 年与 2020 年防风固沙指数

7.1.3.4　生物多样性保护指数

（1）指标计算方法

以生物多样性维护服务能力指数作为评估指标，计算公式为：

$$S_{\text{bio}} = \text{NPP}_{\text{mean}} \times F_{\text{pre}} \times F_{\text{tem}} \times (1 - F_{\text{alt}})$$

式中，S_{bio} 为生物多样性维护服务能力指数；NPP_{mean} 为多年植被净初级生产力平均值；F_{pre} 为多年平均降水量；F_{tem} 为多年平均气温；F_{alt} 为海拔因子。

（2）指标评估

2015 年额尔齐斯河流域的生物多样性指数为 3.65，2020 年额尔齐斯河流域的生物多样性指数 5.02，增长率为 37.53%，区域内生物多样性功能为显著提升（图 7-7）。

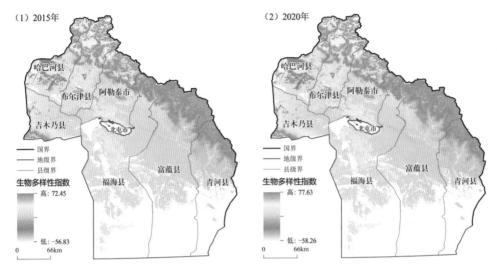

图 7-7　2015 年与 2020 年生物多样性保护指数

7.2　县域生态修复

7.2.1　阿勒泰市

7.2.1.1　生态系统格局

（1）生态用地保护修复

阿勒泰市草地、耕地、湿地和人工用地面积有所增加，其中草地面积由 2015 年的 4 160.17 km^2 增长至 2020 年的 4 346.86 km^2，增长 186.69 km^2，增长率为 4.49%；耕地面积由 2015 年的 1 266.78 km^2 增长至 2020 年的 1 501.00 km^2，增长 234.23 km^2，增长率为 18.49%；湿地面积由 2015 年的 694.99 km^2 增长至 2020 年的 696.46 km^2，增长 1.47 km^2，增长率为 0.21%；人工用地面积由 2015 年的 61.64 km^2 增长至 2020 年的 101.12 km^2，增长 39.48 km^2，增长率为 64.04%。林地和其他用地面积有所减少，其中林地面积由 2015 年的 1 552.07 km^2 减少至 2020 年的 1 505.58 km^2，减少 46.49 km^2，变化率为−3.00%；其他用地面积由 2015 年的 4 245.09 km^2 减少至 3 829.71 km^2，减少 415.38 km^2，变化率为−9.79%（表 7-4）。

表 7-4 2015 年与 2020 年阿勒泰市土地利用面积变化

土地利用类型	2015 年		2020 年		变化量/km²	变化率/%
	面积/km²	占比/%	面积/km²	占比/%		
林地	1 552.07	12.95	1 505.58	12.57	−46.49	−3.00
草地	4 160.17	34.72	4 346.86	36.28	186.69	4.49
耕地	1 266.78	10.57	1 501.00	12.53	234.23	18.49
湿地	694.99	5.80	696.46	5.81	1.47	0.21
人工用地	61.64	0.51	101.12	0.84	39.48	64.04
其他	4 245.09	35.43	3 829.71	31.97	−415.38	−9.79

整体来看，阿勒泰市生态用地面积由 2015 年的 6 407.22 km² 增长至 2020 年的 6 548.90 km²，共增长 141.68 km²，变化率为 2.21%，生态用地面积变化特征属于较明显增加。生态系统空间分布如图 7-8 所示。

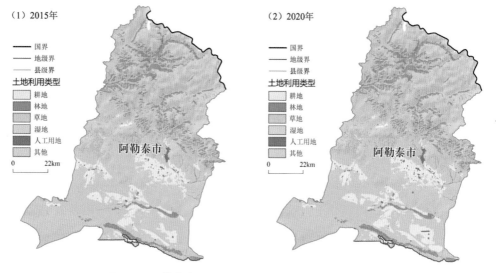

图 7-8 阿勒泰市 2015 年与 2020 年生态系统空间分布

（2）生态系统景观格局指数

阿勒泰市斑块密度和斑块数量有所减少，表明区域内景观破碎化程度有所降低，同时最大斑块指数有所增加，表明景观中小斑块逐渐在空间上不断聚拢，进而使最大斑块的面积不断增加；Shannon-Wiener 多样性指数和 Shannon-Wiener 均匀度指数的同时增长表明区域内各景观类型斑块在景观中趋向均匀化均衡化分布（表 7-5）。

表 7-5 阿勒泰市 2015 年与 2020 年生态系统景观格局指数变化

景观格局指数名称	缩写	单位	2015 年	2020 年	变化率/%
斑块密度	PD	个/100 hm²	12.509 8	11.943 2	−4.53
斑块数量	NP	个	149 877	143 088	−4.53
最大斑块指数	LPI	%	28.487	28.885 5	1.40
蔓延度指数	CONTAG	%	50.256 1	49.673 3	−1.16
景观形状指数	LSI	—	164.220 1	157.815 4	−3.90
Shannon-Wiener 多样性指数	SHDI	—	1.429 5	1.459	2.06
Shannon-Wiener 均匀度指数	SHEI	—	0.797 8	0.814 3	2.07

7.2.1.2 生态环境质量

（1）植被覆盖度

阿勒泰地市境内高植被覆盖区域占比减少，主要分布于阿勒泰市西北部与布尔津县交界地区，较高植被覆盖度主要位于北部山地地区、中部克兰河下游河谷地区以及南部额尔齐斯河流域。2015—2020 年，低植被覆盖度区域面积明显减少，而较低植被覆盖度、中等植被覆盖度和较高植被覆盖度区域面积相对有所增加。整体上，阿勒泰市植被覆盖度由 2015 年的 43.65% 增长至 2020 年的 49.05%，植被覆盖度变化指数为 2.62%，植被覆盖度变化特征属于显著增加。植被覆盖度统计见表 7-6，空间分布如图 7-9 所示。

表 7-6 阿勒泰市 2015 年与 2020 年植被覆盖度统计

植被覆盖度	2015 年		2020 年	
	面积/km²	占比/%	面积/km²	占比/%
低覆盖度	3 084	25.72	2 739	22.84
较低覆盖度	2 166	18.06	2 313	19.29
中等覆盖度	2 985	24.89	3 046	25.40
较高覆盖度	3 321	27.69	3 699	30.85
高覆盖度	436	3.64	195	1.63

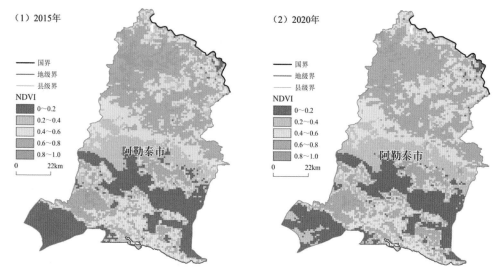

图 7-9 阿勒泰市 2015 年与 2020 年植被覆盖度空间分布

（2）水环境质量

阿勒泰市共涉及 4 个国控断面，其中北屯大桥、布尔津水文站和福海 3 个断面水质保持为 II 类，山区林业局国控断面水质保持为 I 类（表 7-7）。

表 7-7 阿勒泰市国控断面基本信息

序号	县（市）	断面名称	断面类型	所在水体	水质状况	
					2015 年	2020 年
1	阿勒泰市、福海县、富蕴县	北屯大桥	河流	额尔齐斯河	II	II
2	阿勒泰市、布尔津县	布尔津水文站	河流	额尔齐斯河	II	II
3	阿勒泰市、福海县、富蕴县	福海	河流	乌伦古河		II
4	阿勒泰市	山区林业局	河流	克兰河	I	I

7.2.1.3 生态系统服务

2015 年，阿勒泰市的防风固沙指数为 67.01，2020 年防风固沙指数为 77.45，2020 年较 2015 年增长 15.58%，为显著提升。

2015 年，阿勒泰市的水土保持指数为 58.10，2020 年水土保持指数为 70.72，2020 年较 2015 年增长 21.72%，为显著提升。

2015 年，阿勒泰市的水源涵养指数为 -200.69，2020 年水源涵养指数为 -235.30，2020 年较 2015 年降低 17.25%，为明显降低。

2015 年，阿勒泰市的生物多样性指数为 2.55，2020 年生物多样性指数为 4.07，2020 年较 2015 年增加 59.61%，为显著提升（图 7-10）。

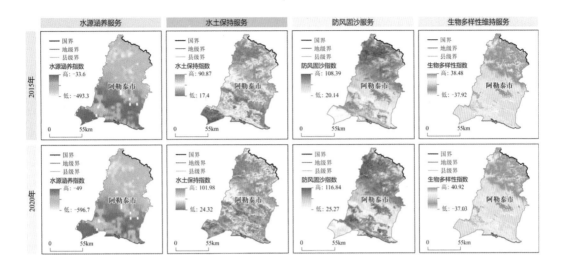

图 7-10　阿勒泰市 2015 年与 2020 年生态功能指数

7.2.2　布尔津县

7.2.2.1　生态系统格局

（1）生态用地保护修复

布尔津县草地、耕地和人工用地面积有所增加，其中草地面积由 2015 年的 5 114.54 km² 增长至 2020 年的 5 201.49 km²，增长 86.96 km²，增幅为 1.70%；耕地面积由 2015 年的 524.09 km² 增长至 2020 年的 632.11 km²，增长 108.02 km²，增幅为 20.61%；人工用地面积由 2015 年的 17.39 km² 增长至 2020 年的 30.66 km²，增长 13.27 km²，增幅为 76.32%。林地、湿地和其他用地面积有所减少，其中林地面积由 2015 年的 1 339.15 km² 减少至 2020 年的 1 323.83 km²，减少 15.31 km²，变化率为 −1.14%；湿地面积由 2015 年的 304.91 km² 减少至 2020 年的 302.87 km²，减少 2.04 km²，变化率为 −0.67%；其他用地面积由 2015 年的 2 921.54 km² 减少至 2020 年的 2 730.64 km²，减少 190.90 km²，变化率为 −6.53%（表 7-8）。

整体来看，布尔津县生态用地面积由 2015 年的 6 758.59 km² 增长至 2020 年的 6 828.19 km²，增长 69.60 km²，变化率为 1.03%，生态用地面积变化特征属于较明显增加。生态空间分布如图 7-11 所示。

表 7-8　布尔津县土地利用面积变化

土地利用类型	2015 年		2020 年		变化量/km²	变化率/%
	面积/km²	占比/%	面积/km²	占比/%		
林地	1 339.15	13.10	1 323.83	12.95	−15.31	−1.14
草地	5 114.54	50.04	5 201.49	50.89	86.96	1.70
耕地	524.09	5.13	632.11	6.18	108.02	20.61
湿地	304.91	2.98	302.87	2.96	−2.04	−0.67
人工用地	17.39	0.17	30.66	0.30	13.27	76.32
其他	2 921.54	28.58	2 730.64	26.71	−190.90	−6.53

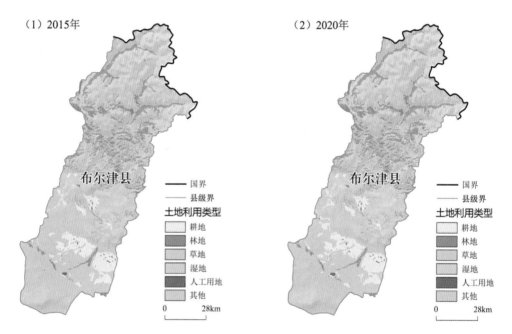

图 7-11　布尔津县 2015 年与 2020 年生态系统空间分布

（2）生态系统景观格局指数

布尔津县斑块密度和斑块数量有所减少，表明区域内景观破碎化程度有所降低，而最大斑块指数与景观蔓延度指数本身变化幅度较小，因此在此不对其进行讨论；Shannon-Wiener 多样性指数和 Shannon-Wiener 均匀度指数的同时增长表明区域内各景观类型斑块在景观中趋向均匀化均衡化分布（表 7-9）。

表 7-9　布尔津县 2015 年与 2020 年生态系统景观格局指数变化

景观格局指数名称	缩写	单位	2015 年	2020 年	变化率/%
斑块密度	PD	个/100 hm²	14.205 3	13.458 4	−5.26
斑块数量	NP	个	145 201	137 566	−5.26
最大斑块指数	LPI	%	44.091 6	44.432	0.77
蔓延度指数	CONTAG	%	54.256 3	54.105 5	−0.28
景观形状指数	LSI	—	179.515 3	171.132	−4.67
Shannon-Wiener 多样性指数	SHDI		1.238 6	1.254 9	1.32
Shannon-Wiener 均匀度指数	SHEI	—	0.691 3	0.700 4	1.32

7.2.2.2　生态环境质量

（1）植被覆盖度

布尔津县境内高植被覆盖区域及较高植被覆盖区域主要位于布尔津县中北部山地地区以及南部额尔齐斯河流域，低覆盖度区域主要集中于布尔津县南部。2015—2020 年，除低覆盖度区域和高覆盖度区域外，其他各植被覆盖度等级面积均有所增加，其中较高植被覆盖度区域面积变化最为明显。布尔津县植被覆盖度由 2015 年的 49.17%减少至 2020 年的 49.05%，植被覆盖度变化指数为−1.36%，植被覆盖度变化特征属于显著减少，减少区域主要位于布尔津县南部的半荒漠低山区。植被覆盖度统计如表 7-10，空间分布如图 7-12 所示。

表 7-10　布尔津县 2015 年与 2020 年植被覆盖度统计

植被覆盖度	2015 年		2020 年	
	面积/km²	占比/%	面积/km²	占比/%
低覆盖度	1 956	19.14	1 926	18.85
较低覆盖度	1 950	19.08	2 045	20.01
中等覆盖度	2 133	20.87	2 152	21.06
较高覆盖度	2 773	27.14	3 075	30.09
高覆盖度	1 956	19.14	1 926	18.85

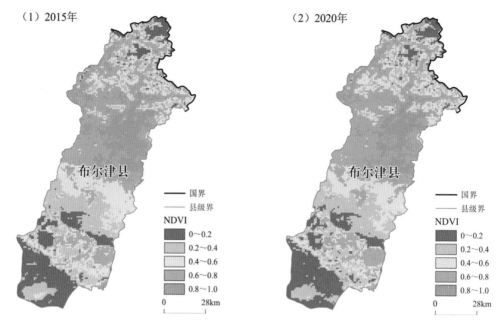

（1）2015年　　　　　　　　　　（2）2020年

图 7-12　布尔津县 2015 年与 2020 年植被覆盖度空间分布

（2）水环境质量

布尔津县共涉及 6 个国控断面，其中别列则克桥、布尔津水文站、额河南湾和群库水文站 4 个国控断面水质保持为 II 类，布尔津河大桥和喀纳斯湖南码头两个国控断面水质由 II 类提升为 I 类（表 7-11）。

表 7-11　布尔津县国控断面基本信息

序号	县（市）	断面名称	断面类型	所在水体	水质状况 2015 年	水质状况 2020 年
1	布尔津县、哈巴河县	别列则克桥	河流	克列则克河	II	II
2	布尔津县	布尔津河大桥	河流	布尔津河	II	I
3	阿勒泰市、布尔津县	布尔津水文站	河流	额尔齐斯河	II	II
4	布尔津县、哈巴河县	额河南湾	河流	额尔齐斯河	II	II
5	布尔津县	喀纳斯湖南码头	湖库	喀纳斯湖	II	I
6	布尔津县	群库水文站	河流	布尔津河	II	II

7.2.2.3　生态系统服务

2015 年，布尔津县的防风固沙指数为 73.73，2020 年防风固沙指数为 78.69，2020 年较 2015 年增长 6.73%，为明显提升。

2015 年，布尔津县的水土保持指数为 63.85，2020 年水土保持指数为 71.48，2020 年较 2015 年增长 11.95%，为显著提升。

2015 年，布尔津县的水源涵养指数为–228.99，2020 年水源涵养指数为-264.53，2020 年较 2015 年降低 15.52%，为明显降低。

2015 年，布尔津县的生物多样性指数为 0.35，2020 年生物多样性指数为 2.41，2020 年较 2015 年增长 588.57%，为显著提升（图 7-13）。

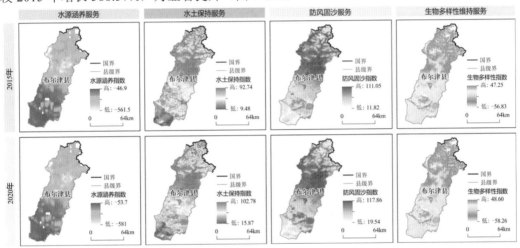

图 7-13　布尔津县 2015 年与 2020 年生态功能指数

7.2.3　福海县

7.2.3.1　生态系统格局

（1）生态用地保护修复

福海县耕地、湿地和人工用地面积有所增加，其中耕地面积由 2015 年的 1 761.16 km² 增长至 2020 年的 2 265.50 km²，增长 504.34 km²，增幅为 28.64%；湿地面积由 2015 年的 1 226.09 km² 增长至 2020 年的 1 268.01 km²，增长 41.92 km²，增幅为 3.42%；人工用地面积由 2015 年的 13.95 km² 增长至 2020 年的 42.98 km²，增长 29.03 km²，增幅为 208.09%。林地、草地和其他用地面积有所减少，其中林地面积由 2015 年的 1 766.84 km² 减少至 2020 年的 1 701.39 km²，减少 65.45 km²，变化率为–3.70%；草地面积由 2015 年 2 201.04 km² 减少

至 2020 年的 1 708.80 km^2，减少 492.24 km^2，变化率为 22.36%；其他用地面积由 26 578.58 km^2 减少至 2020 年的 26 560.99 km^2，减少 17.59 km^2，变化率为−0.07%。

整体来看，福海县生态用地面积由 2015 年的 5 193.98 km^2 减少至 2020 年的 4 678.20 km^2，共减少 515.77 km^2，变化率为−9.93%，生态用地面积变化特征属于显著减少。生态用地面积如表 7-12 所示，生态系统空间分布如图 7-14 所示。

表 7-12　福海县土地利用面积变化

土地利用类型	2015 年		2020 年		变化量/km^2	变化率/%
	面积/km^2	占比/%	面积/km^2	占比/%		
林地	1 766.84	5.27	1 701.39	5.07	−65.45	−3.70
草地	2 201.04	6.56	1 708.80	5.09	−492.24	−22.36
耕地	1 761.16	5.25	2 265.50	6.75	504.34	28.64
湿地	1 226.09	3.65	1 268.01	3.78	41.92	3.42
人工用地	13.95	0.04	42.98	0.13	29.03	208.09
其他	26 578.58	79.23	26 560.99	79.17	−17.59	−0.07

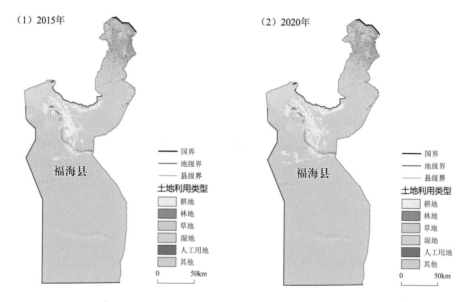

图 7-14　福海县 2015 年与 2020 年生态系统空间分布

（2）生态系统景观格局指数

福海县斑块密度和斑块数量有所减少，表明区域内景观破碎化程度有所降低，而最大斑块指数与景观蔓延度指数本身变化幅度较小，因此在此不对其进行讨论；Shannon-Wiener 多样性指数和 Shannon-Wiener 均匀度指数的同时增长表明区域内各景观类型斑块在景观中趋向均匀化均衡化分布（表 7-13）。

表 7-13　福海县 2015 年与 2020 年生态系统景观格局指数变化

景观格局指数名称	缩写	单位	2015 年	2020 年	变化率/%
斑块密度	PD	个/100 hm²	5.451 2	5.135 6	−5.79
斑块数量	NP	个	182 876	172 287	−5.79
最大斑块指数	LPI	%	62.345 4	63.427 4	1.74
蔓延度指数	CONTAG	%	73.385 7	73.423 7	0.05
景观形状指数	LSI	—	109.294 7	104.629 1	−4.27
Shannon-Wiener 多样性指数	SHDI	—	0.797 1	0.802 1	0.63
Shannon-Wiener 均匀度指数	SHEI	—	0.444 9	0.447 7	0.63

7.2.3.2　生态环境质量

（1）植被覆盖度

福海县植被覆盖度整体较低，在额尔齐斯河流域 6 县 1 市中植被覆盖度最低，其中 80%左右的区域属于低植被覆盖度区域,在福海县北部山地地区以及中部乌伦古河与额尔齐斯河交汇处属于较高植被覆盖度区域。2015—2020 年，福海县低植被覆盖度区域面积略有减少，较高植被覆盖度区域面积相对增加明显。整体上，福海县植被覆盖度由 2015 年的 19.84%增长至 2020 年的 21.35%，植被覆盖度变化指数为 7.63%，植被覆盖度变化特征属于显著增加，植被覆盖度增加或改善的区域主要位于乌伦古河下游引额济克（乌）工程的支流。福海县 2015 年与 2020 年植被覆盖度统计如表 7-14 所示,空间分布如图 7-15 所示。

表 7-14　福海县 2015 年与 2020 年植被覆盖度统计

植被覆盖度	2015 年		2020 年	
	面积/km²	占比/%	面积/km²	占比/%
低覆盖度	27 177	80.99	26 241	78.20
较低覆盖度	2 488	7.41	2 681	7.99
中等覆盖度	2 154	6.42	2 143	6.39
较高覆盖度	1 698	5.06	2 449	7.30
高覆盖度	38	0.11	41	0.12

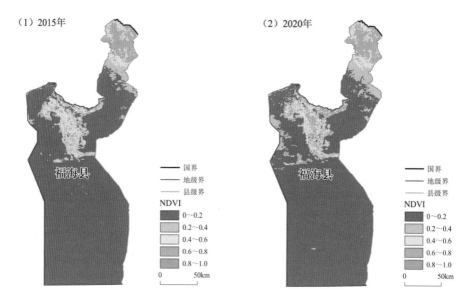

图 7-15 福海县 2015 年与 2020 年植被覆盖度空间分布

（2）水环境质量

福海县共涉及 5 个国控断面，其中北屯大桥和福海等两个国控断面水质保持为 II 类，而南部渔政点、乌伦古湖码头和乌伦古湖中心 3 个国控断面水质均为劣 V 类，建设期内水质未得到改善（表 7-15）。

表 7-15 福海县国控断面基本信息

序号	县（市）	断面名称	断面类型	所在水体	水质状况	
					2015 年	2020 年
1	阿勒泰市、福海县、富蕴县	北屯大桥	河流	额尔齐斯河	II	II
2	阿勒泰市、福海县、富蕴县	福海	河流	乌伦古河	—	II
3	福海县、吉木乃县	南部渔政点	湖库	乌伦古湖	劣 V	劣 V
4	福海县、吉木乃县	乌伦古湖码头	湖库	乌伦古湖	劣 V	劣 V
5	福海县、吉木乃县	乌伦古湖中心	湖库	乌伦古湖	劣 V	劣 V

7.2.3.3 生态系统服务

2015 年，福海县的防风固沙指数为 51.45，2020 年防风固沙指数为 58.65，2020 年较 2015 年增长 13.99%，为显著提升。

2015 年，福海县的水土保持指数为 48.34，2020 年水土保持指数为 56.10，2020 年较

2015 年增长 16.05%，为显著提升。

2015 年，福海县的水源涵养指数为 -109.98，2020 年水源涵养指数为 -113.98，2020 年较 2015 年降低 3.63%，为轻度降低。

2015 年，福海县的生物多样性指数为 6.34，2020 年生物多样性指数为 6.16，2020 年较 2015 年减少 2.84%，为降低（图 7-16）。

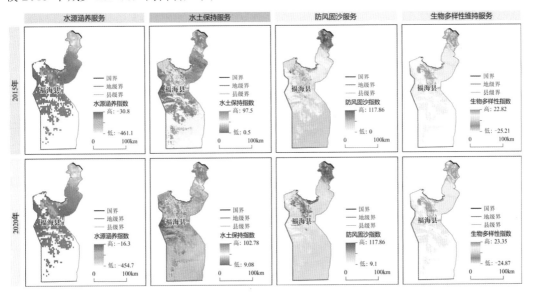

图 7-16　福海县 2015 年与 2020 年生态服务指数

7.2.4　富蕴县

7.2.4.1　生态系统格局

（1）生态用地保护修复

富蕴县草地、耕地、湿地和人工用地面积有所增加，其中草地面积由 2015 年的 5 442.55 km² 增长至 2020 年的 5 454.92 km²，增长 12.37 km²，增幅为 0.23%；耕地面积由 2015 年的 375.56 km² 增长至 2020 年的 542.09 km²，增长 166.53 km²，增幅为 44.34%；湿地面积由 2015 年的 115.18 km² 增长至 2020 年的 150.16 km²，增长 34.97 km²，增幅为 30.36%；人工用地面积由 2015 年的 17.87 km² 增长至 2020 年的 73.23 km²，增长 55.36 km²，增幅为 309.87%。林地和其他用地面积有所减少，其中林地面积由 2015 年的 2 985.75 km² 减少至 2020 年的 2 873.05 km²，减少 112.69 km²，变化率为 -3.77%；其他用地面积由 2015 年的 23 322.57 km² 减少至 2020 年的 23 166.03 km²，减少 156.54 km²，变化率为 -0.67%。

整体来看，富蕴县生态用地面积由 2015 年的 8 543.49 km² 减少至 2020 年的

8 478.14 km^2，共减少 63.35 km^2，变化率为–0.76%，生态用地面积变化特征属于基本均衡。生态用地面积变化如表 7-16 所示，生态系统空间分布如图 7-17 所示。

表 7-16　富蕴县土地利用面积变化

土地利用类型	2015 年		2020 年		变化量/ km^2	变化率/%
	面积/km^2	占比/%	面积/km^2	占比/%		
林地	2 985.75	9.26	2 873.05	8.91	–112.69	–3.77
草地	5 442.55	16.87	5 454.92	16.91	12.37	0.23
耕地	375.56	1.16	542.09	1.68	166.53	44.34
湿地	115.18	0.36	150.16	0.47	34.97	30.36
人工用地	17.87	0.06	73.23	0.23	55.36	309.87
其他	23 322.57	72.30	23 166.03	71.81	–156.54	–0.67

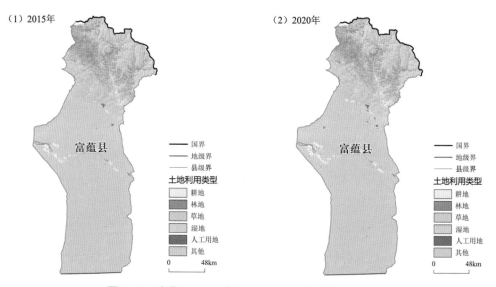

图 7-17　富蕴县 2015 年与 2020 年生态系统空间分布

（2）生态系统景观格局指数

富蕴县斑块密度和斑块数量有所减少，表明区域内景观破碎化程度有所降低，而最大斑块指数与景观蔓延度指数本身变化幅度较小，因此在此不对其进行讨论；Shannon-Wiener 多样性指数和 Shannon-Wiener 均匀度指数的同时增长表明区域内各景观类型斑块在景观中趋向均匀化均衡化分布（表 7-17）。

表 7-17　富蕴县 2015 年与 2020 年生态系统景观格局指数变化

景观格局指数名称	缩写	单位	2015 年	2020 年	变化率/%
斑块密度	PD	个/100 hm^2	7.307 3	6.613 7	−9.49
斑块数量	NP	个	235 729	213 356	−9.49
最大斑块指数	LPI	%	64.826 2	64.160 9	−1.03
蔓延度指数	CONTAG	%	70.185 7	69.567 1	−0.88
景观形状指数	LSI	—	173.333	165.263 3	−4.66
Shannon-Wiener 多样性指数	SHDI	—	0.831 1	0.861 2	3.62
Shannon-Wiener 均匀度指数	SHEI	—	0.463 9	0.480 6	3.60

7.2.4.2　生态环境质量

（1）植被覆盖度

富蕴县境内较高植被覆盖区域主要位于北部山区以及中部乌伦古河流域沿岸，而中部及南部大部分地区属于低植被覆盖度区域。2015—2020 年，各等级植被覆盖度区域面积无明显变化，其中低覆盖度区域面积略有增长，较高覆盖度区域面积略有减少。整体上，富蕴县植被覆盖度由 2015 年的 25.98% 减少至 2020 年的 25.52%，植被覆盖度变化指数为 −1.77%，植被覆盖度变化特征属于显著减少。富蕴县 2015 年与 2020 年植被覆盖度统计如表 7-18 所示，空间分布如图 7-18 所示。

表 7-18　富蕴县 2015 年与 2020 年植被覆盖度统计

植被覆盖度	2015 年		2020 年	
	面积/km^2	占比/%	面积/km^2	占比/%
低覆盖度	21 129	65.51	21 206	65.75
较低覆盖度	3 403	10.55	3 376	10.47
中等覆盖度	3 232	10.02	3 667	11.37
较高覆盖度	4 421	13.71	3 981	12.34
高覆盖度	69	0.21	24	0.07

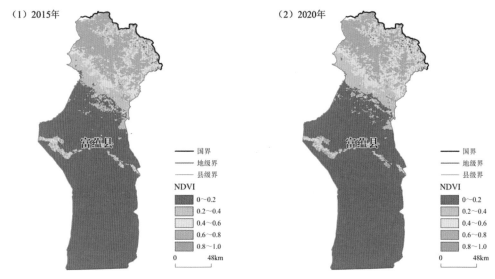

图 7-18　富蕴县 2015 年与 2020 年植被覆盖度空间分布

（2）水环境质量

富蕴县共涉及 3 个国控断面，北屯大桥、福海和富蕴大桥 3 个国控断面水质均保持为 Ⅱ 类（表 7-19）。

表 7-19　富蕴县国控断面基本信息

序号	县（市）	断面名称	断面类型	所在水体	水质状况	
					2015 年	2020 年
1	阿勒泰市、福海县、富蕴县	北屯大桥	河流	额尔齐斯河	Ⅱ	Ⅱ
2	阿勒泰市、福海县、富蕴县	福海	河流	乌伦古河	—	Ⅱ
3	富蕴县	富蕴大桥	河流	额尔齐斯河	Ⅱ	Ⅱ

7.2.4.3　生态系统服务

2015 年，富蕴县的防风固沙指数为 57.55，2020 年防风固沙指数为 61.37，2020 年较 2015 年增长 6.64%，为明显提升。

2015 年，富蕴县的水土保持指数为 53.04，2020 年水土保持指数为 58.09，2020 年较 2015 年增长 9.52%，为明显提升。

2015 年，富蕴县的水源涵养指数为 –184.19，2020 年水源涵养指数为 –187.77，2020 年较 2015 年降低 1.94%，为轻度降低。

2015 年，富蕴县的生物多样性指数为 0.88，2020 年生物多样性指数为 1.65，2020 年较 2015 年增加 87.5%，为显著提升（图 7-19）。

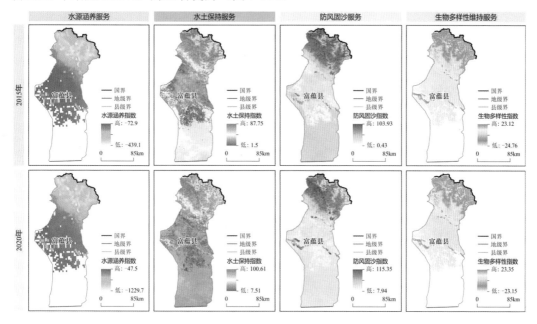

图 7-19　富蕴县 2015 年与 2020 年生态功能指数

7.2.5　哈巴河县

7.2.5.1　生态系统格局

（1）生态用地保护修复

哈巴河县草地、耕地和人工用地面积有所增加，其中草地面积由 2015 年的 3 688.60 km² 增长至 2020 年的 3 846.76 km²，增长 158.17 km²，增幅为 4.29%；耕地面积由 2015 年的 542.76 km² 增长至 2020 年的 672.49 km²，增长 129.73 km²，增幅为 23.90%；人工用地面积由 2015 年的 33.95 km² 增长至 2020 年的 44.75 km²，增长 10.80 km²，增幅为 31.81%。林地、湿地和其他用地面积有所减少，其中林地面积由 2015 年的 719.47 km² 减少至 2020 年的 707.02 km²，减少 12.45 km²，变化率为 -1.73%；湿地面积由 2015 年的 210.66 km² 减少至 2020 年的 204.59 km²，减少 6.07 km²，变化率为 -2.88%；其他用地面积由 2015 年的 3 739.73 km²，减少至 2020 年的 3 459.56 km²，减少 280.18 km²，变化率为 -7.49%。

整体来看，哈巴河县生态用地面积由 2015 年的 4 618.73 km² 增长至 2020 年的 4 758.37 km²，共增长 139.65 km²，变化率为 3.02%，生态用地面积变化特征属于显著增加。哈巴河县土地利用面积变化如表 7-20 所示，生态系统空间分布如图 7-20 所示。

表 7-20　哈巴河县土地利用面积变化

土地利用类型	2015 年		2020 年		变化量/km²	变化率/%
	面积/km²	占比/%	面积/km²	占比/%		
林地	719.47	8.05	707.02	12.91	−12.45	−1.73
草地	3 688.60	41.28	3 846.76	70.25	158.17	4.29
耕地	542.76	6.07	672.49	12.28	129.73	23.90
湿地	210.66	2.36	204.59	3.74	−6.07	−2.88
人工用地	33.95	0.38	44.75	0.82	10.80	31.81
其他	3 739.73	41.85	3 459.56	63.18	−280.18	−7.49

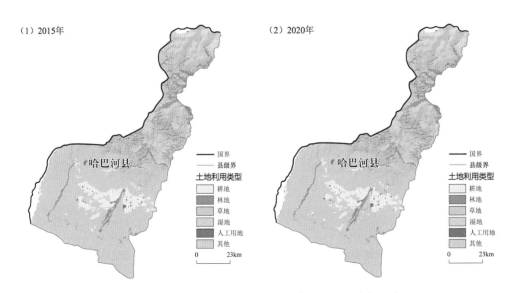

图 7-20　哈巴河县 2015 年与 2020 年生态系统空间分布

（2）生态系统景观格局指数

哈巴河县斑块密度和斑块数量有所减少，表明区域内景观破碎化程度有所降低，同时最大斑块指数增长明显，表明景观中小斑块逐渐在空间上不断聚拢，进而使最大斑块的面积不断增加，景观形状指数的减少同样也说明了区域内破碎斑块的减少；Shannon-Wiener 多样性指数和 Shannon-Wiener 均匀度指数的同时增长表明区域内各景观类型斑块在景观中趋向均匀化、均衡化分布（表 7-21）。

表 7-21　哈巴河县 2015 年与 2020 年生态系统景观格局指数变化

景观格局指数名称	缩写	单位	2015 年	2020 年	变化率/%
斑块密度	PD	个/100 hm^2	7.962 9	7.372	−7.42
斑块数量	NP	个	71 150	65 870	−7.42
最大斑块指数	LPI	%	25.860 9	30.746 7	18.89
蔓延度指数	CONTAG	%	58.346 7	57.690 8	−1.12
景观形状指数	LSI	—	109.798 8	107.286 4	−2.29
Shannon-Wiener 多样性指数	SHDI	—	1.212 3	1.238 6	2.17
Shannon-Wiener 均匀度指数	SHEI	—	0.676 6	0.691 3	2.17

7.2.5.2　生态环境质量

（1）植被覆盖度

哈巴河县境内高植被覆盖区域和较高植被覆盖区域主要位于哈巴河县北部山地地区以及中南部哈巴河与额尔齐斯河交汇处，而低植被覆盖度区域主要集中于南部平原地区。2015—2020 年，除高覆盖度区域外，其他各植被覆盖度等级区域面积大致相同，其中低覆盖度和较高覆盖度区域面积有所增加，较低覆盖度、中等覆盖度和高覆盖度面积有所减少。整体上，哈巴河县植被覆盖度由 2015 年的 43.96%减少至 2020 年的 43.59%，植被覆盖度变化指数为−0.85%，植被覆盖度变化特征属于显著减少。哈巴河县 2015 年与 2020 年植被覆盖度统计如表 7-22 所示，植被覆盖度空间分布如图 7-21 所示。

表 7-22　哈巴河县 2015 年与 2020 年植被覆盖度统计

植被覆盖度	2015 年		2020 年	
	面积/km^2	占比/%	面积/km^2	占比/%
低覆盖度	2 095	23.45	2 235	25.02
较低覆盖度	2 167	24.26	2 046	22.90
中等覆盖度	1 813	20.29	1 775	19.87
较高覆盖度	2 158	24.15	2 318	25.95
高覆盖度	701	7.85	560	6.27

（1）2015年　　　　　　　　　　　　　　（2）2020年

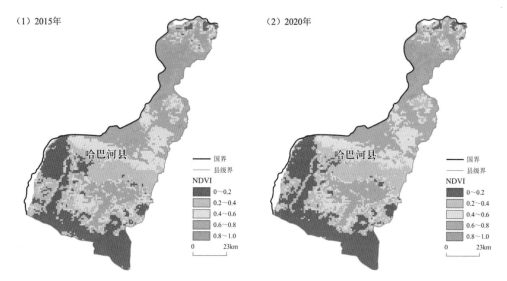

图 7-21　哈巴河县 2015 年与 2020 年植被覆盖度空间分布

（2）水环境质量

哈巴河县共涉及 3 个国控断面，其水质类型均为 II 类，且建设期内水质保持稳定（表 7-23）。

表 7-23　哈巴河县国控断面基本信息

序号	县（市）	断面名称	断面类型	所在水体	水质状况	
					2015 年	2020 年
1	布尔津县、哈巴河县	别列则克桥	河流	别列则克河	II	II
2	布尔津县、哈巴河县	额河南湾	河流	额尔齐斯河	II	II
3	哈巴河县	哈巴河大桥	河流	哈巴河	II	II

7.2.5.3　生态系统服务

2015 年，哈巴河县的防风固沙指数为 67.90，2020 年防风固沙指数为 76.12，2020 年较 2015 年增长 12.10%，为显著增加。

2015 年，哈巴河县的水土保持指数为 59.37，2020 年水土保持指数为 69.85，2020 年较 2015 年增长 17.65%，为显著增加。

2015 年，哈巴河县的水源涵养指数为 –210.80，2020 年水源涵养指数为 –232.55，2020 年较 2015 年降低 10.32%，为明显降低。

2015 年，哈巴河县的生物多样性指数为 10.36，2020 年生物多样性指数为 13.71，2020 年较 2015 年增长 32.34%，为显著提升（图 7-22）。

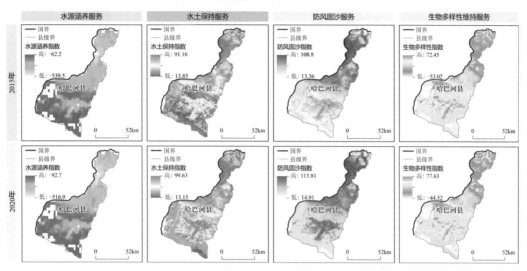

图 7-22　哈巴河县 2015 年与 2020 年生态服务指数

7.2.6　吉木乃县

7.2.6.1　生态系统格局

（1）生态用地保护修复

吉木乃县草地、湿地和人工用地面积有所增加，其中草地面积由 2015 年的 1 223.85 km² 增长至 2020 年的 2 407.29 km²，增长 1 183.44 km²，增幅为 96.70%；湿地面积由 2015 年的 33.63 km² 增长至 2020 年的 34.17 km²，增长 0.54 km²，增幅为 1.60%；人工用地面积由 2015 年的 20.76 km² 增长至 2020 年的 29.28 km²，增长 8.52 km²，增幅为 41.02%。林地、耕地和其他用地面积有所减少，其中林地面积由 2015 年的 274.48 km² 减少至 2020 年的 247.30 km²，减少 27.18 km²，变化率为 -9.90%；耕地面积由 2015 年的 285.78 km² 减少至 2020 年的 285.28 km²，减少 0.5 km²，变化率为 -0.17%；其他用地面积由 2015 年的 5 739.44 km² 减少至 2020 年的 4 574.62 km²，减少 1 164.82 km²，变化率为 -20.29%。

整体来看，吉木乃县生态用地面积由 2015 年的 1 531.96 km² 增长至 2020 年的 2 688.76 km²，共增长 1 156.80 km²，变化率为 75.51%，生态用地面积变化特征属于显著增加。吉木乃县土地利用面积变化如表 7-24 所示，2015 年与 2020 年生态系统空间分布如图 7-23 所示。

表 7-24 吉木乃县土地利用面积变化

土地利用类型	2015 年		2020 年		变化量/ km²	变化率/%
	面积/km²	占比/%	面积/km²	占比/%		
林地	274.48	3.62	247.30	3.26	−27.18	−9.90
草地	1 223.85	16.15	2 407.29	31.77	1 183.44	96.70
耕地	285.78	3.77	285.28	3.76	−0.50	−0.17
湿地	33.63	0.44	34.17	0.45	0.54	1.60
人工用地	20.76	0.27	29.28	0.39	8.52	41.02
其他	5 739.44	75.74	4 574.62	60.37	−1 164.82	−20.29

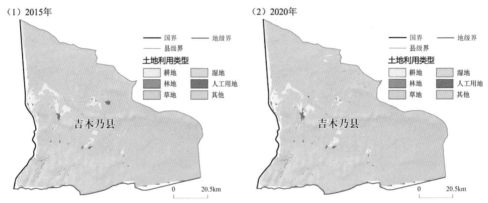

图 7-23 吉木乃县 2015 年与 2020 年生态系统空间分布

（2）生态系统景观格局指数

相较于额尔齐斯河流域内其他县（市），吉木乃县生态系统景观格局指数变化最为明显。其中，2020 年的斑块密度和斑块数量较 2015 年均减少了 33.58%，表明区域内景观破碎化程度显著降低，同时最大斑块指数与景观形状指数的减少，表明区域内景观中不同生态系统类型的斑块大小趋向平均水平；Shannon-Wiener 多样性指数和 Shannon-Wiener 均匀度指数的同时增长表明区域内各景观类型斑块在景观中趋向均匀化均衡化分布（表 7-25）。

表 7-25 吉木乃县 2015 年与 2020 年生态系统景观格局指数变化

景观格局指数名称	缩写	单位	2015 年	2020 年	变化率/%
斑块密度	PD	个/100 hm²	11.456 7	7.609 8	−33.58
斑块数量	NP	个	86 818	57 667	−33.58
最大斑块指数	LPI	%	71.011 6	57.229 4	−19.41
蔓延度指数	CONTAG	%	69.537	67.681 3	−2.67
景观形状指数	LSI	—	122.442 5	72.330 9	−40.93
Shannon-Wiener 多样性指数	SHDI	—	0.788 9	0.949 9	20.41
Shannon-Wiener 均匀度指数	SHEI	—	0.440 3	0.530 2	20.42

7.2.6.2　生态环境质量

（1）植被覆盖度

吉木乃县整体植被覆盖度较低，较高植被覆盖度区域主要位于吉木乃县南部萨吾尔山北侧萨吾尔山夏牧场，中北部及北部分别为较低植被覆盖度区域和低植被覆盖度区域。2015—2020 年，吉木乃县低植被覆盖度区域面积显著减少，较高植被覆盖度区域面积显著增加。整体来看，吉木乃县植被覆盖度由 2015 年的 28.70% 增长至 2020 年的 29.80%，植被覆盖度变化指数为 3.83%，植被覆盖度变化特征属于显著增加。吉木乃县 2015 年与 2020年植被覆盖度统计如表 7-26 所示，2015 年与 2020 年植被覆盖度空间分布如图 7-24 所示。

表 7-26　吉木乃县 2015 年与 2020 年植被覆盖度统计

植被覆盖度	2015 年		2020 年	
	面积/km²	占比/%	面积/km²	占比/%
低覆盖度	3 022	39.86	3 237	42.69
较低覆盖度	2 785	36.73	2 074	27.35
中等覆盖度	1 238	16.33	1 745	23.02
较高覆盖度	531	7.00	524	6.91
高覆盖度	6	0.08	2	0.03

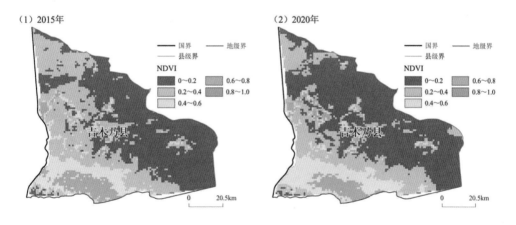

图 7-24　吉木乃县 2015 年与 2020 年植被覆盖度空间分布

（2）水环境质量

吉木乃县共涉及 3 个国控断面，南部渔政点、乌伦古湖码头和乌伦古湖中心 3 个国控断面水质均为劣Ⅴ类，建设期内水质未得到改善（表 7-27）。

表 7-27　吉木乃县国控断面基本信息

序号	县（市）	断面名称	断面类型	所在水体	水质状况	
					2015 年	2020 年
1	福海县、吉木乃县	南部渔政点	湖库	乌伦古湖	劣 V	劣 V
2	福海县、吉木乃县	乌伦古湖码头	湖库	乌伦古湖	劣 V	劣 V
3	福海县、吉木乃县	乌伦古湖中心	湖库	乌伦古湖	劣 V	劣 V

7.2.6.3　生态系统服务

2015 年，吉木乃县的防风固沙指数为 50.68，2020 年防风固沙指数为 55.83，2020 年较 2015 年增长 10.16%，为显著提升。

2015 年，吉木乃县的水土保持指数为 46.24，2020 年水土保持指数为 52.60，2020 年较 2015 年增长 13.75%，为显著提升。

2015 年，吉木乃县的水源涵养指数为 –104.32，2020 年水源涵养指数为 –118.79，2020 年较 2015 年降低 13.87%，为明显降低。

2015 年，吉木乃县的生物多样性指数为 9.97，2020 年生物多样性指数为 11.75，2020 年较 2015 年增长 17.85%，为显著提升（图 7-25）。

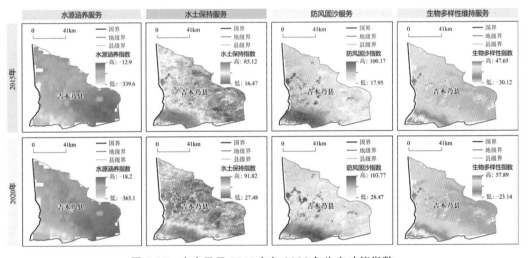

图 7-25　吉木乃县 2015 年与 2020 年生态功能指数

7.2.7　青河县

7.2.7.1　生态系统格局

（1）生态用地保护修复

青河县耕地、湿地、人工用地和其他用地面积有所增加，其中耕地面积由 2015 年的 151.11 km² 增长至 2020 年的 278.48 km²，增长 127.37 km²，增幅为 84.29%；湿地面积由 2015 年的 28.49 km² 增长至 2020 年的 35.47 km²，增长 6.89 km²，增幅为 24.49%；人工用地面积由 2015 年的 14.41 km² 增长至 2020 年的 44.39 km²，增长 29.98 km²，增幅为 208.04%；其他用地面积由 2015 年的 10 310.99 km² 增长至 2020 年的 10 406.80 km²，增长 95.81 km²，增幅为 0.93%。林地和草地面积有所减少，其中林地面积由 2015 年的 1 298.56 km² 减少至 2020 年的 1 263.78 km²，减少 34.77 km²，变化率为 -2.68%；草地面积由 2015 年的 3 606.67 km² 减少至 2020 年的 3 381.30 km²，减少 225.37 km²，变化率为 -6.25%。

整体看，青河县生态用地面积由 2015 年的 4 933.72 km² 减少至 2020 年的 4 680.55 km²，共减少 253.16 km²，变化率为 -5.13%，生态用地面积变化特征属于显著减少，青河县土地利用面积变化如表 7-28 所示，2015 年与 2020 年生态系统空间分布如图 7-26 所示。

表 7-28　青河县土地利用面积变化

土地利用类型	2015 年		2020 年		变化量/km²	变化率/%
	面积/km²	占比/%	面积/km²	占比/%		
林地	1 298.56	8.43	1 263.78	8.20	-34.77	-2.68
草地	3 606.67	23.40	3 381.30	21.94	-225.37	-6.25
耕地	151.11	0.98	278.48	1.81	127.37	84.29
湿地	28.49	0.18	35.47	0.23	6.98	24.49
人工用地	14.41	0.09	44.39	0.29	29.98	208.04
其他	10 310.99	66.91	10 406.80	67.53	95.81	0.93

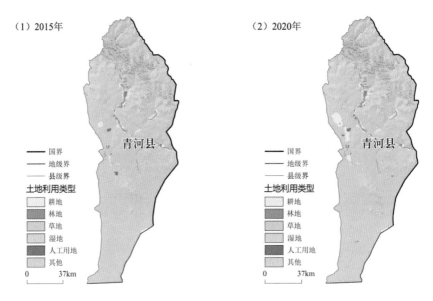

图 7-26　青河县 2015 年与 2020 年生态系统空间分布

（2）生态系统景观格局指数

青河县斑块密度和斑块数量有所减少，表明区域内景观破碎化程度有所降低，而最大斑块指数与景观蔓延度指数本身变化幅度较小，因此在此不对其进行讨论；Shannon-Wiener多样性指数和 Shannon-Wiener 均匀度指数的同时增长表明区域内各景观类型斑块在景观中趋向均匀化、均衡化分布（表 7-29）。

表 7-29　青河县 2015 年与 2020 年生态系统景观格局指数变化

景观格局指数名称	缩写	单位	2015 年	2020 年	变化率/%
斑块密度	PD	个/100 hm²	10.604 4	9.818 3	−7.41
斑块数量	NP	个	163 417	151 302	−7.41
最大斑块指数	LPI	%	52.990 2	54.454 2	2.76
蔓延度指数	CONTAG	%	67.515 7	67.097 3	−0.62
景观形状指数	LSI	—	146.481 4	139.191 5	−4.98
Shannon-Wiener 多样性指数	SHDI	—	0.880 7	0.906 4	2.92
Shannon-Wiener 均匀度指数	SHEI	—	0.491 5	0.505 9	2.93

7.2.7.2　生态环境质量

（1）植被覆盖度

青河县境内植被覆盖度空间分布特征如图 7-27 所示,植被覆盖度由北至南逐渐降低,且低植被覆盖度区域面积相对高于高植被覆盖区域面积，其中较高植被覆盖区域主要位于北部高海拔山地以及布尔根河、查干郭勒河和小青格里河所在河谷地区，而低植被覆盖度区域主要位于南部荒漠区。2015—2020 年，低植被覆盖度区域面积增加明显，新增低植被覆盖度区域主要位于青河县中部乌伦古河上游的西部地区。整体上，青河县植被覆盖度由 2015 年的 25.62%减少至 2020 年的 23.43%，植被覆盖度变化指数为−8.58%，植被覆盖度变化特征属于显著减少。青河县 2015 年与 2020 年植被覆盖度统计如表 7-30 所示，2015 年与 2020 年植被覆盖度空间分布如图 7-27 所示。

表 7-30　青河县 2015 年与 2020 年植被覆盖度统计

植被覆盖度	2015 年		2020 年	
	面积/km²	占比/%	面积/km²	占比/%
低覆盖度	8 674	56.28	9 698	62.92
较低覆盖度	3 257	21.13	2 827	18.34
中等覆盖度	2 518	16.34	2 175	14.11
较高覆盖度	957	6.21	707	4.59
高覆盖度	7	0.05	6	0.04

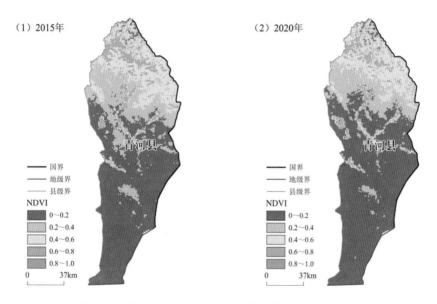

图 7-27　青河县 2015 年与 2020 年植被覆盖度空间分布

（2）水环境质量

青河县仅有一处国控断面，且建设期内顶山国控断面水质由 II 类提升为 I 类（表 7-31）。

表 7-31　青河县国控断面基本信息

序号	县（市）	断面名称	断面类型	所在水体	水质状况	
					2015 年	2020 年
1	青河县	顶山	河流	乌伦古河	II	I

7.2.7.3　生态系统功能

2015 年，青河县的防风固沙指数为 59.88，2020 年防风固沙指数为 60.41，2020 年较 2015 年增长 0.9%，防风固沙功能无明显变化，基本均衡。

2015 年，青河县的水土保持指数为 55.31，2020 年水土保持指数为 57.36，2020 年较 2015 年增长 3.71%，为轻度提升。

2015 年，青河县的水源涵养指数为 –204.57，2020 年水源涵养指数为 –203.39，2020 年较 2015 年增长 0.57%，水源涵养功能基本无明显变化，为基本均衡。

2015 年，青河县的生物多样性指数为 –0.93，2020 年生物多样性指数为 0.05，2020 年较 2015 年增长 105.38%，为显著提升（图 7-28）。

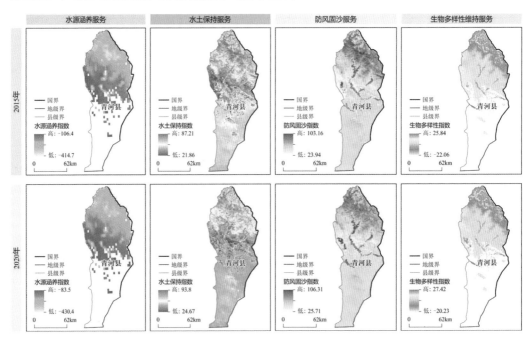

图 7-28　青河县 2015 年与 2020 年生态功能指数

7.3 生态保护修复经验

阿勒泰地区深入践行习近平总书记"绿水青山就是金山银山"理念，自觉谋划以生态优先、绿色发展为导向的高质量发展之路，在统筹考虑生态系统完整性、地理要素的关联性和经济社会发展可持续性的基础上，系统布局冰川、荒漠、河湖、水系，天上、地下、山上、水下生态要素治理，理顺治理能力、治理体系、生态模式，实现了科学论证规划在前，项目督导督察在中，事后评价绩效评估和经验总结在后，打破了九龙治水的管理模式，有效克服了生态治理碎片化问题，实现了全项目、全生命周期的系统化管理。自始至终、自上而下形成工作合力，扎实推动党中央关于生态文明建设决策部署在阿勒泰大地上落地生根、开花结果。

7.3.1 坚持基础治理与深度治理相结合，创新生态保护修复模式

一是系统化统筹工程布局，科学化规划实施方案。以突出的生态环境问题和重点生态功能为导向，针对突出问题，科学规划生态保护修复工程实施的空间布局方案。按照"一块区域、一个问题、一种技术、一项工程"的思路，对额尔齐斯河流域境内的生态环境进行整体勘测、诊断、识别、设计，形成了系统的修复保护实施方案。

二是因地制宜、突出重点，采取相应工程措施。在项目推进过程中，因地制宜，突出项目实施区域生态环境问题的重点，提出相应的具体措施及方案。北部阿尔泰山生态功能涵养区生态保护修复的重点任务主要包括加大矿山生态修复治理力度、加大林草植被修复、加强尾矿修复与综合利用等；中部两河一湖生态安全维护区重点任务主要包括加强河湖生态修复、草地生态修复、绿洲的生态修复治理力度及整体保护等；南部荒漠草原生态保育区重点任务主要加大重点区域的荒漠化治理、矿山生态修复、农田绿洲的治理及治理能力提升等。

7.3.2 坚持全过程共治共管，创新生态保护修复体制机制

一是成立专家委员会。为了确保项目有序推进，额尔齐斯河流域成立以中国科学院、中国工程院院士为主的专业技术指导委员会，指导各项技术工作标准，为各项工作的顺利开展和验收奠定基础。由中国环境科学研究院、生态环境部华南环境科学研究所、水利部水利水电规划设计总院、清华大学、新疆维吾尔自治区环境保护科学研究院等自然资源、生态领域的专家组成的团队，对额尔齐斯河流域境内的生态环境进行整体勘测、诊断、识别、设计，形成系统的修复保护实施方案。

二是探索建立了"地委行署决策担责、县市部门落实执行"的项目推进机制，成立

由地委、行署主要领导分别任指挥长、第一副指挥长的额尔齐斯河流域山水林田湖草生态保护修复工程试点项目指挥部，抽调专职人员集中办公，整合了生态环境、自然资源、水利、住建、林草、农业农村等多个部门资源及力量，构建了系统的项目推进指挥体系。

三是对项目建设实行目标管理，建立健全资金管理、项目管理、绩效评价等 8 项制度，坚持系统思维、创新思维，统筹各项制度措施，实行全过程、全流程监督，有效推动山水林田湖草修复工作。

四是搭建"1 平台 1 站台"[新疆生态云（生态环境）大数据平台——阿勒泰子平台（山水林田湖草系统监测平台）和新疆阿勒泰额尔齐斯河环境风险预警观测野外台站]，在重点区域、重点项目建设千里眼高空远程瞭望监测系统，搭建了大数据一体化服务平台，形成全流程管理监督。

7.3.3　坚持制度监督与跟踪审计相结合，确保项目进度

深入开展项目资金绩效评价，招标引入第三方机构参与项目全周期资金绩效评价，改变以往资金使用主管部门、使用单位开展自评，再由财政部门对自评质量进行评估的政府内部评价方式，完成年度绩效目标设定和监控。建立"双重审计"制度，招标选定 20 家审计第三方公司对"实施项目"进行全过程跟踪审计，将审计结果作为工程预算、资金支付的重要依据。

7.3.4　坚持生态修复与惠及民生相结合，创新"生态+"发展模式

额尔齐斯河流域坚持原则性和灵活性相结合，将山水林田湖草生态保护修复工程试点项目与脱贫攻坚、乡村振兴战略和农村人居环境改善统筹结合、扎实推进。

（1）"生态+脱贫"攻坚模式

额尔齐斯河流域利用生态移民项目，转移保护区核心区 308 户牧民搬迁，建设集圈舍、青贮窖、防疫室、草料棚等基础配套设施于一体化的现代化牧业集中养殖区、配套污水处理厂、搬迁至骆驼养殖小区等措施，既保护了生态环境，又巩固了脱贫成果；青河县累计使用农牧民机械 214 辆，占比 51%，为当地农牧民增收 1 727.2 万元；利用农牧民家中牛羊粪进行生态修复，目前使用牛羊粪 1 010 m³，为农牧民增收 3.8 万元；组织建档立卡贫困户参与治理区域的草籽采收、撒播、施工，增收 10.3 万元；阿勒泰市中水库区绿化项目的实施为额尔齐斯河流域绿化美化提供了大量优质苗木，强化了居民的绿化、环保意识，同时为周边乡镇村民、20 名南疆务工人员以及 10 名贫困户提供了务工机会，让当地群众通过参与项目建设增加收入，同时解决了疫情影响下内地务工人员返工难问题；吉木乃县与本地区科技型民营企业新疆旺源生物科技集团合作，利用水源工程优势打造"万驼园"，解决 1 500 户游牧民族定居问题，通过发展骆驼养殖每户增加收入 5 000

元以上。

（2）"生态+产业"发展模式

通过地质环境治理及生态修复项目系统整体修复后，盘活了存量土地，提升了土地节约集约利用水平，青河县计划利用修复后可盘活的约 1.4 万亩土地，发展壮大沙棘产业和驴产业，为下一步扩大养殖规模提供天然牧场；富蕴县可可托海镇把山水林田湖草生态修复项目与幸福美丽新村建设结合起来，建成了一批幸福美丽新村，其中"额河第一村"塔拉特村 2019 年实现民宿收入 70 余万元；福海县渔民从打渔到养鱼，从单一渔业到自主创业、"旅游+"多产业致富，实现了"授之以鱼"到"授之以渔"的转变。

（3）"生态+乡村"振兴模式

利用山水林田湖草生态保护修复工程试点项目优势，结合农村环境综合整治工作，目前全地区完成农村人居环境整治村庄 316 个，超目标完成绩效任务，建设完善农村生活污水、垃圾处理、卫生厕所等基础设施，以及农田残膜回收治理、增绿等工程，着力治理农村垃圾乱倒、污水横流、生态破坏等"脏乱差"现象，改善农村水环境。布尔津县打造农村人居环境整治示范村 15 个、"四美两园"示范村 1 个，荣获"全国村庄清洁行动先进县"称号，有效助力美丽乡村建设；阿勒泰市利用中水库项目扩建及绿化，打造"以林养库"新模式，建设万亩苗圃基地，项目完成后，中水库的绿化面积将达到 14 500亩，通过这几年的发展，阿勒泰市做到了中水全利用，先后获得了"自治区青少年环境教育基地""额尔齐斯河流域环境教育基地"等诸多荣誉，引起了国内外媒体关注，下一步将再建一座库容 200 万 m^3 的中水库，届时中水库的绿化面积将达到 34 500 亩，利用中水库资源，把中水库打造成集徒步、自行车运动、摄影、休闲观光、环保教育于一体的旅游基地，为乡村振兴奠定良好生态基础。

（4）生态+教育+旅游模式

阿勒泰市利用切木尔切克镇黑白花岗岩矿区地质环境生态修复治理遗留下的废石块建造迷宫、巨石阵，栽种草坪，让千疮百孔的矿坑变身人人爱来、人人想来的旅游景点、"网红打卡地"；青河县设置地质环境警示教育基地，通过室内展示馆横向宣传、室外纵向视觉对比修复前后生态环境实景变化鲜明对比，展示生态修复成效；福海县乌伦古湖国家湿地公园保护与修复工程将湿地系统修复与生物多样性宣传教育相结合，建设宣传教育基地，引领干部群众增强绿色发展人人有责、贵在坚持的行动自觉；富蕴县额尔齐斯河流域生态文明建设实践展示基地，将老旧厂房进行改造，打造生态文明实践展示基地，建设世界地质公园、绿色矿山、地质修复、森林公园、湿地公园等特色主题基地，进一步弘扬习近平生态文明思想，传承功勋矿山的红色革命精神。

7.4　实施项目后续建议

7.4.1　强化"山水林田湖草沙生命共同体"理念的统筹引领

在工程实施过程中，应加强"山水林田湖草沙是生命共同体"理念的统筹引领，强化顶层设计，坚持一张蓝图绘到底，注重整体性、系统性、协同性、关联性，从全局出发统筹兼顾、综合施策、整体推进，全方位、全地域、全系统开展生态治理。转变重大生态保护修复工程治理思路和组织形式，切实改变过去以单个生态要素为主设置工程的做法，着力解决不同部门、不同工程、不同资金项目在同一地块相互交叉、相互重叠，不但形不成合力，反而相互抵消治理效果甚至形成新的破坏的问题。

7.4.2　加快制定生态保护修复相关标准规范

整合现有单一生态要素评估评价规范，制定复合生态系统评估评价标准；整合现有工程技术标准，研制以矿山生态修复、水源地保护、河湖湿地生态保护修复、退化土地治理、污染场地修复、海域海岸带生态保护修复、人居环境综合整治等为重点的工程技术标准，加快科技创新成果的转化应用。抓紧研究出台适合额尔齐斯河流域山水林田湖草生态保护修复工程实施的动态监测、成效评估、绩效考核、工程验收的相关规范标准，推动山水林田湖草生态保护修复监督管理走向制度化、规范化，有效保障工程实施成效。

7.4.3　完善生态保护修复监测体系

整合额尔齐斯河流域现有信息化资源，依托现有生态监测网络体系，根据额尔齐斯河流域山水林田湖草生态系统保护修复工程的布局，优化监测体系布局，在现有监测和新建监测不能覆盖的重点区域，研究布设山水林田湖草生态保护修复工程监测点位，与额尔齐斯河流域时空大数据平台建设工作有序衔接、同步推进。同时，要通过搭建形成山水林田湖草生态保护修复监测预警大数据平台，推进生态保护与修复工程项目的全过程和全生命周期长效管理，保障工程效益的持久稳定发挥。

第 **8** 章

建设国家公园的探索

党的十九大报告提出要"建立以国家公园为主体的自然保护地体系",这是以习近平同志为核心的党中央站在中华民族永续发展的高度提出的战略举措。党的二十大报告又提出要"推进以国家公园为主体的自然保护地体系建设"。2021 年 10 月 12 日,在《生物多样性公约》第十五次缔约方大会上,我国正式宣布设立三江源、大熊猫、东北虎豹、海南热带雨林、武夷山等第一批国家公园,涉及青海、西藏、四川、陕西、甘肃、吉林、黑龙江、海南、福建、江西 10 个省区,它们均处于我国生态安全战略格局的关键区域。2019—2021 年,中国科学院专家多次赴阿勒泰地区调研考察,并开展了阿勒泰山水林田湖草沙冰系统生态保护修复课题研究。阿尔泰山作为地跨中国、哈萨克斯坦、俄罗斯、蒙古四国的巨大山系,是我国西北边陲的重要生态安全屏障和新疆的水塔,其拥有完整的自然景观垂直带谱结构,在新疆乃至全国都独具特色,是全球生物多样性热点区域和优先区,极具生态保护价值。在额尔齐斯河流域内创建国家公园,是践行绿水青山就是金山银山理念的重要举措。

8.1 流域内创建国家公园的背景与政策支持

8.1.1 流域内创建国家公园的背景

国家公园是指由国家批准设立并主导管理,边界清晰,以保护具有国家代表性的大面积自然生态系统为主要目的,实现自然资源科学保护和合理利用的特定陆地或海洋区域(Carruthers,1989)。1872 年美国国会设立了世界上最早的国家公园——黄石国家公园(Yellowstone National Park),自黄石国家公园设立以来,国际上对国家公园也给予越来越多的关注(表 8-1),全球已有 5 200 多个风情各异和规模不等的国家公园(朱华晟等,2013)。

表 8-1　国家公园的国际发展

年份	国际会议	观点
1982	第三届世界国家公园大会	首次提出关于公园和保护区的参与性办法，并指出当地人大量参与保护区的管理往往是给当地带来真正利益的最重要一步（IUCN，1982）
1992	第四届世界国家公园与保护区大会	提出否认居民的存在和权利不仅不现实，还可能产生反作用，要求制定保护区政策保护原住居民利益，并鼓励社区积极参与国家公园和保护区的建设和管理（IUCN，1993）
1992	联合国环境与发展会议	强调了原住居民在环境管理方面的重要作用，呼吁各国承认并适当支持他们的特性、文化和利益，使其能够有效参与管理，实现可持续发展（Nepal，2002）
1996	世界自然保护大会	承认原住居民有权自行或与他人共同管理受保护地区的自然资源，认识到有必要与原住居民就保护区的管理达成联合协议，并使他们有效参与关于自然资源管理的决策（IUCN，1997）
1999	世界保护区委员会	强调必须尊重居住在保护区的原住居民和其他传统民族的土地和资源权利，促进和允许他们充分参与资源的共同管理，并以不影响或破坏保护区管理计划所规定的各项目标的方式进行（WCPA et al.，2000）
2003	第五届世界公园大会	以贫困人口为主的当地居民承担着保护的主要成本，原住居民和地方社区必须更有效地参与保护，特别是他们的权利必须得到充分尊重（IUCN，2005）

1956 年，我国设立了第一个自然保护区，此后党的十八届三中全会提出了建立国家公园体制，2015 年国家发改委开展国家公园试点，截至 2019 年，以国家公园为主体的各级、各类共计 1.18 万个自然保护地覆盖了我国 18% 的陆地面积。我国的保护区建设受到了西方保护观念的重大影响，此外，许多保护区的建立是以对生态环境、自然资源和生物多样性实施抢救性保护为目标，由此形成了强制性的封闭式保护地管理模式（刘锐，2008）。该模式在保护生物多样性、保存自然遗产、改善生态环境质量和维护国家生态安全方面取得了重要成效。国家公园作为自然保护地的一种组织模式，是通过个体特色化、定位差异化和整体有序化在特定地理单元形成的稳定功能组织，也是面向大规模区域的自然生态系统，采用连片保护、整合发展的模式有效解决斑块化、碎片化保护问题（樊杰等，2019），对人文生态系统完整性保护和区域协调发展发挥重要作用。

国家公园是一种合理的地理功能空间配置单元和可持续地理格局。国家公园的形成条件为：①必须满足作为新型地域类型在国土空间开发保护格局中的功能定位；②必须满足地域类型内涵决定的标准或形成条件，即国家公园是国家为保护一个或多个功能区人文生态系统的完整性，向公众提供休闲游憩、科学研究和环境教育等服务的空间场所（苏杨等，2015）。当前，国内外学术界普遍认为国家公园的重要特征表现在其全球价值与国家代表性、生态系统完整性和原真性，以及基于大尺度生态景观所具有的游憩、观光、体验、休闲价值（樊杰等，2019）。建设国家公园是优化人文生态系统的重要举措，要注重保护国家公园人文生态系统的完整性和原真性，尤其需要提高国家公园人文生态系统的可持续生产能力，促进人与自然和社会环境的和谐共生。

为了进一步科学系统地进行保护地管理，2015 年 9 月印发的《生态文明体制改革总体方案》中提出"建立国家公园体制"。经过几年的探索实践，我国于 2017 年 9 月发布了《建立国家公园体制总体方案》，指出国家公园是由国家批准设立并主导管理，边界清晰，以保护具有国家代表性的大面积自然生态系统为主要目的，实现自然资源科学保护和合理利用的特定陆地或海洋区域。为了协调保护与发展的矛盾，保护国家公园内及周边原住居民权益，该方案中正式提出了建立"社区共管机制"的管理方式；2019 年为加快以国家公园为主体的保护地体系建设，又发布了《关于建立以国家公园为主体的自然保护地体系的指导意见》，指出要保护原住居民权益，推行"参与式社区管理"。相对传统的封闭式管理，共同管理是一种新的合作管理模式，在引入我国 20 余年后，首次被正式纳入国家保护地建设的政策体系。

8.1.2　国家公园总体布局

基于国家公园的特点及属性，参照中国生物地理区划，把全国划分为 4 个大区域 9 个亚区域，为国家公园总体布局奠定基础。其中Ⅳ.西北部主要包括 3 个国家重点生态功能区，分别为塔里木河荒漠化防治生态功能区、阿尔金草原荒漠化防治生态功能区、阿尔泰山地森林草原生态功能区。

基于我国分区的探讨、国家公园遴选原则及保护地分布的研究，提出在 84 个区域建设国家公园。其中，我国西北部的国家公园建设布局建议选取新疆天山天池、新疆雪豹、新疆塔里木胡杨、新疆帕米尔高原、新疆阿尔金山、新疆喀纳斯 6 个区域（唐芳林，2017）。

8.1.3　创建国家公园政策支持

2013 年 11 月 12 日，党的十八届三中全会《中共中央关于全面深化改革若干重大问题的决定》提出要加快生态文明制度建设，划定生态保护红线。坚定不移实施主体功能区制度，建立国土空间开发保护制度，严格按照主体功能区定位推动发展，建立国家公园体制。2017 年 10 月 18 日，习近平总书记在中国共产党第十九次全国代表大会上提出加快生态文明体制改革，建设美丽中国，构建国土空间开发保护制度，完善主体功能区配套政策，建立以国家公园为主体的自然保护地体系。

2019 年 10 月 31 日，党的十九届四中全会《中共中央关于坚持和完善中国特色社会主义制度、推进国家治理体系和治理能力现代化若干问题的决定》提出"构建以国家公园为主体的自然保护地体系"，健全国家公园保护制度，其主要目的是推动科学设置各类自然保护地，建立自然生态系统保护的新体制新机制新模式，建设健康稳定高效的自然生态系统，为维护国家生态安全和实现经济社会可持续发展筑牢基石，为建设富强民主文明和谐美丽的社会主义现代化强国奠定生态根基。在这方面，需要着力做好以下 4 项工作。

一是构建科学合理的自然保护地体系。自然保护地是由各级政府依法划定或确认，对重要的自然生态系统、自然遗迹、自然景观及其所承载的自然资源、生态功能和文化价值实施长期保护的陆域或海域。按照自然生态系统原真性、整体性、系统性及其内在规律，依据管理目标与效能并借鉴国际经验，将自然保护地按生态价值和保护强度高低，依次分为国家公园、自然保护区、自然公园 3 类。按此划定标准，对现有的自然保护区、风景名胜区、地质公园、森林公园、海洋公园、湿地公园、冰川公园、草原公园、沙漠公园、草原风景区、水产种质资源保护区、野生植物原生境保护区（点）、自然保护小区、野生动物重要栖息地等各类自然保护地开展综合评价，按照保护区域的自然属性、生态价值和管理目标进行梳理调整和归类，逐步形成以国家公园为主体、自然保护区为基础、各类自然公园为补充的自然保护地分类系统，做到一个保护地、一套机构、一块牌子。

二是建立统一规范高效的管理体制。理顺现有各类自然保护地管理职能，制定自然保护地政策、制度和标准规范，实行全过程统一管理。建立统一调查监测体系，制定以生态资产、生态服务价值为核心的考核评估指标体系。结合自然资源资产管理体制改革，按照生态系统重要程度，将国家公园等自然保护地分为中央直接管理、中央地方共同管理和地方管理 3 类，实行分级设立、分级管理，探索公益治理、社区治理、共同治理等保护方式。合理调整自然保护地范围并勘界立标，进一步完善自然资源统一确权登记办法，划清各类自然资源资产所有权、使用权的边界，明确各类自然资源资产的种类、面积和权属性质。根据各类自然保护地功能定位，实行差别化管控，原则上核心保护区内禁止人为活动，一般控制区内限制人为活动。

三是创新自然保护地建设发展机制。以自然恢复为主，辅以必要的人工措施，分区分类开展受损自然生态系统修复，建设生态廊道，开展重要栖息地恢复和废弃地修复，利用高科技手段和现代化设备促进自然保育、巡护和监测的信息化、智能化。结合精准扶贫、生态扶贫，对核心保护区内原住居民实施有序搬迁，依法清理整治探矿采矿、水电开发、工业建设等项目，通过分类处置方式有序退出，依法依规对自然保护地内的耕地实施退田还林还草还湖还湿。全面实行自然资源有偿使用制度，实现各产权主体共建保护地、共享资源收益，建立健全特许经营制度，鼓励原住居民参与特许经营活动，探索自然资源所有者参与特许经营收益分配机制。在严格保护的前提下，在自然保护地控制区内划定适当区域开展生态教育、自然体验、生态旅游等活动。按照生态保护需求设立生态管护岗位并优先安排原住居民。

四是加强自然保护地生态环境监督考核。强化自然保护地监测、评估、考核、执法、监督等，逐步形成一整套体系完善、监管有力的监督管理制度。建立国家公园等自然保护地生态环境监测制度，制定相关技术标准，建设各类各级自然保护地"天空地一体化"监测网络体系，对自然保护地内基础设施建设、矿产资源开发等人类活动实施全面监控。组织对自然保护地管理进行科学评估，及时掌握各类自然保护地管理和保护成效情况，发布评估结果。建立统一执法机制，在自然保护地范围内实行生态环境保护综合执法。

2021 年 11 月 11 日，党的十九届六中全会《中共中央关于党的百年奋斗重大成就和历史经验的决议》提出：建立以国家公园为主体的自然保护地体系，持续开展大规模国土绿化行动，加强大江大河和重要湖泊湿地及海岸带生态保护和系统治理，加大生态系统保护和修复力度，加强生物多样性保护，推动形成节约资源和保护环境的空间格局、产业结构、生产方式、生活方式。

2022 年 10 月 16 日，习近平总书记在中国共产党第二十次全国代表大会上提出加快实施重要生态系统保护和修复重大工程，推进以国家公园为主体的自然保护地体系建设，实施生物多样性保护重大工程，科学开展大规模国土绿化行动。

8.1.4　流域自然生态现状及保护价值

8.1.4.1　生态系统类型多样

阿勒泰地区是新疆的相对丰水区，也是全国六大林区之一，自然资源种类多样，物种丰富，地貌多样，被国务院确定为水源涵养型山地草原生态功能区，且《全国主体功能区划》将阿勒泰地区列为阿尔泰山地水源涵养与生物多样性保护功能区（樊影等，2021）。阿勒泰区域内包含森林、草原和荒漠等主要生态系统。森林主要分布在阿尔泰山海拔 1 200～2 300 m，由山地天然林、平原荒漠林、河谷次生林、平原人工林构成。山地天然林主要由西伯利亚红松、西伯利亚冷杉、西伯利亚云杉、西伯利亚落叶松组成。河谷林是新疆的天然杨柳林和桦树林分布最集中地区，主要分布在额尔齐斯河流域和乌伦古河流域。草原主要分布在西部的山前地带，有大面积山地草甸和山地草原，是新疆主要的牧区。最典型的是喀纳斯草原，由高山草甸、亚高山草甸、灌木草甸组成，与森林沼泽交错分布。荒漠生态系统位于南部干旱区域，以古尔班通古特沙漠、五彩城为代表。阿勒泰地区生态系统具有典型性和独特性。

8.1.4.2　自然遗迹丰富

阿勒泰地区自然遗迹主要有中国最深的冰碛堰塞湖、中国唯一的北冰洋水系——喀纳斯湖、喀纳斯冰川遗址；有世界上罕见的地震断裂带之一、世界上最典型、保存最完好的地震遗迹——卡拉先格尔地震断裂带；有中国第一个以典型矿床和矿山遗址为主体景观的国家地质公园——可可托海国家地质公园，公园内有 2 个世界级地质遗迹景观——神钟山、地震塌陷区，有 4 个国家级地质遗迹——小钟山、右旋错断水系、二台地震断层、地震"眉脊"，以及省级地质遗迹 18 个及 31 个地方级景观等；有中国最大的雅丹地貌带——吉拉大峡谷、五彩滩、五彩城、海上魔鬼城。此外，还有吉木乃县冰臼遗迹、可可托海恐龙化石、卡拉麦里山恐龙化石、阿尔泰山的泰加林廊道等。自然遗迹类型多样，科学价值和美学价值较高。

8.1.4.3 野生动植物栖息生境较为完整

阿勒泰地区适宜的气候条件和复杂的地形条件使该区域形成了一个种类丰富的动植物群，有野生植物 1 378 种，其中药用植物 200 余种，有甘草、麻黄、雪莲、大芸、冬虫夏草、金银花、锦天、鹿蹄草等名贵药材；野生动物 328 种，其中被列为国家级保护动物的有 73 种，省级保护动物 22 种，濒危动物有雪豹、北山羊、盘羊、野驴、河狸。具有较高的实用、观赏、科考价值。

阿勒泰地区野生动物主要分布在阿尔泰山、卡拉麦里有蹄类自然保护区及额尔齐斯河流域和乌伦古河流域内。

阿尔泰山区域内主要动物有国家一级保护动物雪豹、紫貂、貂熊、北山羊、原麝、黑鹳、金雕、白肩雕、玉带海雕、白尾海雕、胡兀鹫、松鸡 12 种，国家二级保护动物有兔狲等 56 种；另外属于喀纳斯特有种的动物有阿尔泰林蛙、极北蝰、胎生蜥蜴、岩雷鸟、普通松鸡、哲罗鲑、细鳞鲑、江鳕、北极鮰鱼、西伯利亚斜齿鳊等。

阿尔泰山区大多属于阿尔泰山国有林管理局管辖的范围，自天然林保护工程实施以来，森林资源得到了有效的保护，域内生态环境优良，野生动植物栖息环境没有遭到破坏。在浅山地域分布着少量村庄建设用地，有牧民放牧，在景区景点有游客观光，但对野生动物生存环境并未造成影响，雪豹、紫貂、貂熊、北山羊等野生动物活动在高山地带。

野马、野驴等有蹄类动物栖息生境在卡拉麦里自然保护区内，是准噶尔盆地荒漠动物的集中栖息区，保护区于 1982 年成立，采取了有效措施，关闭了厂矿，村镇居民全部搬迁，保护区内的各种荒漠植被得到了有效保护，这些荒漠植被是荒漠动物生存的源泉，为野生动物提供了丰富的食物来源，该区域成为野生动物的"天堂"。

水生动物主要分布在额尔齐斯河、乌伦古河流域，以及布尔根河狸自然保护区、福海县乌伦古湖等，水源基本是阿尔泰山雪水及少量雨水，两河流域内基本没有工矿企业，没有工业废水，两河流域水质良好，水生动物栖息地优良。

阿勒泰地区由于其地理位置和气候环境，是欧亚大陆迁徙鸟类的重要繁殖地和迁徙中继站。每到春日来临，大批的鸟类从南方迁徙北上，穿越茫茫的准噶尔盆地，来到乌伦古湖及额尔齐斯河与克兰河的交汇之处等地，这里是繁殖迁徙基地，为有效保护鸟类栖息地，有关部门已经把相关区域划为湿地保护区或湿地公园等，进行了严格保护，区域具有良好的湿地生态系统，有丰富的食物资源和良好的芦苇沼泽，各类候鸟在此停留歇息，消除长途飞行的劳累，为继续迁徙北上飞越阿尔泰山脉和秋季南下穿越准噶尔盆地积蓄能量，是人间湿地、鸟的天堂。

8.1.4.4 自然景观独特

阿勒泰地区自然景观以阿尔泰山的自然景观为主，在自东向西的千里风光带上，依次分布着草原秘境三道海子、地质奇观可可托海、秋林如炬红叶沟、牧游体验萨依恒布拉克、养生康体阿拉善、草原胜地也克乌特克勒、休闲避暑克兰大峡谷、佛光鹤影土尔盖特、人类童年禾木、人间净土喀纳斯、牧人天堂那仁、秋色醉人白哈巴、梦幻城堡五彩城、大漠福海乌伦古湖、绝色雅丹五彩滩、风姿绰约白桦林、沙漠眼睛白沙湖、天造地设草原石城、侏罗纪公园吉拉大峡谷等自然景观。阿尔泰山的自然风光形态丰富，风格不一，天生丽质，无与伦比，享有"千里旅游画廊"的美誉。

8.1.5 流域自然保护地现状

《新疆阿勒泰地区自然保护地整合优化预案》中，阿勒泰地区的自然保护地被整合为25 个，其中自然保护区 7 个、森林公园 8 个、湿地公园 6 个、沙漠公园 1 个、地质公园3 个。

阿勒泰地区优化调整后国家级和省级自然保护区共 7 个，自然保护区勘界立标工作均已全部完成，其中新疆阿尔泰科克苏湿地国家级自然保护区 2018 年完成，新疆哈纳斯国家级自然保护区、新疆阿尔泰山两河源头自然生态保护区、新疆布尔根河狸国家级自然保护区、新疆卡拉麦里山有蹄类野生动物自然保护区、新疆额尔齐斯科克托海湿地自然保护区 2019 年完成勘界立标，新疆福海金塔斯山地草原类草地自然保护区 2020 年 5 月完成。

阿勒泰地区整合优化后有自然公园 18 个（表 8-2）。其中森林自然公园 8 个（阿尔泰山温泉国家森林公园、白哈巴国家森林公园、大青河森林公园、额尔齐斯河北屯森林公园、富蕴神钟山森林公园、哈巴河白桦国家森林公园、贾登峪国家森林公园、新疆布尔津森林公园）；湿地自然公园 6 个（高山冰缘区国家湿地公园、新疆布尔津托库木特国家湿地公园、新疆福海乌伦古湖国家湿地公园、新疆哈巴河阿克齐国家湿地公园、新疆青河县乌伦古河国家湿地公园、新疆乌齐里克国家湿地公园）；地质自然公园 3 个（吉木乃草原石城地质公园、新疆布尔津地质公园、新疆富蕴可可托海国家地质公园）；沙漠自然公园 1 个（新疆布尔津萨尔乌尊国家沙漠公园）。

表 8-2　自然保护地整合优化前后对比　　　　　　单位：km²

优化整合前			优化整合后		
自然保护地名称	级别	落界面积	自然保护地名称	级别	落界面积
阿尔泰山温泉国家森林公园	国家级	890.29	阿尔泰山温泉国家森林公园	国家级	535.93
白哈巴国家森林公园	国家级	700.06	白哈巴国家森林公园	国家级	705.02
大青河森林公园	自治区级	354.13	大青河森林公园	自治区级	429.62
额尔齐斯河北屯森林公园	自治区级	102.09	额尔齐斯河北屯森林公园	自治区级	96.26
富蕴神钟山森林公园	自治区级	680.66	富蕴神钟山森林公园	自治区级	569.04
哈巴河白桦国家森林公园	国家级	290.01	哈巴河白桦国家森林公园	国家级	209.76
贾登峪国家森林公园	国家级	385.39	贾登峪国家森林公园	国家级	1 695.64
新疆布尔津喀纳斯湖国家地质公园	国家级	875.47			
新疆布尔津森林公园	自治区级	86.9	新疆布尔津森林公园	自治区级	57.29
吉木乃县高山冰缘区湿地公园	国家级	67.21	高山冰缘区国家湿地公园	国家级	276.5
新疆布尔津托库木特国家湿地公园	国家级	12.41	新疆布尔津托库木特国家湿地公园	国家级	12.31
新疆乌伦古湖国家湿地公园	国家级	1 233.42	新疆福海乌伦古湖国家湿地公园	国家级	1 253.66
福海森林公园	自治区级	41.49			
新疆哈巴河阿克齐国家湿地公园	国家级	12.37	新疆哈巴河阿克齐国家湿地公园	国家级	12.97
新疆青河县乌伦古河国家湿地公园	国家级	140.99	新疆青河县乌伦古河国家湿地公园	国家级	126.56
新疆青河县青格里河森林公园	自治区级	15.44			
新疆乌齐里克国家湿地公园	国家级	1 121.68	新疆乌齐里克国家湿地公园	国家级	980.91
阿勒泰小东沟森林公园	自治区级	13.46			
吉木乃草原石城国家地质公园	国家级	59.3	吉木乃草原石城地质公园	国家级	59.3
新疆布尔津地质公园	国家级	60.5	新疆布尔津地质公园	国家级	57.4
新疆富蕴可可托海国家地质公园	国家级	623.04	新疆富蕴可可托海国家地质公园	国家级	432.74
新疆富蕴可可托海国家湿地公园	国家级	34.45			
新疆布尔津萨尔乌尊国家沙漠公园	国家级	83.25	新疆布尔津萨尔乌尊国家沙漠公园	国家级	85.72
合计		7 884.01	合计		7 596.64

资料来源：新疆阿勒泰地区自然保护地整合优化预案。

　　整合优化后的自然保护地涵盖了全区森林景观、湿地景观、草原景观、自然遗迹，还有野生动植物种及其重要栖息地，使全区自然资源得到了有效保护。同时保护了冻原生态系统、高山草原生态系统、森林生态系统、荒漠生态系统，有效保持了生态系统的完整性、稳定性和连续性。整合优化后的保护地，村庄建设用地和人口减少，使人为干扰降低到最低程度，提升了森林资源的安全，为野生动植物生存、繁衍和栖息提供了理想的环境条件，特别是对于珍稀濒危动植物起到了关键保护作用。整合优化后的保护地在净化空气、涵养水源、保持水土、调节气候、减少水土流失、降低自然灾害损失、提高当地农牧民生活环境质量，以及优化地区经济发展环境等方面发挥了十分重要的作用，特别是对于维护阿勒泰地区的生态安全发挥了至关重要的作用。

　　基本上解决了相关历史遗留问题，保护地内的自然资源得到了有效保护和恢复，阿勒泰地区的山更美，水更清，天更蓝。保护好资源的同时积极发展森林生态旅游，合理规划旅游模式，开展生态旅游和多种经营活动，将给本地区带来较好的经济效益并带动周边社区经济的发展，帮助周边村镇脱贫致富。周边牧民群众物质和文化生活水平的提高也有益于更好保护生态资源，阿勒泰地区林下资源丰富，例如，阿魏菇、草磨、柳磨等食用菌，冬虫夏草、党参、野菊花、百合等中药材，可以在一定程度上得到开发利用，带来较好的经济效益。

　　自然教育是以大自然为载体，引导公众认识自然和尊重自然的有效方式，在提升全社会对自然的认知水平和自然保护意识方面发挥着重要作用（林昆仑和雍怡，2022）。各级各类保护地的建设发展为阿勒泰地区及各县（市）周边居民提供了游览观光、休闲度假、消夏避暑、健康疗养等服务的绝佳场所，不仅有利于身心健康，陶冶情操，而且能使人们在亲近自然、融入自然的过程中，增强热爱大自然、保护生态环境的意识。同时，还为人们提供开展生物科研实验和科普的天地，必将成为中小学生的夏（冬）令营基地、大中专学生的实习基地、科研人员的试验基地和艺术家们的写生基地、创作基地，更重要的是通过标语、指示牌、解说牌及导游人员的讲解，将为普及自然科学知识、林业和生态知识，增强全民的环境意识发挥巨大的作用，有力促进当地生态文明建设进程，促进自然保护事业的发展，有力促进区域生态文明建设进程。

8.2　关于建设阿尔泰山国家公园的建议

8.2.1　阿尔泰山国家公园建立的优势条件分析

8.2.1.1　阿尔泰山国家公园建立的首选范围

　　将现有新疆哈纳斯国家级自然保护区（2 203.43 km^2）和新疆阿尔泰山两河源自治区级自然保护区（6 750.73 km^2）为主区域的阿尔泰山整体纳入阿尔泰山国家公园建设，统一管理，合计保护区总面积为 8 954.16 km^2，两个自然保护区勘界立标工作现已全部完成，符合国家公园面积规模适宜性的要求。建议开展阿尔泰山国家公园建设，不仅是统筹明确了我国西北边陲重要的自然保护地类型，丰富了生物多样性保护，突出了生态安全屏障主体地位，还能成为我国与哈萨克斯坦、俄罗斯、蒙古国等开展国际科学研究的一个新的合作领域。

8.2.1.2　自然景观独特，极具保护和科研价值

阿尔泰山受第四纪冰川和北冰洋气候的影响，形成了特殊的自然景观和植被类型，自东向西，风格不一，享有"千里画廊"的美誉。阿尔泰山是我国唯一北冰洋水系额尔齐斯河和内陆水系乌伦古河两大水系的发源地，也是支撑我国争取国际北冰洋权益的唯一战略区域。森林、草原、草甸相间交错呈垂直分布，顶峰保存有完整的第四纪冰川，阿尔泰山共有 416 条冰川，总面积 293.20 km^2，是我国山岳冰川雪线最低的区域。森林植被基本处于原始状态，是我国唯一的西西伯利亚南泰加林（北方针叶林）分布区，也是我国唯一的欧洲西伯利亚生物区系的代表，与亚洲中部荒漠类群汇合、相互渗透，在山地形成了完整的自然景观垂直带谱结构。享誉全球的喀纳斯湖位于阿尔泰山，在这里，挺拔茂密的泰加林与明镜般的河流湖泊共同造就了世界级的美景，具有重要的保护价值和科研价值，符合国家公园国家代表性的要求。

8.2.1.3　生态系统类型多样，是我国寒温带重要的生物物种资源基因库

阿尔泰山属于国家公园布局的阿尔泰山山地草原针叶林生态地理区。阿尔泰山生态系统类型多样，是西伯利亚和新疆植物区系联通的重要通道，存在冰川、森林、草原、湿地等多种生态系统，是我国山岳冰川雪线最低的区域，多样的生态系统相互交错，构成了"山水林田湖草沙冰一体化的生态系统"。阿尔泰山是全球生物多样性热点区域和优先区，山区树种古老珍稀、群落原始独特，是我国寒温带重要的生物物种资源基因库。共有维管植物 1 730 种，其中西伯利亚云杉、西伯利亚冷杉和西伯利亚落叶松为本地独有的物种，被列入全国代表性生态系统名录，欧洲黑杨、银灰杨、额河杨等 8 种天然林是我国目前唯一的天然多种类杨树基因库；共有野生动物哺乳类 85 种、鸟类 358 种、鱼类 33 种，其中国家一级保护珍稀兽类 10 种如雪豹（旗舰物种）、紫貂、貂熊、北山羊等，一级保护鸟类 10 种如黑鹳、金雕、白肩雕、松鸡等，另外仅分布在阿尔泰山泰加林的动物有岩雷鸟、松鸡、阿尔泰雪鸡等。阿尔泰山国家公园建设符合国家公园生态重要性的要求。

8.2.1.4　保护基础好，管理顺畅

《新疆阿勒泰地区自然保护地整合优化预案》调整优化了保护区的面积和功能分区，调出保护价值低的地块，调入区域人工干扰少、生物多样性较高、与原保护区相连的地块，保留了原管理机构，明确了保护区生态保护主体责任，确保保护管理体系有条不紊地运行。

8.2.1.5　生态产品丰富，全民共享潜力大

国家公园是我国生态文明建设的重要内容，在保护生态系统原真性、完整性的基础上，兼具游憩、科研教育和地方经济发展等多种功能，多种功能的使命使国家公园本身就带有极强的全民公益性色彩，实现全民公益性可以看作国家公园多重功能实现与否的重要评价工具（龚心语等，2023）。在有效保护的前提下，整合阿尔泰山区域现有的国家森林公园、国家地质公园、国家湿地公园，以及温泉和地震遗迹等自然资源，能为全民提供高品质的普通地质、河流地貌、冰川湖泊、泰加林、湿地生境和地震地质等自然教育产品，提供森林氧吧、温泉休憩、湿地喜乐、冰湖观光、高山滑雪等生态体验和休闲游憩机会，便于公益性使用，全民共享潜力大。

8.2.2　加快建立阿尔泰山国家公园的建议

8.2.2.1　按照应保尽保原则，将阿尔泰山整体纳入国家公园建设

现有新疆哈纳斯国家级自然保护区和新疆阿尔泰山两河源自治区级自然保护区，保护了阿尔泰山大多数自然资源和自然景观，但并未将阿尔泰山整体纳入保护范围。将阿尔泰山整体纳入国家公园建设，有利于保持该区域生态系统的原真性和完整性，实现栖息地生态廊道的连通性，确保大范围自然区域内综合自然景观、生物生境区和珍稀濒危物种得到良好保护。建议将现有的哈巴河县境内的白哈巴国家森林公园、布尔津县境内的贾登峪国家森林公园、阿勒泰市境内的新疆乌齐里克国家湿地公园、福海县境内的阿尔泰山温泉国家森林公园和新疆福海金塔斯山地草原类草地自然保护区、富蕴县境内的富蕴神钟山森林公园纳入阿尔泰山国家公园建设体系；将白哈巴国家森林公园北部的高山冰川区域纳入国家公园建设范围，该区域是哈巴河的源头，也是雪豹等野生动物活动区域，极具保护价值；将贾登峪国家森林公园与新疆乌齐里克国家湿地公园之间、新疆乌齐里克国家湿地公园之间高山区域与阿尔泰山温泉国家森林公园之间高山区域纳入国家公园建设范围，该区域是高山冰川及泰加林保护亚区和生物多样性的分布区域，同时是雪豹等野生动物活动区域，该区域保持了自然景观的原真性和完整性，保护价值高。

8.2.2.2　结合新疆第三次综合科学考察，开展潜在国家公园区科学考察，合理设置功能分区

建议结合新疆第三次综合科学考察专项，组织区内外专家成立综合科学考察队伍，根据国家公园符合性认定标准，从国家代表性、生态重要性和管理可行性 3 个方面，开展阿尔泰山潜在国家公园区科学考察，编制《阿尔泰山国家公园综合科学考察和符合性

认定报告》。在此基础上，合理设置功能分区，按照保护自然资源和生态系统的原真性和完整性，将保护价值高、人为干扰少、维持原始自然状态的高自然度区域划入严格保护区和生态保育区，将自然度低、人为活动频繁的区域划入游憩展示区和一般利用区，可作为开展旅游、教育等活动规划区域、原住居民的放牧生活空间和地方绿色发展的空间，也可以作为社区参与国家公园游憩活动的主要场所。

8.2.2.3　整合管理和执法体系，完善共建共管机制

以国有自然资源资产管理体制改革为核心，探索构建阿尔泰山国家公园管理机构体系，建立统一管理、规范高效的运行机制。整合所在地资源环境执法机构组建综合执法队伍，依法实行资源环境综合执法。公众参与国家公园管理是实现国家公园"全民共建共享"的有效途径，也是实现国家公园长期高效管理运行的必要制度保障（周文等，2023）。建立社会参与阿尔泰山国家公园运行的机制，鼓励当地社区、企业、高等院校和个人参与阿尔泰山国家公园的建设和发展。解决全民所有自然资源资产多头管理、所有者和监管者职责不清等问题，整合现有各类自然保护地管理机构，构建归属清晰、权责明确、监管有效的阿尔泰山国家公园管理体制，依法实行严格保护。建议新疆维吾尔自治区党委、政府牵头，组织相关部门，阿勒泰地委、行署协助，按照《建立国家公园体制总体方案》要求和《国家公园设立规范》等 5 项国家标准，尽早启动建设阿尔泰山国家公园总体规划和设立方案的编制工作。

8.3　关于建设大友谊峰国家公园的建议

8.3.1　建设背景

2015 年 9 月，联合国可持续发展峰会通过了《2030 年可持续发展议程》。2016 年 1 月 1 日，《2030 年可持续发展议程》的 17 项可持续发展目标（SDGs）正式生效。在之后 15 年内，随着这些新目标的普及，各国将调动所有力量消除一切形式的贫困、战胜不平等、遏制气候变化，同时确保没有人落后。虽然可持续发展目标没有法律约束力，各国负有跟进和审查千年发展目标实施进展的主要责任，但都应该投入实现 17 个目标的事业，并为此建立国家框架。

17 项可持续发展目标中涉及生态保护的包括目标 6 "清洁饮用水和环境卫生"、目标 13 "气候行动"、目标 14 "水下生命"及目标 15 "陆地生物"等，具体发展目标包括：①保护和恢复与水有关的生态系统，包括山地、森林、湿地、河流、地下含水层和湖泊；②保护、恢复和可持续利用陆地和内陆的淡水生态系统及其服务；③保护山地生态系统

及其生物多样性，加强山地生态系统的能力；④减少自然栖息地的退化，遏制生物多样性的丧失等，以上目标均与生态系统保护和恢复息息相关。生物多样性保护与消除贫困、粮食安全和应对气候变化等可持续发展目标具有内在联系，保护生物多样性，就是促进可持续发展。中国建立了以国家公园为主体的自然保护地体系，创造性设立生态保护红线制度，有效提升了生态系统质量。中国还协同推进生物多样性保护与减缓气候变化，在制定碳中和行动方案中，把保护生态系统及生物多样性作为重要内容。

绿色"一带一路"建设以生态文明与绿色发展理念为指导，坚持资源节约和环境友好原则，将生态环保融入"一带一路"建设的各方面和全过程。推进绿色"一带一路"建设，加强生态环境保护，有利于增进沿线各国政府、企业和公众的相互理解和支持，分享我国生态文明和绿色发展理念与实践，提高生态环境保护能力，防范生态环境风险，促进沿线国家和地区共同实现 2030 年可持续发展目标，为"一带一路"建设提供有力的服务、支撑和保障。

中国的陆地边界线全长约 2.28 万 km，与朝鲜、俄罗斯、哈萨克斯坦、巴基斯坦、印度、老挝和越南等 15 个国家接壤。在世界经济全球化和区域经济一体化背景下，边境旅游合作已成为世界旅游业发展的必然趋势。建设大友谊峰国家公园，推进阿尔泰跨境旅游合作区是阿勒泰地区边境旅游业转型升级的必然要求，是顺应"一带一路"倡议的重要举措，更是推进我国与俄哈蒙三国睦邻友好共同发展的实际需要，有利于维护我国国家边境安全与阿勒泰地区的社会稳定和长治久安，有助于探索我国沿边地区旅游发展新模式。

8.3.2　建设必要性

8.3.2.1　优化自然保护地的客观需要

阿勒泰地区现有各级各类自然保护地 30 个，总批复面积 3 103 728.93 hm²，占全地区国土面积 26.3%。自然保护地存在的主要问题为：①自然保护地交叉重叠。例如，喀纳斯湖风景名胜区与新疆哈纳斯国家级自然保护区的重叠，冲突主要体现为保护地不同功能区对土地保护和开发的限定程度不同，同一地块承担不同层级的开发权限。②保护地空缺。喀纳斯景区生态地位十分重要，极具保护价值，尽管阿勒泰地区已有各类自然保护地30 处，但仍有部分生态重要区域尚未纳入保护。③原保护区内村庄建设用地和耕地较多，保护和发展的矛盾突出。例如，自然保护区核心区内村庄建设用地占地面积 82.4 hm²，人口 6 829 人，这种情况与自然保护区的管理不相符合。此外，阿勒泰地区内涉及永久基本农田的各级各类自然保护地 12 个，基本农田总面积为 4 072.6 hm²，其中自然保护区 3 个，永久基本农田面积为 975.67 hm²。自然公园 9 个，永久基本农田面积为 3 096.93 hm²。

8.3.2.2 旅游发展的客观需要

喀纳斯景区旅游主要以观光旅游为主，新产品开发、新业态培育还处于起步阶段。一方面，喀纳斯目前已有一部分旅游资源开发为成熟的旅游产品和线路，但仍有一些精华旅游资源处于初步开发阶段或未开发状态，核心景区面积有限，喀纳斯旅游业发展受到限制；另一方面，喀纳斯景区主要由哈纳斯国家级自然保护区、喀纳斯国家地质公园、白哈巴国家森林公园、贾登峪国家森林公园等组成，由于自然保护地管理，相关的旅游配套设施（加油站、道路）由于生态保护的限制而无法建设。

8.3.2.3 区域协调发展的客观需要

旅游业是区域发展的动力源，2022 年，阿勒泰地区共接待游客 1 801.97 万人次，实现旅游总收入 151.95 亿元，其中喀纳斯景区完成接待 146 万人次，实现旅游收入 25.5 亿元，旅游业已逐步发展成为富民的支柱性产业。

8.3.3 建设意义

8.3.3.1 国家公园建设是生态文明体制建设的重要内容

2015 年，《国务院关于支持沿边重点地区开发开放若干政策措施的意见》出台，明确提出"支持满洲里、绥芬河、二连浩特、黑河、延边、丹东、西双版纳、瑞丽、东兴、崇左、阿勒泰等有条件的地区研究设立跨境旅游合作区"。中俄哈蒙边境地区旅游资源丰富多样，建设跨境国家公园有利于实现大友谊峰区域旅游资源整合重组，形成优势互补、特色鲜明的旅游产品，通过开展跨境国家公园建设，使合作各方共享资源设施，获得互惠互利配置效应促进相关机制的建立和完善，提高运行效率，实现互利共赢。

8.3.3.2 国家公园建设是富民兴边的重要措施

中俄哈蒙四国旅游资源在阿尔泰山区域既有共性也有差异，其共性为四国在该区域的跨境旅游合作提供了共同发展的便利条件，其差异为四国跨境旅游合作增强可互利性和互补性。跨境国家公园促进沿边地区经济社会发展，实现我国边境地区由过境通道向新型旅游目的地转型，带动当地老百姓致富，吸引当地老百姓和外来居民在当地安居乐业，更好地促进沿边地区经济社会健康可持续发展和长治久安。

8.3.3.3 跨境国家公园建设是"一带一路"倡议实施的重要抓手

跨境国家公园是边境旅游的新模式，通常是指相邻两国或多国在边境地区各自划定一定面积的国土，由双边或多边共同规划、管理和建设、以旅游开发为主、在区域内自由开展旅游活动和旅游交易的国际目的地。沿边地区是我国陆路开放的前沿和国家安全的屏障，对于我国具有重要的战略意义。跨境国家公园建设有助于让旅游业在区域分工与合作中扮演更加重要的角色，深化互利双赢的旅游产业格局，促进民众之间的相互来往，增进与周边国家的互信与深入了解，提升在"一带一路"中的主导地位。

8.3.4　政策建议

8.3.4.1　建议将大友谊峰跨境国家公园纳入"一带一路"项目库，建立相应的领导小组和工作小组

由于跨境国家公园建设既涉及国家领土主权，又涉及口岸开放、海关监管、对外投资、通关便利化、产品质量监管、法律法规适用等诸多方面问题，并非地方政府所能解决，需要从国家层面来进行协调和推动。因此，应将大友谊峰跨境国家公园纳入国家"一带一路"重点项目库，建立中俄哈蒙跨境国家公园建设领导小组，由参与跨境国家公园建设的双多边相关部门共同参与，定期举行会晤，商讨跨境国家公园建设的重大问题，"一带一路"国际合作高峰论坛、上海合作组织等国际及区域组织将"一带一路"倡议作为重要议题进行推进，为中国企业对外旅游投资奠定区域合作基础，推动我国"一带一路"建设工作高质量、高标准、高水平发展。

8.3.4.2　采用"共同协议，以我为主"模式，推动跨境国家公园建设

由于周边国家均为发展中国家，经济相对欠发达，边境地区以小城镇为主，离中心城市较远，缺乏足够的核心吸引物，道路、交通等基础设施以及酒店住宿、餐饮、旅游景区等服务设施均较滞后。在推进国家公园建设过程中，建议采用"共同协议，以我为主"模式，探讨大友谊峰跨境国家公园的利益分配，并通过书面合同、协议等方式明确其分配的比重。

8.3.4.3　开展科学研究和深入论证，合理确定大友谊峰跨境国家公园范围

由于大友谊峰国家公园战略意义特殊，在对阿勒泰地区现行自然保护地保护管理效能进行评估的基础上，逐步厘清各类自然保护地关系，研究各类保护地功能定位和科学的分类标准，对大友谊峰国家公园的空间布局、功能分区进行科学研究和深入论证。

8.3.4.4　开展多部门协作，提高我国政府对边境国土空间的管制能力

鉴于大友谊峰国家公园意义重大、类型特殊，不适应"国家林业和草原局"为主体

开展海域国家公园规划和管理，建议由中央统管、多部门协作，以科学家为主体研制规划，由全国人大或国务院批复，向国内外公布实施。通过规划法律地位和科学决策过程以及今后规划的实施、监督、评估工作，向全球进一步表明中央政府对边境国土空间的高度重视，不断彰显我国政府对边境国土稳定、繁荣的管制功能和控制能力，指导边境可持续发展。

8.4 创建卡拉麦里山有蹄类野生动物国家公园的进展

卡拉麦里是阻止古尔班通古特沙漠东扩的重要生态屏障，是连接天山和阿尔泰山的重要生态廊道。深入贯彻党的二十大精神和习近平生态文明思想，牢固树立"绿水青山就是金山银山"的理念，统筹推进山水林田湖草沙一体化保护修复，坚持生态保护第一、国家代表性、全民公益性的国家公园理念，以保护温带荒漠生态系统原真性、完整性为基础，以改善有蹄类野生动物栖息地质量为核心，加强退化生态系统修复，促进区域民生改善，提供优质生态产品，构建统一规范高效的保护管理体制，促进人与自然和谐共生，为筑牢我国北疆生态安全屏障、建设美丽中国而设立卡拉麦里国家公园。

"十四五"期间，全面加强卡拉麦里国家公园山水林田湖草沙一体化保护和系统修复，蒙古野驴、鹅喉羚、普氏野马等珍稀濒危有蹄类野生动物栖息地质量明显改善，硅化木、古脊椎动物化石等自然遗迹保护得到加强，区域生态功能明显增强。到 2035 年，卡拉麦里国家公园荒漠生态系统健康稳定，生态屏障功能有效发挥，珍稀濒危物种种群数量稳中有升，统一规范高效的管理体制更加完备，建成世界荒漠生物多样性保护的样板区，实现生态保护、绿色发展、民生改善相统一。

8.4.1 卡拉麦里国家公园概况

8.4.1.1 地理位置及自然地理特征

统筹考虑蒙古野驴、鹅喉羚、普氏野马等有蹄类珍稀野生动物栖息、扩散和种群繁衍重要空间，小乔木、灌木、半灌木、小灌木等温带荒漠和荒漠草原生态系统的完整性，以及硅化木、雅丹地貌等重要遗迹景观集中分布区的保护需求，兼顾区域经济社会可持续发展，将典型温带荒漠生态系统、低海拔荒漠有蹄类物种集中分布区、硅化木群和大规模雅丹地貌等自然遗迹分布地划入卡拉麦里国家公园范围。

卡拉麦里国家公园面积 1.47 万 km²，位于新疆东北部，东起昌吉回族自治州奇台县恐龙沟、西至古尔班通古特沙漠东缘福海县吉拉沟、南自原国道 216 线 64 km 处、北到阿勒泰地区富蕴县吐尔洪乡吉列库都克，地理范围为东经 88°26′58″～90°09′43″、北纬

44°38′59″～46°03′43″。涉及新疆阿勒泰地区的福海县、富蕴县、青河县以及昌吉回族自治州的阜康市、奇台县、吉木萨尔县 6 个县（市）12 个乡镇。区域内无原住居民。

卡拉麦里国家公园拥有完整的荒漠生态系统，以及水体与湿地生态系统。土地利用类型主要包括草地、林地、其他土地等，其中草地面积 1.24 万 km^2，占国家公园总面积的 83.98%。记录有野生脊椎动物 260 种、国家重点保护野生动物 56 种、野生维管束植物 392 种、国家重点保护野生植物 9 种。保存了数量众多、结构清晰、完整程度极高的巨型木化石以及恐龙骨骼化石、雅丹地貌等自然遗迹。

8.4.1.2　取得的成效

卡拉麦里国家公园共涉及新疆卡拉麦里山有蹄类野生动物自然保护区、新疆奇台硅化木-恐龙国家地质公园和新疆奇台硅化木国家沙漠公园 3 个自然保护地，总面积 1.45 万 km^2（扣除重叠部分），占国家公园总面积的 98.45%。通过建立保护区及公园，该地区的保护管理及科研监测都取得了较好的成效。

（1）森林资源得到有效保护

按照国家级公益林管护办法，聘用生态护林员 87 名，对纳入国家级公益林范围的 274 万亩荒漠灌木林进行有效管护；编制印发了《国家级公益林绩效考评工作方案》《国家级公益林检查方案》《一日工作制》等，完善了国家级公益管护制度体系建设；层层签订责任书，压实责任，并结合各站所承担的实际工作，制定了"一站一方案"；加大执法和宣传力度，通过专项整治、绿盾、森林督查等方式，严厉打击非法破坏林地行为；加强林地管理，严格项目使用林地的监督检查，对临时使用林地到期的及时办理相关手续，每年定期开展森林资源管理"一张图"年度更新，对保护区林地资源情况及时更新；加强森林草原防火建设，成立了应急分队，配备了车辆、防护等物资；开展了有害生物调查、公益林评价监测和火险普查等科研调查，进一步加强国家级公益林常态化监测。

（2）保护区管理能力不断加强

为做好建立以国家公园为主体的自然保护地体系建设各项工作：①利用国家级公益林资金维修管护站 12 处，逐步改善管护人员居住条件；②提高科学管理水平，建成了新疆保护地首个"天空地"一体化综合管理平台，实现看得见动物管得住人，建设远程视频监控终端 13 处，卡口 7 处，通信光缆 216 km，中继机房 2 处；③在野生动物集中分布区新建水源地 14 处，为野生动物在干旱季节饮水提供保障；④开展野生动物救护，每年储备野生动物救助饲草料不少于 700 t，确保野生动物安全越冬度春；⑤完善制度建设，自治区人大先后 2 次修订了《卡山自然保护区管理条例》，为保护区管理提供法治管理支撑；⑥坚持依法治理，累计受理案件共 230 起，办理林业行政案件 223 起，7 起移交案件，有效查处非法进入保护区、破坏林地等行为；⑦建立卡山自然保护区共建共管工作机制，成立了共建共管委员会，与周边社区、地（州）、县（市）、经济技术开发区管委会及油田公司等形成长效共管机制，签订了共建共管协议 18 份，召开联席会 41 次。

（3）科研监测能力逐步提升

①建立了卡山自然保护区野生动植物研究所和生态定位站，配备了部分实验器材，建成气象环境因子监测站 3 处；②引入卫星跟踪项圈、红外相机、无人机等监测技术，结合传统调查方法，开展野生动物分布、数量、栖息地及通道监测，掌握了保护区内野生动物季节性分布；③加强与科研机构、大中专院校合作。和北京林业大学、东北林业大学、中国科学院新疆分院、新疆农业大学、新疆大学等疆内外院校开展了普氏野马寄生虫、野生动（植）物多样性监测、生态恢复修复等方面的合作，为保护区科学保护管理、动态监测提供了技术支撑，与各科研院校合作开展了十余个科研项目；④建立人才培养机制。卡山自然保护区管理中心采取多种措施，不断引进人才，完善卡山自然保护区科研监测队伍。

8.4.1.3　建立国家公园的必要性

卡拉麦里国家公园具有国家代表性。卡拉麦里国家公园生态系统为准噶尔盆地温带荒漠戈壁生态地理区的主体生态系统类型，是中国温带干旱荒漠生态系统的典型代表，是准噶尔盆地东部荒漠区主要生态安全屏障。特有、珍稀、濒危动物物种数占所处生态地理区珍稀濒危物种数的 54.29%。是我国最重要的温带荒漠有蹄类野生动物集中分布区，是我国普氏野马最大的放归种群和蒙古野驴最大野外种群的栖息地。卡拉麦里国家公园自然景观和自然遗迹丰富独特，有目前亚洲遗存规模最大的硅化木群，有中生代世界霸主——恐龙的遗体化石，同时拥有干旱区特有的以雅丹地貌为代表的碎屑岩地貌自然景观。

卡拉麦里国家公园具有生态重要性。是防止古尔班通古特沙漠东扩的重要生态屏障，是准噶尔盆地东部荒漠区生态安全屏障的核心地区。卡拉麦里国家公园生态系统健康、稳定、生物多样性丰富，生态系统完整性高；生态系统与生态过程大部分保持自然特征和演替状态，自然力在生态系统和生态过程中居于支配地位，生态系统原真性高；卡拉麦里国家公园能够满足主要保护对象生存安全所需的面积或活动空间，面积规模适宜。

卡拉麦里国家公园具有管理可行性。卡拉麦里国家公园全部为国有土地，自然资源资产产权清晰。同时，卡拉麦里国家公园内人类生产活动区域面积较小，仅占总面积的0.18%，没有永久或明显的人类聚居区，人类活动对生态系统的影响较低且可控。能够在有效保护的前提下，更多地提供高质量的生态产品，包括自然教育、生态体验、休闲游憩等机会。

8.4.2　创建国家公园进展

8.4.2.1　已完成和落实的工作情况

新疆维吾尔自治区党委、政府高度重视，国家林业和草原局高度关注新疆国家公园创建工作：

（1）自治区党委决定"尽早建立 1 至 2 个国家公园"以来，将创建卡拉麦里、昆仑山国家公园 4 次写入自治区党委全会决议，作为一项重大政治任务全面启动。自治区党政主要领导、分管领导多次实地调研提出工作要求，并带队赴国家林业和草原局争取支持，新疆国家公园创建写入国家林业和草原局"十四五"援疆协议。在 2 个月内完成了卡拉麦里、昆仑山国家公园申请创建的 9 个评估报告、6 项规定任务，国家林业和草原局以 2022 年 1 号、2 号函同意申报创建。

（2）国家林业和草原局积极给予指导帮助，支持组建由 3 名院士领衔的自治区国家公园专家委员会，选派有丰富经验的国家林草规划院技术团队（以下简称技术团队）驻点工作，选派 4 名业务骨干来疆挂职帮助开展感知系统和官方网站建设等工作。

（3）自治区党委成立了以党政分管领导为双组长，相关厅局为成员的新疆国家公园创建专项工作组（以下简称专项工作组），按照"早日创成，保一争二"目标，用时 6 个多月，专项工作组高质量完成卡拉麦里国家公园创建的 8 个方面 22 项规定任务，进入待批准设立国家公园第一梯队。国家林业和草原局认为，在全国 11 个国家公园创建区中，卡拉麦里开展工业园区退出、探（采）矿权清理、禁牧制度落实、生态原貌恢复等整改工作最彻底、矛盾冲突解决最干净，进展快、质量好，后来居上。

8.4.2.2　新疆国家公园创建工作加速推进

（1）提高站位，深刻认识建立国家公园是贯彻落实习近平生态文明思想的重大举措。新疆维吾尔自治区林业和草原局把创建国家公园作为当前重要的政治任务、政治责任，全力以赴、保质保量推进，坚决把卡拉麦里、昆仑山国家公园创建作为落实习近平总书记对新疆工作重要指示精神的具体实践。组成以局党委书记、局长任双组长，分管局领导任副组长，相关处室为成员的工作领导小组，抽调业务骨干组成新疆国家公园创建专班。借鉴全国 10 个试点省区的经验做法，争分夺秒、挂图作战，亲自带队制定了新疆国家公园创建名单、创建申请函、创建方案等，并通过政府常务会议审定后上报国家林业和草原局，正式拉开国家公园创建序幕。

（2）摸清底数，实地开展科学考察划定范围。新疆维吾尔自治区林业和草原局组织技术团队，会同北京林业大学、中国林业科学研究院、新疆林业科学院等各领域专家，克服北京、新疆两次疫情影响，"八进卡拉麦里""四上昆仑"深入调研、科考，全面摸清资源状况，确定核心资源，反复开展范围和分区论证，多次征求工作专项组成员单位及有关专家意见，充分与相关地州、县（市）、乡镇负责同志沟通，达成一致后，分别形成了卡拉麦里、昆仑山国家公园的范围和分区论证报告，并一次性通过了新疆国家公园专家委员会和国家林业和草原局专家委员会评审。2022 年 5 月 26 日，时任国家林业和草原局副局长的李春良同志主持召开了国家公园边界范围和分区专家视频论证会，与会领导和专家对《卡拉麦里国家公园范围和分区论证报告》给予了充分肯定，均表示同意，支持设立卡拉麦里国家公园。

（3）提前谋划，提出国家公园管理机构设置方案。自治区党委编办和新疆维吾尔自治区林业和草原局共同推进国家公园管理机构设置工作，双方就国家公园机构设置主要框架和基本思路进行了认真的研究探索。按照《关于统一规范国家公园管理机构设置的指导意见》（中编委发〔2020〕6 号），参照 5 个已设立国家公园省份的管理机构设置情况，形成《卡拉麦里国家公园管理机构设置建议方案（草案）》。自治区党委编办同中编办沟通后，提出了《自治区国家公园管理机构设置初步方案》，方案同意设立自治区国家公园管理局、卡拉麦里国家公园管理局，保护站作为管理分局下设事业机构。

（4）广泛征求意见，高质量编制完成创建技术文件。新疆维吾尔自治区林业和草原局通过线上、线下的方式，组织新疆国家公园专家委员会专家召开国家公园创建论证会议 6 次，对设立方案、矛盾冲突处置方案、范围和分区论证报告、综合科学考察报告等技术材料，从自然条件、动植物资源、生态系统、地质遗迹等方面，综合梳理、深入挖掘核心资源及其价值，从国家代表性、生态重要性、管理可行性等方面进行论证。4 轮征求新疆国家公园创建专项工作组成员单位和相关地州意见，反馈意见均采纳并达成一致。一次性通过由国家林业和草原局组织 3 名中国科学院、中国工程院院士及 11 名全国相关科研院所权威专家召开的视频论证会；一次性通过国家林业和草原局委托中国科学院生态环境研究中心欧阳志云等 5 名专家组成的第三方评估专家组评估考察；一次性通过中央编办、国家发改委等 15 个国家部委征求意见。

（5）加大保障力度，确保国家公园创得成、管得严、守得住、用得好。完成卡拉麦里国家公园信息化平台的开发，确定了平台框架和平台建设内容模块，形成了三维可视化地图。13 处重载云台接入新疆维吾尔自治区林业和草原局综合信息平台，实时监测野生动植物信息、调度巡护管理工作。与中国空间技术研究院签订战略合作协议，专家组已进驻卡拉麦里，按照青海三江源国家公园的模式建设感知系统，完成 3 台小型无人机组网测试，实现了无人机按规划航线飞行开展巡视监测。根据园区内野生动植物、地质遗迹等核心资源分布情况，补充完善《卡拉麦里国家公园总体规划》，让社会公众享用国家公园保护的自然资源、自然遗产等。通过国家公园创建，有效保护了以梭梭、白梭梭、沙拐枣等为主的全球典型温带干旱区荒漠生态系统，保护了普氏野马、蒙古野驴、鹅喉羚等众多干旱荒漠有蹄类野生动物以及世界第二大硅化木群和大规模的雅丹地貌等自然遗迹。据中国科学院新疆生态与地理研究所监测，比大熊猫还稀少的普氏野马新增 20 匹，总数达 332 匹；蒙古野驴新增 100 余头，总数达 3 400 余头；鹅喉羚新增 800 余只，总数达 11 200 余只。

（6）扎实开展宣传，营造社会广泛参与的浓厚氛围。邀请央视一套、四套、九套、十套制作播出卡拉麦里、昆仑山国家公园系列专题节目，《人民日报》、新华社、中央电视台等中央、自治区媒体刊发图文、短视频报道 120 余条，浏览量 4 800 万余次。会同国家林业和草原调查规划院生态文化传媒处制作了卡拉麦里国家公园宣传片、宣传画册，经新疆维吾尔自治区林业和草原局组织新疆国家公园专家委员会的 7 轮专家评审和国家林业和草原局、国家公园发展中心 3 轮的审查，最终形成了卡拉麦里国家公园宣传片（3、5、7 分钟）和《卡拉麦里国家公园宣传画册（送审稿）》。向清华大学美术学院、中央美术学院、中国美术学院等国内 16 家顶尖艺术院校发出定向征集邀请，共征集收到 LOGO 标志 180 幅，经由中国美术家协会、中国文联副主席、中国民间艺术家协会主席和各大美术院校组成的专家评审团 5 轮论证评选后，优选 4 个为最终方案，将报国家林业和草原局审核后，报国务院审定。

8.4.3　下一步工作

（1）按照国家新增的程序要求，补充完善卡拉麦里国家公园审批材料。配合做好昆仑山国家公园第三方评估，完善设立技术材料。

（2）开展国家公园管护站所及道路建设和修缮，加强人才队伍建设，加快推进与中国空间技术研究院战略合作协议落地，通过卫星遥感、无人机监测、地面重载云台监控的图像采集传输和数据集成分析，建成"天空地"一体化的自治区层面与卡拉麦里、昆仑山国家公园的视频连线调度系统，有效解决国家公园面积大、距离远、海拔高、地形复杂、无人区广等巡护监测难题，为开展科学管护和研究提供支撑。

（3）压茬开展天山、阿尔泰山和塔里木国家公园科考论证，与相关地州做好前期工作。加强与《人民日报》、新华社、中央电视台等媒体合作，加大对国家公园创建的宣传力度，扩大影响力，提高知名度。

（4）做好应急救援保障，减轻极端天气对普氏野马、蒙古野驴等野生动物的不利影响。加强日常巡护、生态监测，严格保护典型温带干旱区荒漠生态系统唯一的物种——阜康阿魏、异形鹤虱、灰毛木地肤、盐节木。开展硅化木、古脊椎动物化石、古岩溶等自然遗迹监测研究，补充调查吉拉沟、五彩湾的雅丹地貌和高山沙漠、冰川雪山等自然景观，科学布设生态体验路线，促进国家公园核心资源价值的保护与传承。

8.5 加强生物多样性保护

8.5.1 流域生态多样性整体情况

额尔齐斯河流域处于新疆阿尔泰干旱区湿岛垂直气候带区域，以额尔齐斯河、乌伦古河以及阿尔泰山脉南麓森林构成的山水林田湖草沙复合系统孕育了从山地、干旱半干旱区及暖温带独特而多样性化的自然景观带和生态系统，具有新疆地区大多数的野生动植物物种，分布着丰富的物种多样性和各类生物资源。流域植物种类较多，但植被类型较为简单，灌木或草本类型的分层现象不明显，很多区域仅有一层结构。湿地植被受水分影响较大，多表现出隐域性特点。湿地植被生长好坏受水系分布的直接影响，近河地段植被生长较好，远离河道处生长稀疏，景象衰退，沿水域呈带状分布，表现出隐域性特点。流域湿地植被中盐生植被、沙生植被充分发育，干旱的生态环境，使湿地植物形态及植被类型均受不同程度的影响而具有沙漠化痕迹，湿地植物群落中沙生、旱生种类在群落中占据优势，构成干旱区典型的荒漠植被景观。流域植物群落由水生性向中生旱生性群落直接过渡，中生-旱生植物充分发育是流域湿地植被的最显著特点。

额尔齐斯河水生生物资源丰富，为鱼类提供丰富的饵料，因此鱼类种类多，额尔齐斯河流域由于纬度靠北，则以鲑科、茴鱼科、江鳕科等耐寒性较强的鱼类为主。额尔齐斯河流域两栖类的种类相对较少，分别为绿蟾蜍、大蟾蜍、中国林蛙、阿尔泰林蛙、中亚林蛙，除中国林蛙外，其余均为新疆特有种。爬行类种类较少，有两种，包括游蛇、棋斑游蛇，均为营水生和近水生生活的种类。兽类的广布种成分较多，生活在水中或经常活动在河湖湿地岸边，大多为珍贵的毛皮动物，经济价值极高。流域鸟类资源丰富，每年4—5月有众多水禽在流域栖息繁殖，如大天鹅、小天鹅、疣鼻天鹅、红脚鹬等。

8.5.2 存在的问题

额尔齐斯河流域自然条件恶劣，经济基础薄弱，经济发展和资源保护矛盾突出。长期以来，由于农业开发、围垦、养殖业、工农业污染以及其他对生物多样性资源的不合理开发和利用，生物多样性资源遭到一定程度的破坏，生物多样性持续减少，生物栖息地退化，生态环境质量下降。生态系统服务能力也受到影响，威胁着流域地区的持续发展。

（1）流域生态环境退化

持续的盲目开垦和改造，如开荒、养殖、捕鱼、造纸、放牧、旅游等，直接造成额尔齐斯河沿岸天然流域面积削减，调节功能下降。流域生物多样性明显降低，依赖流域生存的许多陆栖、水栖生物濒临灭绝。部分候鸟由于栖息环境遭到破坏无法生存。

（2）水资源不合理利用和水污染加剧

多年来，人们对水资源的过度开发和不合理利用，如无节制地开垦农田、过度引水灌溉等，导致额尔齐斯河中下游缺水，地下水位每年以 0.34 m 的速度下降，加上大量开采地下水及洼地水库长时间干涸，造成流域大面积萎缩，部分流域已经消失，剩余流域也呈季节性湿地，植被正在由水生向旱生演替，生态功能不断降低。污染是流域面临的最严重威胁之一。沿岸各城镇工业废水、居民生活污水未经净化处理直接排入额尔齐斯河中，使水体受到严重污染。流域污染不仅使水质恶化，也对流域的生物多样性造成严重危害。

（3）围绕流域的科学研究和技术支撑薄弱

流域生物多样性保护是一项系统工程，加强保护管理，科技是基础、是根本。额尔齐斯河流域生物多样性科学研究与资源监测能力十分薄弱，特别是对流域及周边生物多样性的组成结构、功能、演替规律、价值和作用等方面缺乏系统、深入的研究。同时流域生物多样性保护和管理的技术手段也比较落后，缺乏现代化的管理技术和手段。整体缺乏合作研究、人才交流、信息交换的渠道，缺乏项目评估、专家决策咨询组织，制约了保护和管理工作进程。

（4）流域保护宣传教育滞后

由于对额尔齐斯河流域生物多样性保护和合理利用的宣传力度、广度、深度不够，公众保护意识不强，沿岸一些地区还存在重开发轻保护的现象。

（5）资金缺乏

流域保护与管理需要资金投入。当前流域保护和开发的经费严重不足，已成为制约流域可持续发展的"瓶颈"。在基础调查、保护区建设、基础设施建设、流域监测、流域研究、人员培训、执法手段与队伍建设等方面都需专门的资金支持。由于资金短缺，许多流域保护计划和行动难以实施，必要的流域保护基础建设滞后。

8.5.3 保护措施

生物多样性的保护措施有就地保护和迁地保护两种，就地保护是主要措施，迁地保护是补充措施，生境的就地保护是对生物多样性最有效的保护方法，首先生境中的个体、种群、群落受到保护，其次还能维持所在生境的物质和能量的循环，保证物种的正常发育和进化过程以及物种与其环境之间的生态学过程，保护物种在原有生态环境下的生存能力和种内遗传变异度。因此，就地保护生态环境是保护生物多样性最根本的途径。

8.5.3.1 加强额尔齐斯河流域生物多样性调查监测与评估

额尔齐斯河流域生态系统变化、人类活动对区域生物多样性影响等都需要监测与评估，额尔齐斯河流域各类资源监测与评估是掌握区域资源状况及生物多样性最直接的方法与依据。加强额尔齐斯河流域资源监测与评估，全面了解并掌握其生态的动态演变，提出针对性强的管理措施，为合理保护、管理区域生物多样性提供数据支持与技术支撑。

（1）建立调查监测体系，完善监测信息共享制度

全方位地保护、管理额尔齐斯河流域生物多样性，就要定期监测、深入调查区域内生态景观，掌握其资源及生态的动态演变，并建立额尔齐斯河流域生态景观监测成果数据库，要综合调查监测额尔齐斯河流域生态要素，绝不能将各个生态要素分离。强化部门间配合协作与共管，并定期向所在人民政府（或林草部门）报告监测结果，提出意见建议，实现信息共享。

（2）开展资源调查监测与评估

额尔齐斯河流域资源监测、评估主要包括自然状况、生态环境、动植物资源的保护与利用及威胁因子等内容，每个部分可单独实施，各部分综合起来形成一个完整的监测体系。自然状况主要包括区域人口、经济、社会状况、自然降雨量、温度、湿度等气象资料监测等；流域资源主要包括其面积、范围与分布等；植物主要包括植物群落、物种组成、面积与分布、多度、密度、生物量等，以及外来物种监测；动物主要包括鸟类、两栖类、爬行类、哺乳类、鱼类、底栖动物等各类生物种类、数量、分布、栖息地监测等，以及外来物种监测；生态环境主要包括区域水文、水质、土壤监测等；利用、保护和管理状况主要包括利用形式、利用程度、保护措施、保护成效等；威胁因子主要包括受威胁状况、类型、程度等。在此基础上总体评估额尔齐斯河流域生物多样性现状。

（3）布设监测点

根据流域湿地类型和植被类型，在原有监测点的基础上合理、适量增加监测点位，每年开展定期与应急监测，实时掌握物种多样性动态变化，并及时将监测结果报送至调查监测管理中心，对重点区域建设自动监控系统，及时掌握生态环境动态变化。

8.5.3.2 继续执行退牧还草、还林、还湿工作

在流域及周边地区，坚定不移地执行退牧还草、还林、还湿工作，补播改良、毒害草治理、人工种草、围栏封育。将牧民草场从额尔齐斯河流域区域全部腾退，禁止在流域区域放牧，以保护及恢复流域生物多样性基础。

8.5.3.3 合理利用与实施生态修复工程

（1）对于生态极度脆弱区，实施中期禁牧3~5年，后期实施隔年利用、季节轮牧等计划。

（2）对于生态脆弱区，实施短期禁牧2~3年，后期实施隔年利用、季节轮牧等计划。

（3）在冬季降雪量大于15 cm的区域，利用冬季积雪，适时利用乡土草种补充人工

土壤种子库，维持物种多样性；在补充土壤种子库后，每年需要定期防治鼠虫害，并实施禁牧 2～3 年，后期可逐年增加载畜量，控制总量不能超过理论载畜量。

（4）不挤占生态用水，根据每年生态用水补给量，逐年有计划地实施生态修复工程。

（5）继续实施草畜平衡，严格执行禁牧、休牧、轮牧计划。

8.5.3.4　加强流域重点区域科普宣教

在额尔齐斯河流域自然保护区内，建立多元化流域保护解说系统，包括额尔齐斯河流域保护的意义、额尔齐斯河流域文化以及特定额尔齐斯河流域保护区的相关内容。解说标志主要在出入口、功能区、重要流域植物、栖息地等区域设立，以示界限，并对相关内容进行科学阐释，为公众提供简洁易懂的科学信息，并对不规范的行为提出警告。

8.5.4　保护与管理建议

针对额尔齐斯河流域生物多样性的现状及存在的问题，采取多方面有效措施，减缓人为因素造成的生物多样性退化，尽可能恢复已退化流域生态系统，是流域保护的当务之急，这对于流域生物多样性保护具有十分重要的意义。

8.5.4.1　加强流域保护的法律体系建设

加快流域生物多样性保护的立法进度、制定完善的法制体系是有效保护流域和实现流域生物多样性资源可持续利用的关键。为此，应加快相关地方各级政府立法工作进程，以法律的形式确定流域保护和开发利用的方针、原则和行为规范，明确各级、各行业机构的权限以及管理分工，为从事生物多样性保护与合理利用的管理者、利用者等提供基本的行为准则，使流域保护具有强有力的法律保障体系。

8.5.4.2　保护水资源、确保流域水量

水资源是流域生物多样性的基础。通过水质保护、水源保护、水岸保护、流域恢复和栖息地恢复等生态重点工程建设，优化额尔齐斯河沿岸的生态环境。逐步改变现有用水现状，通过春季引洪补水和跨流域补水相结合的方式，对缺水流域进行补充灌溉；合理配置水资源，特别是地下水资源超采的地区，能够使用地表水的，尽量使用地表水，保持地下水位不下降，修改额尔齐斯河分水方案和分水曲线，争取适当减少下泄量，增加中游地区用水量。

8.5.4.3　加大水污染治理力度

（1）控制污染源。加大执法力度，对排污超标的单位和部门给予约束和处罚，并限

期整改。

（2）积极采取治理措施，尽快提高生产、生活综合污水处理率。例如，利用植物进行水质净化，许多水生植物都能够参与金属的解毒过程，如香蒲、芦苇能成功处理污水，浮萍可作为含汞、砷、镉污水的净化植物，微生物可分解水体中的污染物；通过技术革新，减轻污染源对流域的污染；通过栽植大型植物，降低水体的富氧化程度，提高水体自净能力。

8.5.4.4 科学合理保护修复流，合理利用流域

将流域保护与合理利用纳入土地利用、生态治理、资源恢复等方面的管理计划，要通过营造生态环保林和水源涵养林的方式，防止水土流失，保证水源供给。要制定与水资源保护相关的水资源管理战略，加强水资源开发对流域生态环境影响的预测和监测，并通过建立最优河流水量分配方式来维持重要流域的自然状态及生态功能。对于已受污染的河流、湖泊和沼泽等，要有计划地进行治理并恢复其生态功能。

8.5.4.5 加强教育、提高全民流域生物多样性保护新理念

流域保护和流域资源的合理利用，很大程度上取决于公众对流域功能的认知。提高公众的保护意识、强化公众的流域保护意识和资源忧患意识、加强公众参与意识，才能有效地保护和管理。进一步加强生物多样性培训与教育工作，特别是负责流域管理的各级领导干部和从事流域管理的人员，通过学习、培训，提高他们的管理素质和水平，为流域生物多样性保护创造有利条件。通过互联网、多媒体、宣传画册、学校教育等多种手段，把加强宣传教育、提高全民生物多样性保护意识作为流域保护管理的基础性、前提性工作来抓，在全社会营造一种爱护流域、保护生物多样性的良好社会风气。

8.5.4.6 加大湿地类型自然保护区等保护地建设和管理力度

建立湿地类型自然保护区是加强流域生物多样性保护的一个重要手段，通过建立湿地类型的自然保护区，一些重要流域生态系统及赖以生存的动植物资源得到有效的保护。在已进行流域资源调查成果的基础上，今后应进一步加大湿地类型自然保护区的建设力度，同时努力争取通过在自然保护区实施湿地保护与恢复工程项目，建立起布局合理、类型齐全、重点突出、面积适宜的流域生态保护体系，并制定统一的保护管理标准，提高自然保护区管理的规范化水平，提高保护管理机构在生物多样性资源监测、科学研究和保护管理等方面的能力和水平。

8.5.4.7　进一步加大额尔齐斯河流域建设与保护资金投入

额尔齐斯河流域保护资金应建立公共财政投入机制，并确保政府投入稳步增加。额尔齐斯河流域是阿勒泰地区发展的重要基础性生态空间，政府应发挥核心作用，将流域保护和修复、监管能力建设等作为投资重点，纳入各级财政预算，建立专项资金和稳定的财政投入机制，逐步加大投资力度，提高额尔齐斯河流域保护投入占公共支出的比例，促进额尔齐斯河流域资源获得有效保护。

8.5.4.8　进一步加强科学研究、建立完善科技支撑体系

加强对额尔齐斯河流域生物多样性的科学研究，特别是生物多样性保护与合理利用的应用基础研究和应用研究，为保护与合理利用提供科学依据。要建立健全生物多样性保护的科技支撑体系，加大投入，及时掌握国外最新的学术研究，总结生物多样性保护、开发、利用的最新经验，加强在流域生物多样性等方面的科学研究成果，提高科研能力和水平，在此基础上提出科学合理的生物多样性保护管理措施和方案。

第9章

水资源开发利用与管理的问题和建议

水资源作为人类生产生活最重要的物质基础，事关人类生存发展和社会经济的协调可持续，同时水资源作为基础性的自然资源，是经济社会发展的战略性资源，也是生态环境的控制性要素，是综合国力的有机组成部分之一（刘昌明等，2001）。作为保障人类生存、社会经济及生态环境的可持续发展的基础物质，为了保障人类社会的可持续发展，必须重视水资源生态安全问题（王文杰，2012；阮仁良，2003）。社会经济的快速发展的同时，生态环境也受到严重的影响，人均水资源供给不足，水环境逐步恶化等问题日益加剧，如何保证水资源的安全，实现经济与生态环境的和谐发展，是当前亟须解决的重要问题（刘佳骏等，2011）。

党的十八大以来，以习近平同志为核心的党中央高度重视新疆工作，心系新疆各族人民的幸福生活。习近平总书记亲临新疆视察，多次主持会议研究新疆工作，发表一系列重要讲话，作出一系列重要指示。2020年9月第三次中央新疆工作座谈会提出"多谋长远之策，多行固本之举，努力建设团结和谐、繁荣富裕、文明进步、安居乐业、生态良好的新时代中国特色社会主义新疆"的总体部署，明确了新形势、新任务下推进新疆长治久安工作的总要求。做好社会稳定和长治久安工作，切实提高全区节水水平，以提高生态环境质量，让老百姓切切实实体会到获得感。推动高质量发展，打通水利发展"瓶颈"，完善水资源优化配置格局，统筹做好水旱灾害防治、水资源节约、水生态保护修复工作。由于新疆地处亚欧大陆腹地，气候干旱，水资源受季节因素影响严重，时空分布极不均衡，地表水蒸发量大，致使一些地方水资源不足。区域合理利用水资源不仅有利于缓解水资源供需矛盾、为新疆社会稳定和长治久安提供坚实水利保障，也是践行绿水青山就是金山银山理念、建设美丽中国的现实需要。

9.1 流域水资源开发利用中的主要问题

额尔齐斯河河谷宽阔平坦，河道分岔漫流，两岸滩地生长着茂密的河谷次生林和优良的河谷草场，形成独特的河谷生态系统。20世纪中叶以来，毁林开垦、过度放牧、酷渔滥捕，大规模水土开发、水利水电工程建设等人类活动，对流域生态系统健康和安全构成巨大威胁。河谷林面积萎缩、林龄老化，河谷牧草退化，高度、盖度、生物量等显著降低，土著鱼类资源严重减少、珍稀鱼类濒临灭绝。近年来，各级政府先后出台了禁止乱砍滥伐、矿山修复、草畜平衡、退牧还草、天然水域禁渔等政策措施，人为活动直接对河谷生态系统的影响得到有效遏制。然而，新时期额尔齐斯河流域生态环境保护面临新的挑战。

9.1.1　洪水资源利用不充分

阿尔泰山历来称作阿山 72 沟，原来有"沟沟有黄金"之说，"十三五"期间是沟沟的洪旱灾害频繁，主要为 4—5 月的融雪洪水和 7—8 月的暴雨洪水，且此处又处在水资源相对贫乏的地区，总体上看除额尔齐斯河干流、吉木乃县外，其他中小河流及额尔齐斯河的主要支流径流控制率均较低，洪水资源尚未进行充分利用。

9.1.2　灌溉水利用率低

额尔齐斯河流域灌溉面积较大，以福海县为例，灌溉面积最高峰时期达到 120～130 万亩。现有灌区大多数为常规节水灌区，灌区工程标准低、配套差、管理系统不健全。"十三五"期间灌溉水利用系数约为 0.41，低于全疆水平灌溉水利用系数 0.47，灌溉水利用率低，节水潜力巨大。

9.1.3　水资源无序利用导致天然湖泊水位降低

流域内乌伦古湖是乌伦古河的尾闾，是新疆仅次于博斯腾湖的第二大淡水湖。自 20 世纪 60 年代初至 80 年代中期，随着乌伦古河中、上游灌溉引水量逐年增加，特别是 20 世纪 70 年代末至 80 年代初连续枯水年，入湖水量大减。乌伦古河中下游大量开发耕地，同时兴建了福海水库等水利设施，导致乌伦古河水量大幅降低。且农业灌溉导致大量的水资源需求，乌伦古河径流量逐年降低；同时乌伦古河流域天然草场面积约 40 万亩，流域草场以天然打草场为主，越冬度春牲畜 104.7 万头（只），流域 1.54 万户牧民，人口 6 万多人。长期以来，由于过度超载放牧，草场植被破坏严重，加速了流域的天然草场退化、沙化进程。21 世纪以来由于流域内水资源无序利用，乌伦古河存在长时间断流，引起吉力湖水位快速下降，使乌伦古湖水倒流吉力湖，改变区域地下水位情势，引起了较大规模的区域环境恶化，土地沙化及碱化日益严重。

9.1.4　重点流域水环境质量短板依然存在

由于乌伦古湖为尾闾湖，常年受纳乌伦古湖流域的污染物，其水质较差。"十三五"时期以来，经过多年治理，乌伦古湖水质虽有一定改善，但水环境质量没有得到明显改变。2019 年乌伦古湖水质类别仍处于劣Ⅴ类（超标因子为氟化物），水质状况为"重度污染"，整体水质类别及水质状况没有变化。乌伦古湖为内陆湖，每年湖水的蒸发量大于降水量，氟化物天然背景值高，再加上受上游来水量不断减少和沿河两岸灌区用水增加的影响，下游断流现象时有发生，加大了乌伦古湖水环境治理难度。

9.1.5 生态用水短缺与湿地萎缩交织

额尔齐斯河流域生态系统结构相对脆弱，对于气候变化非常敏感。近年来，额尔齐斯河和乌伦古河水量均呈现出明显的减少趋势。同时，由于水位的显著变化导致额尔齐斯河下游的鱼类产卵场退化丧失。据统计，额尔齐斯河、乌伦古河流域中生存的一些土著鱼类、珍稀物种哲罗鲑等的繁衍都受到了严重影响，个别鱼类物种已接近灭绝。

9.1.6 水资源供需矛盾日渐突出

阿勒泰地区是新疆的丰水区之一，承担着向克拉玛依和乌鲁木齐调水的战略性重任，近年来引水工程实施，加上地区近些年工农业开发项目增加、工程措施不足导致用水效率不高等问题，造成地区生态用水供应明显不足，已出现部分河流断流，河谷林区沙漠化、沙化面积增大，下游湿地面积萎缩等生态恶化现象。随着灌区的进一步开发，以矿产资源开发利用为主的工业规模持续扩大，阿勒泰地区用水量将进一步增大，区域内水资源短缺的矛盾将更加突出，工农业发展和生态保护之间争水矛盾将更加凸显。提高水资源利用率，合理分配生产用水和生态用水，提升工农业发展质量已成为阿勒泰地区经济社会发展必须解决好的关键问题。

9.1.7 经济发展与水生态环境保护之间的矛盾仍然尖锐

阿勒泰地区生态环境本身脆弱，经济落后于其他发达地区，水土流失与草地退化等生态环境问题严重制约当地生态环境与经济和谐发展。近年来在实施了一系列生态治理工程项目后，生态系统整体恶化态势趋缓，但在工业化进程快速推进的同时，随之出现了亟待解决的严重的水环境污染问题，增大了生态环境保护修复的压力与风险，如何处理好生态环境保护与经济发展的关系，实现在保护中开发，在开发中保护，是阿勒泰地区未来经济社会发展必须解决的难点。

9.2 流域水资源优化配置的原则与总体思路

根据国家对新疆的发展要求和适应新形势下市场经济的需要，结合本流域特点，以优越的自然资源为依托，加大产业结构的调整，调整水资源区域布局，以水资源可持续利用为依据，以经济发展和生态环境保护为目标，科学合理地确定流域内水资源优化配置方案。

9.2.1　平衡水资源配置

水资源配置主要侧重于流域水资源在生活、生产、环境方面的协调，以湖泊流域、区域水资源综合规划和节约、保护等专项规划为基础，以流域水生态安全和水资源承载力为约束，制定流域区域水量分配方案，建立覆盖流域、区域的取水许可总量控制指标体系，全面实行总量控制；以提高用水效率和效益为目标，研究大力推进节水型社会建设方案。研究农业领域的节水改造，大力推广节水灌溉技术；工业领域要在优化调整区域产业布局的基础上，重点抓好高耗水行业节水；城市生活领域要加强供水和公共用水管理、雨水等非常规水源利用，全面推行城市节水；以河湖管理为重点，研究加强水生态系统保护与修复方案，分析制定流域开发和保护的控制性指标，合理确定额尔齐斯河-乌伦古河流域内各重要河流、湖库的生态用水标准，保持湖泊下游合理生态流量。水资源配置以流域水量和水质统筹考虑的供需分析为基础，将流域水循环和水资源利用的供、用、耗、排水过程紧密联系，按照公平、高效和可持续利用的原则进行。

9.2.1.1　高效循环利用水资源

树立底线思维，强化水资源管理"三条红线"刚性约束，充分发挥水资源管理红线的倒逼机制，加快实现从供水管理向需水管理转变。严格控制取水许可总量，将取水许可总量控制作为落实用水总量指标的重要控制手段。

（1）农业节水要求

加强农田水利建设，切实解决农田灌溉"最后一公里"的问题。推进中小型灌区节水配套改造，加快小型农田水利建设，建立灌溉设施保护与管理机制，因地制宜推广管灌、喷灌、微灌等高效节水灌溉技术，完善灌溉用水计量措施，提高农田灌溉水有效利用系数。按照"以水定地"的原则，严格控制流域内各县随意开荒和增加耕地面积。

（2）工业水资源高效利用要求

强化流域内工业节水措施。"十四五"期间平均万元工业增加值用水量每年降低 4.6%；"十五五"期间平均万元工业增加值用水量每年平均降低 4%；"十六五"期间平均万元工业增加值用水量平均每年降低 2.5%，水务部门应根据实际情况依据最严格水资源利用相关要求，设置工业增加值用水量限值。突出节水降耗，加强工业水循环利用，2025 年年底前工业用水重复利用率达到 92%，2030 年年底前应达到 95%，2035 年工业用水重复利用率达到 97%以上[①]。

---

① 考虑上海等一线城市节水型园区已达到 97%左右的水平，该指标为预期性指标，主要考虑重复利用率提升可降低工业用水和排水总量，降低污染物入湖总量。

（3）生活水资源高效利用要求

生活方面，突出节水控需，促进再生水利用；加强城镇公共供水管网改造，加快淘汰不符合节水标准的生活用水器具，大力发展低耗水、低排放现代服务业，推进高耗水服务业节水技术改造，全面开展节水型单位和居民小区建设。推进城镇节水，对流域范围内使用年限超过 50 年和材质落后的供水管网进行更新改造，降低公共供水管网漏损率。突出节流补源把非常规水源纳入区域水资源统一配置，加大雨洪资源、城镇生活污水处理厂尾水等非常规水源开发利用力度。单体建筑面积超过 2 万 m² 的新建公共建筑，应安装使用建筑中水设施，不断提高城市污水处理回用率，将城镇污水处理厂尾水用作城市绿化等公共用水和湖泊生态补水水源。

9.2.1.2 强化高耗水企业绿色转型，走绿色循环的新型工业发展道路

控制高耗水、高耗能产业进入，对于《产业结构调整指导目录（2024 年本）》中限制类和淘汰类产业进行严格审批和分步淘汰；强化产业转移引导与管控，按照《产业发展与转移指导目录（2018 年本）》要求，西部地区需要进行不再承接和引导逐步调整退出的行业进行全面梳理和退出。培植新型、轻型产业，扶持传统产业，发展农副产品加工、现代物流、专业市场、休闲旅游等，打造环湖、沿路的垂江产业带。现代物流是产业发展的重要推动因素，以交通枢纽为物流发展的节点，努力塑造物流发展新格局。休闲旅游即依托山水资源、渔业资源、湿地资源等地方特色资源，发展休闲旅游，拓宽经济增长的动力，提升综合实力。结合美丽乡村建设，切实推进农村硬化道路铺装，将生态旅游业与生态农业观光相结合，依托现有环湖路、海上魔鬼城、黄金海岸等节点打造环湖观光、观鸟的湿地科普线路。积极发展文化产业，在旅游业发展基础上采取"景区+度假区+生态渔村"的圈层发展模式，以此带动区域旅游复合发展。依托水产特色产业，在游客较为集中的黄金海岸等区域打造具备地方特色的餐饮品牌文化，在现有的农副产品深加工基础上，推进农副土特产产品为主的旅游购物品规模化与特色化，丰富旅游购物种类，提升现有旅游购物品的档次。结合湿地保护物种，推进科普读物、科普挂件等相关旅游购物品的生产与销售，凝练形成乌伦古湖国家湿地公园的宣传大使形象与周边产品。

9.2.1.3 基于资源循环利用理念，协同推进污染治理

（1）推进高标准农田建设，协同推进有机肥综合利用，降低化肥施用量

将湖泊流域红线保护区（湖泊周边）内非基本农田全部退耕还湖、还湿，剩余基本农田全部采用高效节水灌溉和测土配方措施，并使用生物农业或高效、低毒和低残留的农药，最大限度降低对湖泊水质的影响。不断推进高标准农田建设，采用先进的农业灌溉技术和耕作方式，发展节水型农业和生态农业。结合区域优势发展农牧结合的循环生

态农业发展模式，推广水肥一体化、测土配方施肥、生物控害与截污等清洁化农业模式，大力推广节肥、节药和农田污染最佳综合管理措施等先进适用技术，探索建立"两型"农业技术应用的政策性补偿制度。不断推进高标准农田建设，降低化肥利用比例，"十四五"时期，测土配方施肥技术推广覆盖率提高到 90%以上；"十五五"时期，测土配方施肥技术推广覆盖率提高到 95%以上。统筹考虑畜禽养殖废弃物农业和牧草种植综合利用，针对存在的冬季牧场相对集中的特征，研究制定游牧方式下冬季牧场畜禽粪污收集与资源化利用方案等，推进冬牧场牲畜粪、尿等废弃物收集与处理，采用蓄污与管道浇灌的方式，充分利用植被吸收与消纳营养物质，去除养殖废水中化学需氧量、氨氮和总磷 3 个主要污染因子。鼓励采取堆肥发酵还田、沼液沼渣还田、生产有机肥、基质生产、燃料利用等方式，促进养殖废弃物资源化利用。为解决大型养殖场和密集养殖区域的畜禽粪便消纳土地不足问题，建议畜禽养殖密集地区开展畜禽养殖业集中治理工作试点，积极引入第三方治理，筹划建设有机肥厂，并考虑对利用畜禽粪便生产的有机肥进行补贴和优惠扶持，通过综合利用的形式把畜禽养殖废弃物变废为宝，最终实现污染物的"零排放"。

（2）强化水产养殖污染治理，推进养殖废水循环利用

以新发展理念和乡村振兴战略为引领，立足当前，着眼长远，依法有序开发利用养殖水域滩涂和水生生物资源，努力提高水域产出率、资源利用率和劳动生产率，不断推进水产业高质量发展、可持续发展。落实功能区划管控要求，全面清退禁养区投肥投饵养殖，依据《中华人民共和国渔业法》《中华人民共和国水污染防治法》等法律要求，为使水域滩涂使用功能明确、产业布局合理，需要对不同类型水域进行功能定位，按照不同养殖区域的生态环境状况、水体功能和水环境承载能力，科学确定养殖水域滩涂的区域规划目标，遵循"生态优先、养捕结合、以养为主"的渔业发展方针，结合区域养殖水域资源特点和现有基础条件的实际情况，划定禁止养殖区、限制养殖区、养殖区 3 个功能区域，如在乌伦古湖、福海水库、顶山水库等水体划定为水产养殖禁养区，全面禁止投肥、投饵养殖模式发展。

限制养殖区内的养殖以增殖放流、人放天养为主，发挥养殖的生态维护功能，在此基础上建立限养湖泊禁渔期管理制度，确保区域内水质明显改善，水域生态功能得到有效恢复。严格控制养殖密度，规范养殖品种、模式。限养水体应以饲养滤食性鱼类为主，不得养殖对水体环境产生明显不利影响的品种，包括可能对水产种质资源保护区产生污染和危害的品种。严格控制渔业投入品的使用。严禁投肥、投粪、投饵养殖，规范用药，严禁使用违禁药物，严格控制渔业投入品污染。禁止可能对水域环境造成污染破坏的养殖、捕捞作业方式。

强化水产养殖管控，推进水产养殖尾水循环利用。实行养殖证和许可证制度，合理

控制养殖密度,全面发放养殖许可证。养殖区内的水产养殖,依照《中华人民共和国渔业法》办理水域滩涂养殖证。完善养殖水域使用审批,推进养殖水域滩涂承包经营权的确权工作,规范水域滩涂养殖发证登记工作。养殖主体必须持证养殖,苗种企业须经生产许可,取缔无证养殖和超范围生产。根据养殖水域容量和鱼类生长特性,合理控制养殖密度。大力推广低污染排放养殖模式和技术,保护水域环境和种质资源。科学控制养殖投入品的使用,推广全价人工配合饲料替代幼杂鱼的直接投喂。严格监管养殖用药,实施减量增收、绿色防控,严厉查处养殖过程中使用硝基呋喃、孔雀石绿等禁用药物的违法行为,探索建立水产养殖水质改良剂、底质改良剂、微生态制剂等生产备案制度,防范隐形使用违禁药物。全面推进标准化生产,抓好池塘清洁生产,推行池塘工程化循环水养殖,通过尾水深度处理和回用,减少水资源利用量和废水排放量。积极发展池塘工程化循环水养殖和工厂化立体养殖,生产更多的绿色、生态优质水产品。

(3)全面完善生活源污染治理设施,推进尾水深度净化与回用

再生水是城市污水、废水经净化处理后达到国家标准,能在一定范围内使用的非饮用水,可用于农业、工业、河道景观、市政杂用、居住回用等诸多方面,能在很大程度上缓解由于水污染导致的城市缺水问题。污水处理设施就是再生水的水源地,因此乌伦古湖流域城镇污水处理及配套设施建设中应积极推动再生水的利用。要按照"统一规划、分期实施、发展用户、分质供水"和"集中利用为主、分散利用为辅"的原则,积极稳妥地推进再生水利用设施建设。各地应因地制宜,根据再生水潜在用户分布、水质水量要求和输配水方式,合理确定污水再生利用设施的实际建设规模及布局,加快再生水利用建设,促进节水减排。目前部分污水处理厂尾水排入附近蒸发池,但蒸发池并未做防渗等处理,建议下一步开展县(市)内管网漏损情况排查工作,强化管网运行维护,确保污水应收尽收,同时开展尾水深度处理和回用工程,对城镇污水厂尾水处理达到农田灌溉水质标准或相关标准后用于农田灌溉和城镇生态用水。

农村生活污染包括生活污水和生活垃圾污染。对于农村生活污水的处理,采取分散或相对集中、生物或土地等多种处理方式,因地制宜开展农村生活污水处理。在重要饮用水水源地(含地下水源地)周边和村庄规模大、人口密集的村镇,应建设污水集中收集处理设施,大力推广使用无磷洗衣粉,通过立法禁止使用含磷洗衣粉,禁止磷酸盐排入水体。位于城市周边地区的村镇,建议延伸城市生活污水收集管网,将污水纳入城市污水处理设施,统一处理。对居住比较分散、经济条件较差村庄的生活污水,可采用净化沼气池、小型人工湿地等低成本、易管理的方式进行分散处理。同时结合农村净化沼气池建设与改厕、改厨、改圈建设,逐步提高农村生活污水综合处理率。"十四五"时期,流域内农村生活污水收集率达60%以上,"十五五"时期基本达到75%及以上,尾水用于农田灌溉等深度回用方向。

（4）防控工业及矿产开发环境风险

基于阿勒泰地区地质含氟量较高的特征，应重点开展工业及矿产环境风险防控。推进矿区环境综合整治，防控水环境风险。推进矿区废水回收利用，减少废水排放对水环境污染风险。鼓励将矿坑水优先利用为生产用水，作为辅助水源加以利用；采取修筑排水沟、引流渠，预先截堵水，防渗漏处理等措施，防止或减少各种水源进入露天采场和地下井巷，采取灌浆等工程措施，避免和减少采矿活动破坏地下水均衡系统，研究推广酸性矿坑废水、高矿化度矿坑废水和含氟、锰等特殊污染物矿坑水的高效处理工艺与技术。选矿废水（含尾矿库溢流水）应循环利用，力求实现闭路循环，未循环利用的部分应进行收集，处理达标后排放。完善尾矿库建设，严格尾矿库监管。推进现有矿业开采及加工企业建立专用的尾矿库，并采取措施防止尾矿库的二次环境污染及诱发次生地质灾害，采用防渗、集排水措施，防止尾矿库溢流水污染地表水和地下水。尾矿库坝面、坝坡应采取种植植物和覆盖等措施，防止扬尘、滑坡和水土流失。推广选矿固体废物的综合利用技术。

9.2.2　对额尔齐斯河-乌伦古河流域水资源进行优化调度

9.2.2.1　促进乌伦古湖-吉力湖水系更新

改善乌伦古湖河流尾闾型湖泊水系更新现状是从根本上减缓污染物累积、促进水环境质量提升的重要手段。从流域整体性出发，需要保障上游乌伦古河来水量稳定，理顺并打通吉力湖与乌伦古湖水系联通，人工强化乌伦古湖水系更新与交换，从根本上改变污染持续累积现状。

（1）开展乌伦古河生态基流核定与水资源联合调度方案编制工作

以吉力湖水位维持在 483～485 m 为目标，反推乌伦古河生态基流需求，同时结合流域水资源需求调查与核算，从乌伦古河生态基流保障出发，合理分配青河县、富蕴县、福海县乌伦古河水资源利用总量上限，开展乌伦古河全河段水位变化调查工作，合理确定各县交界处生态流量要求，确保乌伦古河断流天数占比降低 10%。

（2）疏通吉力湖与乌伦古湖连接河道，对湿地河岸线进行生态修复

吉力湖与乌伦古湖河道连接段湿地淤积现象较为严重，河道水流区域及岸坡不规整，一定程度上影响吉力湖水流入乌伦古湖。为保证水流通畅，对该段河道及岸坡进行疏导，工程量为 1 km（图 9-1）。主要工程措施为对现有的淤积物进行清除，同时对河道岸坡进行修整、刷坡，加宽河堤，提升河堤稳固度，防止土质流失。现状的河岸边坡为（1：8）～（1：1），可将现有的边坡统一成 1：2.5。修复后河岸顶高程为 483～485 m。

图 9-1　吉力湖与乌伦古湖连接河道清淤范围

（3）开展乌伦古湖引水补水工程，保障湖泊生态流量，改善湖泊水质

根据当前流域水利工程建设规划设想采用两种方案论证乌伦古湖引水补水工程。方案一拟在乌伦古湖距引额济海投入口以西 34 km、以南 10 km 的西北角处建设一处进水闸门，通过 31.6 km 引水线路与额尔齐斯河连通，出口位于布尔津县牧道桥下游附近。探寻在乌伦古湖生态改善工程实施的基础上，模拟额尔齐斯河调水方案和与之对应的水闸出水流量下，乌伦古湖水质空间变化过程。模拟年份为 1972—2007 年，年均入湖量为 3.2 亿 m³。对于额尔齐斯河调水量和出水量的核定，已知多年最大可入湖量时间序列的基础上，考虑额尔齐斯河月入湖流量小于 150 m³/s 和乌伦古湖水位在 479.1～484.3 m 波动两个约束条件，通过模型试算调整和优化的方式确定年平均出湖量为 0.8 亿 m³。通过长时间序列的化学需氧量模拟可知，经过约 8.4 年的置换水过程，乌伦古湖化学需氧量浓度可降至 20 mg/L 以下，达到地表水Ⅲ类水质标准。通过长时间序列的氟化物模拟可知，经过约 16.7 年的置换水过程，乌伦古湖氟化物浓度可降至 1.0 mg/L 以下，达到地表水Ⅲ类水质标准。方案一存在两个风险，一是由于湖泊氟化物浓度不稳定可能导致额尔齐斯河水质超标，二是由于乌伦古湖目前存在池沼公鱼入侵物种，控制不当可能导致额尔齐斯河外来物种入侵的问题，对生态系统造成不利影响。方案二则是计划在乌伦古湖西岸戈壁滩进行中草药种植，并以此作为乌伦古湖置换水消纳措施，需结合种植面积及其需水量和区域水体蒸发量综合确定乌伦古湖年度引水量，在引水量边界条件确定的前提下，构建环境模型验证情景模式，评估引水对水体改善效果。

9.2.2.2　开展额尔齐斯河与乌伦古河联合水资源调度

针对吉力湖已向微咸转化的问题，以恢复其原生淡水生态系统为根本目标，以 0.5 g/L 的矿化度水平作为吉力湖生态修复的基本要求，以 483.2 m 作为吉力湖最低控制水位，防止大湖水体向小湖倒灌，科学调控流域水资源时空分布。

根据《乌伦古湖生态环境保护及资源可持续利用发展规划》，吉力湖（小湖）水面高程大于乌伦古湖（大湖）至少 0.4 m 时，才不致发生大湖水体向小湖倒灌，因此将大湖水位控制在 482.8 m 以下为宜。根据湖泊水资源调控基准，为科学重建乌伦古湖大、小湖合理的水盐系统，必须依赖于乌伦古河稳定足量补给吉力湖，并在现有情况下适度控制乌伦古湖向吉力湖倒灌。为保证入湖水量（乌伦古河自然补给吉力湖 5 亿 m³ 以上），有必要实施吉力湖水体生态保育工程、吉力湖至乌伦古湖之间的生态闸重建工程，同时应在大小湖区不同位置增设必要的湖面水位自动监测和预警设备，对大小湖区的限制水位和限制水位差进行实时监控。当小湖限制水位和大小湖水位差超过规定值时，及时发出预警，湖泊主管部门应提前制定好丰、平、枯水年及丰、平、枯水期的科学水量调控方案。

9.2.3　强化区域水资源合理利用

9.2.3.1　制定科学合理的水资源管理规划，强化生态用水量管控

针对额尔齐斯河流域的水资源紧缺问题，需要制定科学合理的水资源管理规划。规划应包括水资源供需平衡分析、水环境保护措施、水资源节约和高效利用方案等。通过制定规划，可以实现水资源的优化配置和合理利用，促进经济、社会和环境的协调发展。

综合运用法律手段、行政手段、工程手段、经济手段、技术手段等，将生态用水纳入流域和区域水资源配置统一管理、统一调度，促进水资源的可持续利用。完善生态流量保障工程建设，发挥好控制性水利工程在改善水质中的作用，严格控制不合理的河道外用水。

9.2.3.2　划定水生态空间，构建节约保护的空间新格局

根据《全国主体功能区划》《新疆维吾尔自治区主体功能区划》《新疆环境保护规划》《阿勒泰地区城镇体系规划》等区域功能规划要求，划定规划区水生态空间（禁止区、限制区、水资源利用引导区），提出水生态保护红线指标、水资源利用与水环境质量指标等水生态管控指标，提出生态功能敏感区和资源开发利用区域的管控要求和措施。

9.2.3.3 加强水源涵养、修复河谷林草和湿地，健全水资源保护与河湖健康保障体系

按照"源头区水源涵养、中下游河谷林草湖泊尾闾湿地生态保护与修复"的水生态环境保护与修复规划布局，在河流上游有效实施重要饮用水水源地保护；实施河流和湿地生态保护与修复工程，确保河谷林草、湿地等生态用水，切实改善水生态环境，维护河湖健康；通过实施生态补水工程，确保额尔齐斯河和乌伦古河的下游河谷林草及乌伦古湖生态用水；加强入河排污口综合管理，严格控制入河污染物总量，加大污水处理和回用力度，减少入河污染物排放。治理水土流失，改善生态环境；涵养水源，维护饮水安全；防治风蚀，减轻风沙灾害；改善农村生产条件和生活环境，促进农村经济社会发展。

9.2.3.4 以城区水环境综合整治、美丽乡村建设为抓手，全面推进水生态文明建设

开展各县（市）城区的城市水系连通工程，保护和改善城区水生态环境，恢复河流生态廊道，为城区环境改善创造空间，结合城区河道治理工程及城区开放式湿地公园建设，创造优美的人居环境。按照乡村振兴战略和美丽乡村建设要求，重点对也拉曼村、合孜勒哈英村等乡村开展乡村水系整治和特色水景观建设，实施滨岸带生态修复、水环境治理等措施。

9.2.3.5 以优化水资源配置和水系连通为重点，构建空间均衡的城乡供水保障网

通过规划一批水利工程建设，结合已建成的克孜加尔、加那尕什、塘巴湖等大中型山区性骨干水库，以及现有供水水源配套工程扩建、重点城区新建第二水源蓄水工程和实施农村饮水巩固提升工程，形成多源互济的水资源优化配置格局，建立阿勒泰地区水安全保障体系、永续健康的北疆水塔和新疆重要的水源战略储备地，构建空间均衡的城乡供水保障网。

9.2.3.6 大力推进节水措施，建立再生水循环利用体系

全面实施节水行动，大力发展高效节水灌溉，按照供排水网络化、田间设施标准化、灌溉用水精量化、灌溉管理智能化的要求，对于水资源开发较高的乌伦古河、布尔津河、克兰河等流域，主要开展灌区续建配套工程。大力发展高效节水灌溉，加强农业取水计量设施建设，加强灌溉专业化、精细化管理，推进灌区建设向生态型、集约型、高效型转变，为实现乡村振兴和农业现代化奠定基础。

强制再生水纳入水资源统一配置，加大再生水利用量，加快建设形成"污水厂-人工湿地-调蓄库塘-用户"的区域再生水循环利用模式。加强采矿区的矿井水综合利用，周边地区生产和生态用水应优先使用矿井水。开展现有企业和园区以节水为重点内容的绿色高质量转型升级和循环化改造，加快节水及再生水利用设施管网建设，开展企业水平衡

测试，促进企业间串联用水、分质用水、一水多用和循环利用。加强区域再生水循环利用全过程水质水量监测，保障再生水利用安全。

9.2.3.7　补齐水利信息化短板，实现水治理体系和治理能力现代化

以促进水利基本公共服务均等化和水利事业全面发展为出发点和落脚点，着力破除制约水利发展的体制机制障碍，落实最严格的水资源管理制度，完善水资源资产产权制度、水生态红线制度、河岸生态保护蓝线、水生态文明等水生态和水环境管理机制，推进水利市场化机制建设，积极发展智慧水利，强化水利创新驱动。推动水生态保护补偿机制，加强水管理能力建设，提升水利信息化水平，逐步建立改革引领、市场驱动、政府监管的现代水管理体系，实现水治理体系和治理能力现代化。

9.3　流域资源环境管理相关政策建议

9.3.1　控制用水总量，严守水资源"三条红线"

实施水资源"三条红线"管理，把用水总量、用水效率、水功能区限制纳污"三条红线"和控制指标分解到各县、乡（镇）、村，建立三级用水户的控制指标体系，形成最严格水资源管理制度框架。

9.3.1.1　控制用水总量

健全取用水总量控制指标体系，完成 6 县 1 市用水总量控制目标体系建设，实行年度用水计划管理，保证地区用水总量控制在总量指标以内。对纳入和未纳入取水许可管理的用水大户，均实施计划用水管理。对用水总量接近控制指标的地方，限制审批建设项目新增取水；对用水总量已达到或超过控制指标的地方，暂停审批建设项目新增取水许可。未来国民经济和社会发展总体规划以及城市总体规划的编制、重大建设项目的布局，要充分考虑水资源条件，加强相关规划和项目建设布局水资源论证工作。

严格按照《额尔齐斯河流域规划》对乌伦古湖流域的青河县、富蕴县和福海县用水总量给出的定额，对各用水单位进行监督，各县（市）均不得超规模用水，严格按照"三条红线"水量进行水量分配调度。

9.3.1.2　严控地下水超采

实行地下水开采总量和水位"双控"制度及"井电双控"取用地下水管理制度。坚持"以地定水、以水核电、以电控水"原则，实施地下水精细化管理，将抽采指标分解

到灌区和机井。严格推进地下水取水许可、安装智能计量设施和复核年取水量等工作，控制地下水开采总量，禁止无智能计量设施或采用计量不准确的机井取用地下水。严格控制机井数量，严禁旧井复采，私自取水。对所有机井颁发取水许可证，农灌机井全部配套智能化计量控制设施。

划定阿勒泰地区地下水禁采区、限采区。超采区内禁止农业新增取用地下水，逐步关闭未经批准的和公共供水管网覆盖范围内的自备水井。大力推广高效节水灌溉技术，利用地下水输水距离近、调度方便的特点，将地下水开发与高效节水相结合，减少地下水开采规模，逐步实现地下水采补平衡。

9.3.1.3 提高用水效率

（1）发展农业节水

加快推广节水灌溉技术，积极筹措建设资金，指导推广应用渠道防渗、管道输水、喷灌、微灌等节水灌溉技术，逐步完善大中型灌区取水枢纽灌溉用水计量设施。发展耕作保墒技术，改善土壤的透水性，增强雨水入渗速度和入渗量，减少降雨径流损失和土壤水分蒸发。按照"以水定地"的原则，严格控制流域内各县（市）随意开荒和增加耕地面积。大力推行灌区节水改造及农田高效节水灌溉技术，提高渠系防渗水平和灌溉水利用系数，推广应用渠道防渗、管道输水、喷灌、微灌等节水灌溉技术。

（2）抓好工业节水

严格执行新疆鼓励和淘汰的用水技术、工艺、产品和设备目录；开展节水诊断、水平衡测试、用水效率评估，加大节水改造力度；在建设项目环评、方案初审和项目验收中，将节水作为重要审查内容；运用价格和税收手段，逐步建立高耗水工业企业计划用水和定额管理制度。在建设项目环评、方案初审和项目验收中，将节水作为重要审查内容，逐步建立高耗水工业企业计划用水和定额管理制度。推行工业领域节水和水循环利用，流域内拟建的工业园区及新增的工业企业必须设置工业水回用系统，工业园区工业水重复利用率必须达到《综合类生态工业园区标准（试行）》中的工业用水重复利用率的要求，并将再生水、雨水和微咸水等非常规水源纳入水资源统一配置。

（3）提高用水效率

建立万元国内生产总值水耗指标等用水效率评估体系，结合最严格水资源管理考核，把节水目标任务完成情况纳入各县（市）政府政绩考核。将再生水、雨水和微咸水等非常规水源纳入水资源统一配置。推行"井电双控"取用地下水管理制度，坚持"以地定水、以水核电、以电控水"原则，严格实施水资源有偿使用制度，有效提高地下水用水效率。推进水权制度建设，积极探索水资源市场化配置的有效途径。

9.3.1.4 建立水资源高效利用机制

（1）实行水资源论证和协调机制

国民经济和社会发展总体规划以及城市总体规划的编制、重大建设项目的布局，要充分考虑水资源条件和防洪要求，加强相关规划和项目建设布局水资源论证工作。推进新建、改建、扩建项目用水达到行业用水先进水平，严格落实节水设施与主体工程同时设计、同时施工、同时投运的要求。建立相对完善的额尔齐斯河河流数据库和监控预警系统在内的跨境河流综合监管和水事谈判支持系统，积极建设跨境河流信息通报与协调机制，为跨境河流综合监管以及国际协调提供技术支持。

（2）加强水量调度管理

强化水资源统一调度，完善生态流量保障工程建设，发挥好控制性水利工程在改善水质中的作用。统筹协调好额尔齐斯河、乌伦古河上下游、流域内外的用水关系，满足流域内生态、生产和生活用水。进一步加强对水能资源开发的规划管理，强化流域、区域取用水总量控制，实现水资源的优化配置。完善水量调度方案，采取闸坝联合调度、生态补水等措施，合理安排闸坝下泄水量和泄流时段，维持乌伦古河和乌伦古湖等河湖基本生态用水需求，重点保障枯水期生态基流，针对乌伦古湖与吉力湖水文关系失衡、水盐特征紊乱等特殊情况，制订应急调度方案。科学核定乌伦古河上游水电站最小生态下泄流量，指导督促水电站安装下泄流量在线监控装置，落实生态下泄流量要求。科学确定生态流量，在额尔齐斯河、乌伦古河、乌伦古湖等重要湖泊和河流开展试点，统筹河道外经济用水和河道内生态环境用水之间的关系，研究河流最小流量预警指标，作为流域水量调度的重要参考。

（3）推进水资源循环发展

加强工业水循环利用，鼓励有色金属等高耗水企业废水深度处理回用。促进再生水利用，制定促进再生水利用的政策，完善再生水利用设施，工业生产、城市绿化、道路清扫、车辆冲洗、建筑施工以及生态景观等用水，要优先使用再生水。

9.3.2 强化水资源保护与水污染防治，保障水生态环境安全

（1）保障生态用水

对水资源超载区域和流域，严格控制取用水总量，实施退地还水，从严加强各类规划和建设项目的水资源论证报告审批和跟踪、地下水开发利用以及取水许可的监督管理，逐步修复水生态。对于重要河段、湖泊、湿地及生态敏感区等生态用水进行研究，确定其生态水量（水位），水资源综合规划和流域规划统筹"三生"用水配置，制定水量统一调度方案，利用工程、非工程措施，完善区域再生水循环利用体系等方式保障生态用水。

（2）防治地下水污染

依法关停造成地下水严重污染事件的企业，工业园区、矿山开采区、垃圾填埋场等区域应进行必要的防渗处理。组织实施地区地下水环境监测体系建设，建立重点地区地下水污染监测系统，实现对人口密集和重点工业园区、重要水源等地区的有效监测。建立工业企业地下水影响分级管理体系，以黑色金属冶炼排放重金属和其他有毒有害污染物的工业行业为重点，公布污染地下水重点工业企业名单。逐步控制农业面源污染对地下水的影响，对由于农业面源污染导致地下水氨氮、硝酸盐氮、亚硝酸盐氮超标的地方，特别是阿勒泰市、布尔津县、哈巴河县和福海县的面积较大的大中型灌区，要开展种植业结构调整与布局优化，在地下水高污染风险区优先种植需肥量低、环境效益突出的农作物。通过工程技术、生态补偿等综合措施，在水源补给区内科学合理施用化肥和农药，积极发展生态及有机农业。公布区域内环境风险大、严重影响公众健康的地下水污染场地清单，开展地下水污染修复试点。

（3）深化重点流域污染防治

编制实施主要流域水污染防治规划，研究建立水陆结合、全面控源的流域水生态环境功能分区管理体系，建立"流域-控制区-控制单元"额尔齐斯河、乌伦古河流域水环境目标管理体系，实施二级（优先控制单元、一般控制单元）分级管理，开展三级（水质维护型、水质改善型、风险防范型）分类指导，突出优先控制单元的差异化管理。确定流域重点治理区域和重点投入方向，对总磷、氨氮、化学需氧量、重金属及其他影响人体健康的污染物算清"污染物排放量-河流环境容量-污染物削减量"三本账，实行"一河一策"，启动额尔齐斯河、乌伦古河流域环境污染治理的在线监测，重点做好两河流域枯水期和汛期的污染监测和防治，加大整治力度，确保额尔齐斯河、乌伦古河流域水质达到控制目标。

（4）增强河湖湿地水源涵养功能

加大额尔齐斯河和乌伦古河两河源头和沿岸的保护力度，积极落实生态淹灌长效机制，完善工程补偿措施和资金补偿方案。实施乌伦古河流域湿地、额尔齐斯河流域湿地、科克苏湿地等重要湿地保护与恢复工程，遏制湿地面积萎缩和功能退化的趋势。加强河湖水生态保护，严格落实生态保护红线，开展自然湿地等水源涵养空间侵占状况的调查与评估，禁止任何新的侵占行为，已侵占的要限期予以恢复。

（5）加强水域生物多样性保护

加强对自然物种资源的调查，适时开展生物多样性监测，建设物种及遗传资源保护与持续利用信息共享平台。实施布尔津河段河谷生物多样性及湿地保护，布尔津县额尔齐斯河冷水鱼繁育、养殖、救护基地工程，地区野生动物救护及监测体系建设等项目，结合河狸保护工程加大对珍稀物种的保护力度。制定额尔齐斯河、乌伦古河流域水生生物多样性保护方案，加强珍稀濒危水生生物和重要水产种质资源的就地和迁地保护。组织开展水生生物资源普查，建立健全重点河流的水生态监测系统，强化水生生物资源保护与监管能力建设。

（6）加强跨界流域环境风险管控

进一步规范和加强额尔齐斯河流域重点废水监控企业污染源在线监控设施的运行和监管，按照《新疆维吾尔自治区跨境河流水环境风险防控及环境应急能力建设方案》开展跨境河流水环境风险防控及环境应急能力建设，切实做好突发环境事件的防范和应急准备工作，确保跨国界河流水环境安全。

（7）加强饮用水全过程监管

从水源到水龙头全过程监管饮用水安全，建立和完善饮用水水源、供水厂出水和用户水龙头水质等饮水安全状况评估、公布制度，组织对城市供水出厂水和末梢水进行监测、检测和评估，出台相关配套政策，对小区供水设施进行改造，保障用户水龙头水质安全。构建科学、合理的水源地监测体系，提高饮用水水源地环境监测能力和水源地信息管理能力。

（8）强化饮用水水源环境保护

加快推进红土梁水库、东方红水库、于什盖水库、青年水库等饮用水水源保护区隔离网、应急物资、警示牌、监控等基础设施建设。开展地区 7 个集中式饮用水水源技术评估，强化饮用水水源保护区环境应急管理，推进饮用水水源规范化建设，依法清理饮用水水源保护区内违法建筑和排污口。

9.3.3　严控流域污染物排放，对退化河谷林进行封育保护

加大重点流域保护和综合治理，推进实施重点流域水污染防治和生态恢复与保护工程建设，重点完成乌伦古湖生态保护项目。

（1）狠抓工业污染防治

开展对水环境影响较大的重污染行业和"低、小、散"落后企业、加工点、作坊的专项整治。集中治理工业园区水污染，排查工业园区的水污染治理情况，列出问题清单，督促当地政府、工业园区落实污染整治措施。加快吉木乃县边境经济合作区、黑龙江富蕴工业园区、青河县工业园区、阿勒泰福海工业园区等工业园区水污染集中治理设施建设，强化工业循环用水监管。新建污染企业必须全部进入相应的工业园区，园区内工业废水必须经预处理达到集中处理要求，方可进入污水集中处理设施。强化园区涉重金属企业强制性清洁生产审核工作，重点涉重金属企业全部安装自动在线监控装置。按照"取缔一批、合并一批、规范一批"要求，实施入河排污口分类整治。

（2）强化城镇生活污染治理

加强城镇污水处理设施建设与改造。加快阿勒泰市污水处理厂二期扩建和污水再利用项目，青河县、福海县、布尔津县、哈巴河县、吉木乃县污水处理厂项目和富蕴县、哈巴河县污水再利用系统项目建设，实现污水的资源化，提高水资源综合利用率。加强污水处理厂进出水监管，全面实施污水排入排水管网许可证制度，有效提高污水处理厂纳管达标率和出水达标率，鼓励和支持污水处理收费和污水产业化制度改革。推进污泥处理处置，建立污泥从产生、运输、储存、处置全过程监管体系，积极采用源头减量新技术，鼓励污水处理厂开展污泥过程减量生产性试验。

（3）推进农村水污染防治

统筹考虑环境承载力及畜禽养殖污染防治要求，按照农牧结合、种养平衡的原则，合理规划布局畜禽养殖，科学划定畜禽养殖禁养区、限养区。新建、改建、扩建规模化畜禽养殖场（小区）应实施雨污分流、粪便污水资源化利用。加强散养密集区环境整治，在散养密集区，加快农村户用沼气池建设，实施畜禽粪便污水分户收集、集中处理利用等环境整治。大力发展生态畜牧业，因地制宜推广畜禽粪污综合利用技术模式，规范和引导畜禽养殖场做好养殖废弃物资源化利用、生态消纳，加强处理设施的运行监管，促进畜牧业转型升级。

（4）控制农业面源污染

建立科学施肥管理体系和技术体系，开展农作物病虫害绿色防控、统防统治。额尔齐斯河、乌伦古河流域等敏感区域的大中型灌区，应充分利用现有沟、塘、渠等，配置水生植物群落、格栅和透水坝，建设生态沟渠、污水净化塘、地表径流集蓄池等设施，净化农田排水及地表径流并综合利用。调整种植业结构与布局，在福海县试行退地减水，适当减少用水量大的农作物种植面积，改种旱作农作物、经济林等，发展高效、节水现代农业。

（5）稳妥处置突发水环境污染事件

建立健全突发环境事件应急机制，逐步建立环境污染责任保险体制，提高应对突发环境事件的能力。加强额尔齐斯河水环境突发事件的应急防范，排除水污染隐患，确保出境断面水环境安全。强化危险源、敏感点的监测、分析、预测、预警，储备足够的应急物资，配备应急装备设施，加强培训和演练，增强突发事件应急处置能力。

（6）加强乌伦古河流域面源污染控制

重点针对乌伦古湖流域内农村污水污染、农村垃圾污染、农田径流污染、入湖河污染和草地分散畜禽养殖等面源污染进行防控。乌伦古湖流域红线保护区内禁止建设畜禽养殖场所，重点对流域上游青河县与下游福海县各乡（镇）距离河、湖等重点水体较近区域内较大规模畜禽养殖企业（养殖小区或养殖户等），配置家禽粪污收集系统及无害化处理设施。支持社会资本参与畜禽粪污资源化利用，加大有机肥施用补贴力度，推广畜禽粪污全量还田利用技术，以有效的肥料利用提高粪污资源化利用水平。

（7）对乌伦古河中、下游河岸缓冲带进行封禁保护

重点实施乌伦古河中游富蕴段退化河谷林缓冲带封育保护工程，将富蕴县内 240 km 的乌伦古河段距离河道两岸 100 m（红线区）范围内的河谷林湿地进行植物围栏封育，实施人工抚育和管护。封禁区内的河谷草场作为打草场，允许牧民在秋季打草用于养殖。

9.3.4 坚持以水定业，合理布局各类产业

切实落实以水定地的基本原则，严格控制土地开垦规模，严格控制在沿河地区和生态湿地开垦土地；积极发展高效节水农业和新型节水型工业，严格审定资质，鼓励引导高科技绿色矿产资源开发企业和高科技环境保护治理企业进入本地区，进行环境友好型的资源开发活动。

（1）严格限制开垦土地

严格限制并逐渐减少灌溉面积，建设节水、高效的农业生产体系；在地表水开发程度相对较高的乌伦古河流域和吉木乃诸小河流域，实施退耕还草、还牧。

（2）合理规划工业用水配置比例

2020 年水资源的配置规划中工业用水仅占可用水总量的 8.78%；农业用水占可用水总量的 88.72%；2030 年水资源的配置规划中工业用水仅占可用水总量的 13.88%；农业用水占可用水总量的 83.49%。农业用水比例过高，工业用水比例过低。规划配置比例远远未留够工业发展的水资源利用空间。主要表现在额尔齐斯河上、中游和乌伦古河中、上游灌区的工业增加值的速度远远大于规划中的增长速度，用水量也远远大于规划中的配水量。

（3）严格流域内涉水建设项目的审批程序

额尔齐斯河和乌伦古河流域内涉水建设项目应由地区流域管理部门审核同意后，报地区水行政主管部门备案，行署其他部门再审批相关手续。对违反法律、法规的涉水开发建设行为，流域管理处有权依法责令其停止违法行为，限期拆除违法建筑物和设施，恢复原状。坚决执行《新疆额尔齐斯河流域规划》，牢牢把住土地开发审批关。如果流域灌溉面积已超规划目标，不得增加土地开发面积，以确保规划得以贯彻和落实。

9.3.5 加快水价和水权改革，促进水资源的合理、高效利用

9.3.5.1 加快水价改革

我国农业用水价格普遍偏低，农业水价不到位、水价严重偏离供水成本、用水成本

过低，这导致农民节水意识淡薄，用水浪费严重。水资源现在仍是按照指令配置，水的价格不能体现其稀缺性。因此，迫切需要理顺水资源价格，使其真正反映市场的供求关系。若想要真正抑制农业用水中的浪费现象，要解决水资源的供需矛盾，就必须引入市场机制，发挥价格机制的调节作用，利用水权和水市场进行水资源的优化配置，使水资源得到高效利用。

实行累进制水价，可以将基本水价和计量水价结合在一起进行水价调整，实行累进制水价，发挥阶梯水价机制调节作用，全面实行非居民用水超定额、超计划累进加价制度。

实行差别化水资源价格。改革农业水价，实行地表、地下水差别水价；对于高效节水作物和特色林果业，给予适当的水费优惠；对于高耗水低效益的大田作物，水价要有一定的上浮，且地下水加价幅度要高于地表水。

建立上下游相结合、城乡一体化的供水公司，把水利经营管理体制与水价改革相结合，依照市场规律对供水价格进行调整，统筹各方利益，顺利推进水价改革。

依法落实国家城镇污水处理费、排污费、水资源费征收管理有关政策规定，改革农业用水的税收政策，可以在农业生产者可承受范围内降低农业用水限额，并且适当提高税额标准；建立农村居民污水处理收费、垃圾处理收费等收费制度。

9.3.5.2　合理分配水权，建立水权交易市场

水权制度是利用市场机制配置水资源的有效手段，其核心是水权分配和水权交易。在水资源紧缺条件下，只有明晰水权、强化水商品价值，才能有效减少争水或浪费水现象，促进水资源高效使用。

考虑到阿勒泰地区的实际情况，应该以各地农业用水量红线控制目标为前提条件，以农村第二轮承包地为基础，以阿勒泰各县（市）发布的农业综合灌溉定额为标准，科学合理地测算各乡（镇）、村组和农户的可分配农业用水量，以此水量作为核定各乡（镇）、村组和农户基本农业初始水权分配水量。然后，充分征求各相关利益方的意见，经民主协商达成一致意见后，最终将农业初始水权分配给各水权主体，并进行初始水权确权登记，核发水权证。通过水权交易，促进水权合理有序流动，满足不同用户的用水需求，实现水资源优化配置。

完善水市场运行管理，丰富水权交易方式。建立规范有序的水权交易市场，有利于在流域统一管理下，实现水权合理流动，满足社会个性化用水需求。要在农业水权交易的基础上，探索农业水权向工业和服务业转移的交易模式，通过水权向不同行业用户流动，强化全社会的节水意识，带动包括水资源在内的社会资源的高效配置。

建立水权转让机制，允许水资源使用权在用水户间进行转让，既可解决水资源增量需求问题，又有利于激发和调动用水户节约用水的积极性，促进稀缺的水资源向高效率

和高效益方向流转。

　　加快建立水资源产权制度和水权收储、抵押、交易机制，畅通水权流转渠道，引导各市、县、乡镇开展跨行业、跨区域水权转换交易，有效发挥市场对水资源配置的决定性作用，以水权制度改革倒逼产业结构调整、用水方式改变和用水效率、效益提高。

第10章

高水平保护推动高质量发展战略

2023 年，习近平总书记在全国生态环境保护大会上提出，要站在人与自然和谐共生的高度谋划发展，通过高水平环境保护，不断塑造发展的新动能、新优势，着力构建绿色低碳循环经济体系，有效降低发展的资源环境代价，持续增强发展的潜力和后劲。为推动额尔齐斯河流域高质量发展，完整全面贯彻新发展理念，系统分析额尔齐斯河流域高质量发展面临的主要问题，提出额尔齐斯河流域高质量发展战略方向与政策建议，同时加强区域协同发展，持续开发区域优势特色产业，从多方面发力，以额尔齐斯河流域的高水平保护推动额尔齐斯河流域高质量发展。

10.1 额尔齐斯河流域高质量发展总体战略

10.1.1 额尔齐斯河流域高质量发展面临的主要问题

10.1.1.1 生态退化形势依然严峻

阿勒泰地区地处欧亚大陆腹地，气候干旱，蒸散量超自然降水量，且降水量分布不均匀，北部山区降水充沛，但南部平原和荒漠降水稀少、蒸发量大，导致额尔齐斯河以北水源十分丰富，而以南则水源短缺，土壤层薄、土壤质地粗、土壤砾质化较重，属于西北生态环境脆弱区，极易发生植被退化、土地沙化等生态问题。

同时，较长一段时期的历史毁林开垦、乱砍滥伐、过度放牧等人类活动造成部分区域出现生态退化趋势。由于额尔齐斯河、乌伦古河上游引调、拦蓄水工程的过度截流以及"北水南调"工程的河水外调，造成流域下游河道水量减少，额尔齐斯河水量也呈减少趋势，同时受截流、乱砍滥伐、过度放牧等影响，河谷林林龄结构不合理，林分质量下降，中、幼林恢复困难。在一些干旱少雨的区域，由于采用滴灌技术灌溉农田，使农田防护林得不到有效灌溉，农田防护林成活率降低。同时水位的显著变化使额尔齐斯河下游的鱼类产卵场退化，据统计，阿勒泰地区两河流域中生存的 23 种土著鱼类、160 个河狸族系、珍稀物种哲罗鲑等的繁衍都受到了严重影响。

受乌伦古河上游来水减少和沿岸灌区用水增加的影响，乌伦古湖生态补水严重不足，导致乌伦古湖水质咸化、湖周土地沙化和植被退化。由于水资源的开发利用，两河流域部分湿地也出现严重萎缩。如新疆北部戈壁荒漠中最大的沼泽湿地——科克苏湿地，是额尔齐斯河流域最重要的鱼类产卵场和鸟类栖息地，区域内分布有由多科树种组成的天然河谷林，是我国极为珍贵的基因资源库，2000—2010 年科克苏湿地面积共减少了 27.6%，湿地连通性降低，破碎度增加，导致生物多样性锐减。

近年来，通过生态保护修复措施，局部生态退化的趋势得到一定程度的缓解和遏制，但要彻底解决这些生态问题，改善整体生态环境状况还需长期维护治理成效，久久为功，持续推进山水林田湖草沙生态保护修复。

10.1.1.2　重点流域水环境质量短板依然存在

乌伦古湖流域是阿勒泰地区重点流域之一，经过多年治理，乌伦古湖水质虽有一定改善，但水环境质量没有得到明显提升。2019 年乌伦古湖水质类别仍处于劣 V 类，水质状况为"重度污染"，整体水质类别及水质状况没有变化。乌伦古湖为内陆湖，每年湖水的蒸发量大于降水量，天然背景值高，再加上受上游来水量不断减少和沿河两岸灌区用水增加的影响，下游断流现象时有发生，加大了乌伦古湖水环境治理难度。

乌伦古河下游河道出现断流，大量蓄、引水工程建设导致水资源量减少，也加剧了流域生态环境质量的恶化。2011—2016 年，乌伦古河流域工业废水及生活污水排放量持续攀升，排放量高达 46.8 亿 t，对流域水环境造成了严重污染。

受人类活动影响，部分区域河湖岸线遭到破坏，河滨湖滨草地、林地、湿地生态系统退化，水土保持、水质净化、生物多样性维护等生态功能减弱，阿勒泰地区两河一湖的水生态及区域生态安全受到较大威胁。

10.1.1.3　大气污染防治压力仍在

阿勒泰地区市区环境空气优良天数比例较高，但是，冬季取暖的能源消耗结构尚没有根本改变，二氧化硫、二氧化氮年均值有上升趋势；受干旱多风、采暖期长、植被覆盖率低、气候变暖、建筑扬尘、机动车排放等因素影响，阿勒泰地区空气中臭氧浓度值不断增高，降尘和臭氧成为城区主要大气污染物，其次是细颗粒物、氮氧化物，属扬尘和煤烟型污染。近年来，随着机动车保有量的逐步攀升，机动车排放将成为影响环境空气质量的重要因素。

10.1.1.4 农村环境治理任务依然艰巨

目前，大多数农村生活垃圾和污水的收集与处理设施依然缺乏，畜禽养殖规模化程度仍然较低，畜禽粪便导致的环境污染还未能得到全面治理。在面源污染方面，化肥、农药和地膜仍然是农村面源污染主要污染源，膜秆分离、地膜二次利用技术不够成熟，回收利用难度仍然较大，在生物降解膜推广试用中，由于技术不成熟或质量不达标，导致试用效果不明显，出现提前降解或降解不彻底的问题。

10.1.1.5 产业结构有待进一步优化

阿勒泰地区国民经济和社会发展统计公报显示，阿勒泰地区第一产业、第三产业的比例有所上升，但近两年第三产业所占比例增长缓慢，第二产业比重依然较大，以旅游业为主体的发展格局仍需进一步完善，在发展动能转化上，尤其是第三产业的发展上还需继续发力。

10.1.1.6 体制机制有待进一步完善

阿勒泰地区生态环境保护体制机制不断完善，但与高质量发展的目标还有一定差距。生态环境监测网络体系有待进一步完善，法律标准、监测能力等基础保障不能满足形势任务新需求，监测数据深度挖掘以及支撑服务能力亟须提高，生态环境信息化工作还存在明显短板。

10.1.2 额尔齐斯河流域高质量发展战略方向

大力发展"绿色矿业、清洁能源、大旅游、大农业、大健康"五大特色优势产业和口岸经济，着力构建现代产业体系，积极服务和融入自治区"八大产业集群"；不断加强阿勒泰地区生态环境保护，改善生态环境质量，筑牢新疆重要生态安全屏障；紧紧抓住"一带一路"建设、援疆政策等发展机遇，充分利用"一带一路"北通道，加快推动全域旅游和绿色高质量发展，坚持"以旅游业为主体，牵动一产、托举二产"的发展思路，大力实施"6635"战略路径；依托额尔齐斯河流域山水林田湖草生态保护修复工程，系统开展生态环境保护修复，推动地区生态环境质量的整体提升，全面落实创建自治区生态环境保护示范区，持续推动生态文明示范建设，积极推进阿勒泰生态文明示范市和阿勒泰生态文明建设样板区，努力走出一条具有阿勒泰特色的高质量发展之路，发挥阿勒泰地区在新疆乃至西北干旱区的引领示范作用。

10.1.3　额尔齐斯河流域高质量发展政策建议

10.1.3.1　加强绿色发展制度体系建设

结合"十四五"国民经济和社会发展规划，在阿勒泰全境实施负面清单管理制度，明确列出禁止投资建设的项目类别，明确限制、禁止、淘汰产业清单，严格管控污染物排放量大、产能过剩严重、环境问题突出的产业。建立《阿勒泰地区绿色发展指标体系》《阿勒泰地区生态文明建设考核目标体系》，从资源利用、环境质量、增长质量、绿色生活、公众满意程度等 7 个方面，引导阿尔泰山和两河区域重"绿"亲"绿"。

重点预防农牧业生产活动可能造成的环境污染与水土流失，大力提倡有利于生态修复的各种绿色发展项目，如近自然林业、生态农牧业等。

以科技创新为先导加快工业转型。通过技术引进和创新，大力发展风电、水电等新能源和战略性新兴产业，着力构建以清洁能源、黑色有色金属深加工、农副产品加工、油气和煤炭深加工为支撑的清洁安全、结构优化、技术先进、附加值高、吸纳就业能力强的现代工业体系。

坚持生态优先，积极发展具有潜在优势的全域生态旅游业和相关新业态，积极培育商贸物流业、现代金融业、电子商务、养老与健康产业。

积极推进绿色发展空间布局，分区施策。大力推进富蕴县、哈巴河县等工矿型经济转型升级，大力推进具有旅游及旅游新业态、开放型经济、绿色有机农产品生产和加工、新能源等产业优势的阿勒泰市、布尔津县、福海县、吉木乃县和青河县加快发展。

进一步完善组织体系，建立健全"一山两河"多县（市）联动的生态责任监督问责机制。此外，应建立全面的生态环境评估机制，建立"一山两河"生态保护联合执法机制，对突破生态红线行为，必须加大惩处的力度。

研究设立额尔齐斯河流域山水林田湖草系统治理委员会，对全流域山水林田湖草生态系统要素的开发和保护、区域发展等重大问题进行统筹规划和一体化系统治理；构建"一山两河"生态保护修复综合协调机制，由地区、县（市）两级发改委、财政局、水利局、自然资源局、生态环境局、林草局、农业农村局等部门组成，邀请相关领域的专家参与，下设若干专门委员会，负责专门事务治理。主要职责包括政策法规制定、规划编制执行、生态影响评价、重点项目立项及重大事项的审批责权、资金管理等。突破现有的体制和行政边界，协调流域各县（市）通力合作，形成政府统筹、地方协调、企业参与、全民共治、专家建言的多元化治理体系。

10.1.3.2 坚持以水定业，合理布局各类产业

推动北部阿尔泰山生态功能涵养区和中部两河一湖生态安全维护区优先加强生态保护，控制盲目发展产业经济对水源涵养、水土保持和生物多样性保护等生态保护治理的负面影响，促进生态自然恢复。严格控制在沿河地区和生态湿地开垦土地，严格限制草场超载过牧。严格审定资质，鼓励引导高科技绿色矿产资源开发企业和高科技环境保护治理企业进入本地区，进行环境友好型的资源开发活动。

严格限制开垦土地，严格限制并逐渐减少灌溉面积，建设节水、高效、稳产的农业生产体系；流域内发展适宜的牧草业，重点在地表水开发程度相对较高的乌伦古河流域和吉木乃诸小河流域，实施退耕还草、还牧。由于灌溉方式与配套基础设施的不完善，农业用水效率不高，地区灌溉水利用系数为 0.54，低于全国平均水平（0.548），灌溉亩均用水量为 605 m^3/亩，高于全国平均水平（377 m^3/亩）。与节水先进地区或发达国家相比，节水管理与节水技术比较落后，水资源浪费仍较严重。因此，流域内具有较大的节水潜力，但需要加大高效节水投入，持续提高农业用水水平。

10.1.3.3 着力构建现代产业体系

推动绿色矿业挖潜增效、延链拓链。积极融入新疆绿色矿业产业集群建设，打造西部国家战略矿产资源储备开发基地和新疆绿色矿业高质量发展示范基地。大力实施新一轮战略性矿产找矿行动，尽快落实地勘资金，形成一批战略性矿产和优势矿产勘查开发后备区、战略接续区。深入开展打击矿产资源非法开采、运输、交易专项行动，规范矿产资源的开发利用秩序。做好富蕴工业园区、福海工业园区的化工园区认定申报工作，不断增强产业落地的承载力（谢少迪，2023）。

推动清洁能源释放产能、强化支撑。以提升消纳能力、外送能力、存储能力为重点，积极融入新疆新能源产业集群建设，打造千万千瓦级清洁能源基地。加快建设布尔津抽水蓄能电站和"源网荷储氢"一体化项目，提高灵活电源调节比例和供电保障能力。大力推进电力通道建设，构建"一横三纵"主电网。扎实推进天然气利民工程建设，尽快融入北疆环网。

推动旅游产业繁荣两季、发展四季。深入践行旅游兴疆战略，推动冬夏旅游齐头并进，打造中国最佳旅游目的地、世界冰雪运动目的地。加快完善将军山、吉克普林、青格里狼山、可可托海滑雪场和野卡峡野雪公园"四区一园"基础设施，提升喀纳斯、可可托海和白沙湖 3 个 5A 级景区接待水平，推进乌伦古湖、草原石城 5A 级景区创建工作，引进一批酒店管理集团，加快 G331 线青河-富蕴-阿勒泰、G681 线阿勒泰-禾木公路和布尔津县通用机场改扩建工程等项目建设进度，着力解决"三难一不畅"等突出问题。抓

好夏季、秋季旅游,加强旅游品牌宣传推介,深入开展"旅游服务质量提升年"活动。

推动农业产业集约高效、多做贡献。放大阿勒泰水土光热资源优势,深挖畜牧业、特色种植业和渔业发展潜力,深入实施农业强区战略,加强水土资源优化配置,为保障国家粮食安全和重要农产品供给做贡献。大力发展沙棘、中草药、牛、羊、马、驼等特色产业,提升产业发展能力和农产品保供能力,加快建设优质粮油产业集群、优势畜产品产业集群、特色种植业产业集群、高端冷水鱼产业集群。

推动健康产业放大优势、力求破局。充分挖掘阿勒泰"净水、净土、净空"优势,以中药民族药产业为特色,推动"康养文化旅游+多产业"深度融合,加快推进地区人民医院迁建工程,建设拉斯特康养小镇、汗德尕特文旅小镇,开发建设独具特色的森林与温泉康养度假区,深度开发驼奶、戈宝麻、沙棘、低氘水等健康养生产品,努力打造集康复、养老、休闲、旅游等多元化功能于一体的康养基地。

推动口岸经济东联西出、扩大开放。立足"一关通四国"区位特点,积极融入新疆丝绸之路经济带核心区建设,充分利用"两个市场、两种资源",发挥口岸在推动新发展格局中的作用,大力发展口岸经济。加快吉木乃口岸贸易桥建设进度,用好吉木乃国家级农业对外开放合作试验区政策,推动进口产品落地加工。发挥吉木乃国际商贸城作用,加快设立跨境电商边境仓,构建东联西出国际贸易新平台。推进塔克什肯口岸货运通道建设,提升口岸过货能力,扩大汽车、百货等商品出口规模努力打造外向型产业集聚区。尽快启动红山嘴口岸贸易桥及口岸边民互市贸易点建设,努力推动向第三国开放。

10.1.3.4 统筹"一山两河"生态空间治理

除额尔齐斯河干流、吉木乃县外,其他中小河流及额尔齐斯河的主要支流径流控制率均低于10%,因此应切实落实山水林田湖草沙系统治理的理念,统筹河道和滩区等"一山两河"生态空间的综合治理,打造以森林、草地和湿地为核心的滨岸缓冲带和生态廊道,充分发挥其截留洪水、削减洪峰、保持水土、净化水质的功能。通过岸线近自然形态设计、自然生境重建、生态系统结构优化等措施,开展森林和湿地生态修复,既增加两河流域蓄水量,又增强"一山两河"生态功能。

建立"一山两河"生态监测网络。"一山两河"的治理,必须构建完善的生态调查监测网络体系,这有助于对森林、草原、湿地等生态系统和水体污染情况等进行深入调查,掌握生态系统的本底状况,通过布置统一的监测站点,开展包含森林、草地、湿地、荒漠、水体等生态系统和生物多样性的全要素多指标监测,建立大数据平台,实现数据信息共享,为科学决策提供有力支撑。

重点解决水利管理存在的痼疾,提高"一山两河"生态治理效率。额尔齐斯河与乌伦古河流域管理缺乏法律法规依据,长期多龙口管水,各行其是,管理混乱,职责划分不清等，从而导致水费征收难，投资渠道单一，重建轻管理等问题。从全疆情况来看，伊犁河和塔里木河分别制定了伊犁河流域管理条例和塔里木河流域管理条例，而额尔齐斯河尚未启动，应尽快建立额尔齐斯河流域管理条例。

10.1.3.5　加强"一山两河"地区自然保护地建设

国内外大量经验表明，构建完善的自然保护地体系是快速恢复流域生态系统的有效手段。针对阿勒泰地区"一山两河"面临的生态问题，可将自然保护地建设完善作为本地区生态保护的"快捷键"。上游突出布尔根河河狸自然保护区、阿尔泰山两河源自然保护区、额尔齐斯河可可托海湿地自然保护区的辐射带动作用，重点提升水源涵养能力，遏制草原退化和水源地污染；中游打造卡拉麦里山有蹄类野生动物自然保护区、阿勒泰科克苏湿地国家级自然保护区、福海金塔斯山地草原类型自然保护区，重点提升生物多样性、湿地生态系统保护和水环境治理，防止水土流失；下游以哈纳斯国家级自然保护区为核心，提升森林生态系统多样性，打造跨境生态环境保护、治理适宜模式。

10.1.3.6　推进文旅融合，实现高品质高层次高标准发展

把文旅融合发展作为"全域旅游、全民兴旅"的重要组成部分，实施"景村融合、文旅融合、产业融合"战略，走"工作结合、资源整合、产业融合、运营联合"的发展道路，筑牢文化和旅游融合发展的思想基础，推动文化和旅游深融合、真融合。尽快制定出台地区、各县（市）文旅融合发展规划，把文旅融合发展规划与交通运输、城镇建设、乡村振兴、生态环保等专项规划相衔接，形成系统完善的文旅融合规划体系，确保一张蓝图绘到底。推动文化和旅游工作各领域、多方位、全链条深度融合，实现资源共享、优势互补、协同并进，更好地满足人民群众对"诗"和"远方"美好生活的向往。

以阿勒泰市为依托的冰雪旅游经济发展核心区要形成阿尔泰山冰雪旅游带、国家冰雪产业创新发展示范区，建设世界级滑雪训练基地和赛事中心。强化冰雪设施和产品供给，打造冰雪旅游度假品牌，有序打造冰雪小镇、雪乡、雪村。不断扩大竞技冰雪运动。成立地县冰雪示范学校三级业余冰雪运动队伍，布局滑雪登山、跳台滑雪等竞技项目。成立地区体育运动学校，利用地县职业技术学校、业余体校、冰雪协会、冰雪俱乐部等资源，扩大冰雪运动基础。深入挖掘冰雪文化价值及内涵，普及冰雪运动知识，做好文化传承、融合与创新，持续举办"人类滑雪起源地"主题论坛。推动冰雪摄影、冰雪书画、冰雪文学等业态发展（郑旭，2022）。

发展"非遗+旅游"融合业态，推进红色旅游和爱国主义教育融合发展，推动博物馆与旅游融合发展。发展壮大文化和流域市场主体，丰富文化消费载体和场景建设，发展旅游演艺产业。提升旅游美食文化内涵，彰显阿勒泰味道，丰富住宿业态、优化住宿体

验，升级阿勒泰整体服务水平。坚持地区统筹、多路出击的营销机制，精准分析客源市场，找准客源方向，深化与专业营销机构合作，通过"走出去，请进来"、线上线下联动方式，做好精准营销。依托地区大数据中心，大力推广智慧旅游信息服务（梁佳，2022）。

10.2 区域协同发展

实施区域协调发展战略和主体功能区战略，优化国土开发格局，推动伊塔阿区域协调发展，增强区域发展的协同性、联动性、整体性。推进"一带一路"核心区建设，打造绿色"一带一路"，强化阿勒泰地区与新疆生产建设兵团第十师的兵地协同发展，科学有序布局生产、生活、生态空间，提升国土空间开发保护质量和效率，促进生产空间集约高效、生活空间宜居适度、生态空间山清水秀。

10.2.1 优化国土空间开发格局

10.2.1.1 推进阿勒泰全域旅游示范区建设

阿勒泰地区围绕建设国家全域旅游示范区、生态文明建设示范区、冰雪产业创新发展示范区，以旅游业为主体牵动一产、托举二产、带动三产。推动旅游和农业融合发展，积极发展观光农业、休闲农业，大力推动以旅游商品生产为导向的农业结构调整。推动旅游和工业融合发展，积极开发工业旅游，发展旅游农产品精深加工，构建冰雪装备制造产业集群。推动旅游和服务业融合发展，健全完善旅游消费服务体系。

10.2.1.2 优化城镇空间布局

积极构建北疆城市带，以伊宁市为中心，按照要素有序自由流动、主体功能约束有效、基本公共服务均等、城市间分工协作的要求，创新区域城市合作体制机制，推进阿勒泰地区与北屯等北疆城市协同建设，不断增强城市发展的协同性、联动性、整体性。阿勒泰地区按照"两级、两轴、三组团"的城镇发展格局，打造以阿勒泰市为区域中心，布尔津、福海、富蕴三县为副中心，布尔津-哈巴河-吉木乃、阿勒泰-北屯-福海、富蕴-青河 3 个城市（镇）群组团。围绕打造 5A 级景区城市，加强阿勒泰市旅游资源开发与城镇化建设深度融合，按照"北疏、中空、南活、满城绿"的定位，加快城市公园、绿地水系、群众场馆等公共服务设施建设，还山于城、还水于民，实现显山露水、绿山亲水的宜居目标，把阿勒泰市建成地区综合枢纽、北疆北部区域旅游集散地和环阿尔泰山开放型区域经济合作领军城市。

10.2.1.3 统筹城镇发展，突出特色小城镇

阿勒泰地区重点推动阿勒泰市打造康养之地；以布尔津县作为布尔津-哈巴河-吉木乃城镇群副中心，积极打造大喀纳斯景区中转基地，全域旅游示范县，额尔齐斯河上的美丽童话边城；以富蕴县为富蕴-青河城镇群中心，着力打造地区旅游重要集散区、红色旅游基地；哈巴河县重点打造桦林绿城，吉木乃县打造成边红城，福海县打造草原水城，青河县重点打造草原青城。注重提升中心镇的公共服务设施供给和服务能力，坚持特色兴镇、产业建镇，坚持宜农则农、宜工则工、宜游则游、宜商则商，重点加大对农牧业服务、休闲度假、健康养生、商贸物流等类型特色小城镇培育力度，着力培育一批旅游名镇、工业重镇、农业强镇、口岸重镇等特色小城镇，推动产业园区与重点城镇联动发展。

10.2.2 打造绿色"一带一路"

10.2.2.1 发挥丝绸之路经济带核心区优势

在经济新常态下，应深化改革，发挥丝绸之路经济带核心区优势，切实减少行政对企业的干预和企业对政府的依附，激活市场主体的内在动能和活力，发挥企业的主体作用；提升园区平台能力，着力提高园区产业配套能力和承接产业转移能力，把各类园区建设打造成为经济快速发展和转型升级的动力区和产业发展聚集区。

10.2.2.2 建立"一带一路"信息化服务平台

坚持共商、共建、共享理念，着力促进网络互联、信息互通，更加有效地服务"一带一路"建设。要加强顶层设计和超前布局，实施"信息化国际枢纽工程"和"网信援外计划"，建立"走出去"推广项目库，引导联盟成员协同合作。加快培养和引进国际化人才，鼓励企业境外高管团队实现国际化，建立具有国际竞争力的激励机制，为"一带一路"建设作出积极贡献。支持"一带一路"国家绿色转型、促进绿色贸易、绿色投资和绿色基础设施建设，建成知识和技术的分享平台、共享平台，建成信息支撑和决策支持平台，推动"一带一路"国家的惠益共享。推动实施一批相关方共同参与、共同受益的"一带一路"生态环保试点示范项目，分享生态文明建设和绿色发展实践经验。

10.2.2.3 健全"一带一路"绿色发展合作关系

共建"一带一路"可持续城市联盟，与共建城市协作开展绿色"一带一路"政策沟通和对接，强化绿色"一带一路"建设地区可持续发展目标与规划的协调，促进生态环保政策法规对接，共同推动基础设施、产品贸易、金融服务等领域合作的绿色化。加快

推进产业援疆、招商援疆、互联网+援疆等新模式；开展"一带一路"绿色发展重要问题研究，发布《"一带一路"绿色发展报告》，在"一带一路"共建城市推动实施一批相关方共同参与、共同受益的生态环保试点示范项目，分享生态文明建设和绿色发展实践经验。

10.2.3　强化生态环境保护与资源可持续利用

10.2.3.1　持续加强生态环境保护与治理

深入打好污染防治攻坚战，坚持全民共治、源头防治，减少存量、防止增量，实施大气、水、土壤综合治理，有效改善环境质量。持续开展大气污染防治，强化阿勒泰地区周边区域联防联控，同防同治。全面推进水污染防治，开展额尔齐斯河等流域生态隐患和环境风险调查评估，持续推进乌伦古湖生态环境综合治理。严格土壤污染风险管控，加强生活垃圾治理，加强环境风险管控，建设生态保护红线监管平台和自然保护地"天空地"一体化监测网络。

10.2.3.2　持续加强生态保护修复

加强阿尔泰山区域生态系统保护，推进准噶尔盆地边缘绿洲区防沙治沙、水资源高效利用和环境保护，筑牢生态安全屏障。实施额尔齐斯河流域山水林田湖草生态保护修复工程和环乌伦古湖生态保护工程。强化水土流失治理，实施额尔齐斯河流域侵蚀沟综合治理、荒漠化治理，坡耕地综合治理。继续实施退耕还林、天然林保护、国家公益林保护、"三北"防护林建设，重点开展封山封沙育林、野果林生态治理和农田防护林建设、湿地保护和自然保护区等林业工程。加强林木种质资源保护和种苗培育，重点做好防护林体系修复建设。加强草原生态保护建设，落实草原生态保护补助奖励政策，实施草原禁牧和草畜平衡制度，全面开展退化草原生态修复治理和退牧还草工程建设，加大草原保护执法监管力度。全面推进国土绿化行动，重点做好生态防护林体系建设，推进以100万亩环乌伦古湖防沙治沙工程为重点的宜林荒山荒地绿化进程。

10.2.3.3　推进资源节约高效利用

健全地（州）、县（市）、乡（镇）三级行政区和兵团师（市）、团（镇）用水总量和用水强度控制体系，完善主要农作物、工业产品和生活服务业的先进用水定额体系，推行节水评价制度，落实以水定城、以水定地、以水定人、以水定产，合理规划人口、城市和产业发展，强化节水约束性指标管理，坚决抑制不合理用水需求，大力发展节水产业和技术，加快推进节水农业。落实山区水库替代平原水库调蓄布局方案，提高已建成水利项目使用效率。实施全社会节水行动，推动水资源节约集约利用。大力推进绿色矿山和绿色矿业发展示范区建设，提高矿产资源开采回采率、选矿回收率和综合利用率。

10.2.4　推动兵地共建共享融合发展

10.2.4.1　推进兵地统筹布局，协同发展

统筹制定地方和兵团经济社会发展规划与政策，推进新疆生产建设兵团第十师北屯市与阿勒泰地区融合发展，促进区域协调发展。着力推动基础设施衔接、产业布局配套、企业联合重组、市场体系对接和人才培训交流。加强兵地教育、医疗卫生、文化旅游、体育等资源的共享，推进兵地交通、水利、能源、信息等重大基础设施和公共服务设施建设互联互通、共建共管（护）共享。

10.2.4.2　推进兵地生态共保

推动兵地共同构建一体化的生态框架，建立额尔齐斯河流域生态环境共同保护机制，打造区域连贯的沿河、沿谷、沿山的生态廊道。对接生态功能区划管控要求，共同制定不同生态功能区准入事项、产业负面清单。强化源头治理，探索建立兵地之间生态资源补偿机制。鼓励兵地联合推进绿色生态项目建设，共同建设环境优美、生态宜居的兵地融合示范区。

10.2.4.3　推进兵地资源配置和产业协作

合理配置各类资源，严格落实资源开发许可和论证制度，推行资源利用量化管理，开展联合行政执法监督，加强资源节约集约利用。推动兵团使用土地确权登记颁证。以保障兵地生活用水安全为前提，统筹共建重点水源工程，对接兵地供水体系，完善供水管道互联互备，引导水资源向人口和产业密集地区调配。推动兵地产业协作，着力构建兵地优势互补、合作共融的现代产业体系。以兵地共建园区为抓手，推进园区统一规划、共享共建、道路互联、资源共享、园区利益共享、园区税收分成。

10.2.5　创新生态修复与乡村振兴、区域发展协同推进模式

阿勒泰地区在生态修复的实践中，进行了许多新探索，总结了多种与生态修复相结合的协同模式，主要类型如下：

生态+脱贫攻坚模式。利用生态移民项目，转移搬迁保护区核心区牧民，建设现代化牧业集中养殖区，配套污水处理厂等措施，既保护了生态环境，又巩固了脱贫成果。青河县通过使用农牧民机械、收集农牧民牛羊粪、组织贫困户参与治理区域生态修复施工

等方式，促进当地农牧民增收脱贫；吉木乃县与新疆旺源生物科技集团合作，利用水源工程打造"万驼园"，带动 1 500 户已定居游牧民，通过发展骆驼养殖和相关产业发展增加收入，实现脱贫。

生态+产业发展模式。按照"以旅游业为主体，牵动一产、托举二产、推动三产"的发展思路，通过地质环境治理及生态修复项目系统、整体修复后，盘活存量土地，提升土地节约集约利用水平，青河县计划利用修复后可盘活的土地约 1.4 万亩，用于发展壮大沙棘产业和驴产业，为下一步扩大种植、养殖规模提供天然草地；富蕴县把试点项目与幸福美丽新村建设结合起来，建成了一批幸福美丽新村，其中"额河第一村"塔拉特村实现民宿收入户均增收 10 万元。

生态+乡村振兴模式。阿勒泰市利用中水库项目扩建及绿化，建设万亩苗圃基地，致力把中水库打造成集徒步、自行车运动、休闲观光、环保教育于一体的旅游基地，探索出"以林养库"模式，带动周边乡镇发展。通过完善农村生活污水、垃圾处理、卫生厕所等基础设施，实施农田残膜回收、增绿等工程，着力治理农村垃圾乱倒、污水横流等"脏乱差"现象，在生态修复、环境整治的基础上，努力实现乡村振兴。

生态+教育+旅游模式。阿勒泰市利用切木尔切克镇黑白花岗岩矿区遗留废石块建造迷宫、巨石阵，栽种草坪，让千疮百孔的矿坑变身人人爱来、人人想来的旅游景点和"网红打卡地"；青河县、福海县、富蕴县打造地质环境修复、湿地系统修复与生物多样性、矿山修复生态文明实践展示基地，通过展示生态修复成效，传承"功勋矿山"的红色革命精神，引领干部群众增强绿色发展意识。

下一步应创新生态修复、生态补偿与脱贫攻坚、乡村振兴和农村人居环境改善等统筹结合、协同推进的新模式。

10.2.6　积极探索生态补偿制度创新，为全国干旱区的生态补偿提供可推广、可复制的新路径

建立生态补偿机制是贯彻落实科学发展观、推动资源在市场经济中起决定作用的重要举措，也有利于推动生态环境保护工作实现从行政手段为主向综合运用法律、经济、技术和行政手段的转变，有利于推进资源的可持续利用，加快环境友好型社会建设，实现不同地区、不同利益群体的和谐发展。为探索建立生态补偿机制，阿勒泰地区积极开展工作，研究制定了一些政策，取得了一定成效。但是生态补偿涉及复杂的利益关系调整，具体的实践探索较少，尤其是缺乏经过检验的生态补偿技术方法与政策体系。因此，建议国家相关部门，在阿勒泰地区已经进行的生态修复试点的基础上，设立生态补偿实验区、生态修复示范区及两河源生态功能保护区，促进生态与经济协调发展。探索草原生态补偿机制，制定合理的轮牧、休牧制度和草畜平衡机制，建成牧业发展和草原保护

综合改革试验区。开展可操作性强的水权交易、排污权交易试点工作，探索在新疆这样边远、欠发达干旱地区，进行生态补偿范围、生态补偿标准、生态补偿的资金来源、补偿方式等试验，为全国类似区域的生态补偿探寻一条可行的路径，为建立生态补偿的长效机制提供可复制、可推广的新模式。

10.3　区域自然生态旅游资源开发

阿勒泰地区赋存国际量级的冰雪旅游资源，依托新疆独特的"一带一路"区位优势和向西开放的重要窗口作用，具有发展成为国际著名滑雪旅游产业大区的良好条件，将为新疆丝绸之路经济带核心区建设提供有力的新兴战略产业支撑（图 10-1）。

图例

—— 丝路中线

—— 海上丝绸之路

—— 西伯利亚大铁路

0　　1 400　2 800　　　　5 600 km

图 10-1　阿勒泰地区在丝路经济带的位置

资料来源：《阿勒泰地区冰雪旅游业发展规划（2020—2035 年）》。

习近平总书记在第三次中央新疆工作座谈会上强调，要深入开展文化润疆工程，这为新时代新疆文化建设提供了根本遵循、指明了前进方向。"十四五"时期，全疆文化和旅游大发展将站在新的历史起点上，以文化人、以文育人，文化润疆具有思想统领、精神支撑、凝聚共识的巨大作用。"文化润疆"要求着眼于增强各民族共同理想信念、文化自信和民族凝聚力，着力于提高社会文明程度、科学文化素质和身心健康素质，丰富和满足人民群众日益增长的精神文化生活需要，提升先进文化引领力。有利于全疆及阿勒泰地区各县（市）加快发展文化事业，加强文化和旅游产业深度融合，推进艺术中心等重点文化建设项目，加强文物、非物质文化遗产保护。有利于将文化和旅游、脱贫攻坚、乡村振兴相关联，以文化为抓手，结合当地民俗特色，大力发展文化旅游，进一步推动乡村振兴工作。

近年来，阿勒泰地区始终坚持以"以旅游业为主体，牵动一产、托举二产"的发展思路，积极构建"夏消暑，冬嬉雪，春秋两季看转场，两河两湖三条路，四季黄金宝玉石"发展格局，加快推进以旅游业为主体的经济高质量发展。"十三五"期间，全地区预计累计接待游客超 1 亿人次，较"十二五"增长 3.9 倍，年均增长 40.3%；累计实现旅游总消费 943.8 亿元，较"十二五"增长 4.8 倍，年均增长 48.0%。

10.3.1　区域旅游资源情况

阿勒泰地区是千里画廊，旅游资源丰富，有苍茫戈壁、浩瀚沙漠、辽阔草原、茂密森林、宽阔河流、壮美峡谷、逶迤雪山、广袤湿地等世界级旅游资源 33 处，国家级旅游资源 121 处，已创建 A 级景区 39 家，其中 5A 级景区 3 家，4A 级景区 10 家。

阿勒泰地区是中国雪都、人类滑雪起源地、北疆"水塔"，还是国务院确定的水源涵养型山地草原生态功能区，位于北纬 45°~47°世界滑雪黄金线，这里雪质雪量雪期、温度湿度坡度等滑雪条件都属世界一流，是未来冰雪旅游、冰雪运动发展最具潜力的地区。已开发滑雪场 10 个，落差千米以上的滑雪场有 3 家。

目前，全地区共有宾馆酒店 1 681 家（星级饭店 44 家、民宿 1 188 家、非星级饭店449 家）床位 7 万张、农牧家乐 800 余家（其中星级农家乐 87 家、五星级 1 家、四星级 15 家）、旅行社 30 家。

10.3.2　区域旅游产业发展情况

10.3.2.1　加强组织领导谋划旅游产业长远发展

全疆首次提出的"以旅游业为主体，牵动一产、托举二产"的旅游产业发展思路，将阿勒泰的旅游业提升到前所未有的高度。地委、行署主要领导靠前指挥，先后召开推进旅游产业高质量发展工作会、旅游工作推进会、冬季冰雪旅游现场观摩会、冬季旅游工作总结表彰暨夏季旅游动员会、项目和旅游工作会等，形成了全地区合力推动旅游产业的浓厚氛围。成立了以行署专员为组长的旅游产业发展领导小组,抽调人员组成工作专班,对旅游产业重点项目建设、旅游公共服务设施建设、旅游管理体制改革、旅游合作、市场监管等开展日常调度,及时发现问题并协调解决,推动地区旅游业取得长足发展。

10.3.2.2 健全旅游规划体系科学指导产业发展

始终牢固树立规划先行的理念,按照"一体规划、突出特色、差异发展、整体推进"的原则,不断健全规划体系,形成横向到边、纵向到底、地区统筹、各县(市、景区)落实的整体合力的旅游发展规划指导体系。夯实《阿勒泰地区全域旅游发展规划》上位规划地位,统筹指导城镇体系总体规划、乡村振兴战略规划、交通运输发展规划等行业规划。

按照《阿勒泰地区全域旅游发展规划》布局,地区陆续编制《环阿尔泰山(中蒙俄哈)跨境旅游合作区规划》《千里画廊旅游开发总体规划》《阿勒泰地区冰雪旅游业发展规划》《阿勒泰地区自驾游发展规划》《阿勒泰地区乡村游发展规划》等专项规划,各县(市)陆续编制全域旅游规划和重点景区发展规划,规划体系进一步健全。借助援疆省冰雪产业发展优势,启动"长白山+阿尔泰山"两山合作联盟,合力建设中国冰雪产业(长白山+阿尔泰山)发展合作示范区,并全力推动上升为国家战略。

同时,先后制定下发了《关于贯彻新发展理念推动阿勒泰地区旅游业高质量发展的实施方案》《阿勒泰地区旅游产业发展三年行动计划》《地区大力发展冬季旅游的实施方案》《阿勒泰促进旅游产业发展的八条措施》《阿勒泰地区旅游业供给侧结构性综合改革试点方案》等配套方案,为规划具体落实提供有力支撑。

10.3.2.3 丰富产品业态满足游客多样化需求

按照构建"夏消暑,冬嬉雪,春秋两季看转场,两河两湖三条路,四季黄金宝玉石"的阿勒泰旅游特色发展格局,线上线下推出忠诚、爱国、戍边红色游,山青、水绿、景美绿色游,滑雪、赏雪、玩雪银色游,黄金、宝石、美玉金色游和歌舞、美食、民俗文化游。

(1)开发特色旅游产品

依托公路网开发自驾旅游产品,依托千里画廊自然风光开发观光、徒步、摄影、骑行产品;依托通航机场布局开发低空旅游产品,依托特色民俗村、乡村旅游点开发乡村旅游产品;依托可可托海三号矿脉、吉木乃口岸等红色基因开发红色旅游产品,依托草原文化、民俗文化、游牧文化等开发牧游转场旅游产品;依托世界级冰雪资源和将军山、可可托海、野卡峡等滑雪场开发冰雪旅游产品;依托地区高山峡谷、沙漠戈壁、湖泊河流等独特地貌开发特种、研学、科普、亲水、垂钓旅游产品；依托 "一轴两翼全驿游" 马产业发展布局开发骑乘体验、骑术表演、品牌赛事、文化活动等马产业旅游产品。

（2）开发精品旅游线路

结合阿勒泰地区夏冬两季分明的特点，设计夏季、冬季、自驾、徒步精品线路 10 余条。春季依托赏花、摄影、徒步、转场等产品，开发春季旅游线路；夏季以喀纳斯为龙头，重点打造以生态旅游为重点的 "三轴 N 环" 夏季经典旅游线路；秋季依托层林尽染的秋景，设计转场、摄影、自驾、探险等旅游线路；冬季以阿勒泰市为龙头，重点打造沿阿尔泰山南麓中段千里画廊为支撑的 "四区一带" 冬季旅游精品线路。阿尔泰山千里画廊旅游线路和环阿尔泰山中俄哈蒙跨境旅游线路被自治区人民政府列入《新疆公路交通运输与旅游融合发展三年行动计划（2018—2020 年）》10 条自驾精品线路。

（3）加快特色旅游村镇建设

积极培育和扶持具备条件的乡镇、村发展以休闲农业、特色村落、民宿、农家乐为代表的乡村旅游新业态，形成了阿勒泰市诺改特村、布尔津县合孜勒哈英村、哈巴河县塔依索依干村、玉什阿夏村、吉木乃县塔斯特村、富蕴县塔拉特村、福海县阿克乌提克勒村、青河县喀让格托海村、江布塔斯村、喀纳斯禾木村、白哈巴村等特色鲜明的乡村旅游重点村，乡村旅游串珠成链效果初步显现。特别重视旅游民宿发展，制定了《阿勒泰地区关于促进民宿业健康发展的指导意见》，探索建立 "企业+村党支部+合作社+农户" 的机制，鼓励农牧民积极开办特色旅游民宿。

（4）建立旅游商品产销体系

紧扣游客消费需求，重点开发特色 "瓜、果、蔬" 等农产品、"低氘水冷水鱼" 等水产品、"肉、奶、毛、骨、皮" 等畜产品、民俗文化、传统服饰、传奇传说、特色建筑等文创产品，以及黄金、宝玉、奇石、宝石画等矿产品，形成了一批游客喜欢买、方便携带的 "阿勒泰礼物"。目前，依托泰旅集团在全地区 6 县 1 市、主要景区以及机场、火车站等布局阿勒泰礼物店 22 个，研发生产 80 余款文创产品和 20 款农副产品，实现了 "游客游到哪里，购物服务就到哪里" 的旅游商品服务格局。

10.3.2.4　深化产业融合推动发展旅游新业态

按照地区 "以旅游业为主体，牵动一产、托举二产" 的发展思路，坚持产业围绕旅游转、产品围绕旅游造、结构围绕旅游调、功能围绕旅游配、民生围绕旅游兴，不断加大旅游融合发展力度。

（1）推动文旅产业融合发展

第三次中央新疆工作座谈会提出，要牢牢抓住新疆社会稳定长治久安总目标，实施文化润疆工程，积极贯彻新发展理念，将新疆的资源优势转变为经济优势。文旅产业是引领新疆经济绿色、低碳和可持续发展的朝阳产业。蓬勃兴起的文旅产业,成为促进阿勒泰地区各族居民增收致富的新兴产业(谢卫国和杨群,2022)。充分挖掘草原文化、民俗文化,打造全国唯一"百万大尾羊大转场"文化品牌。建设书画院、文创书吧、文创产品等多种业态的消费集聚区,打造"喀纳斯大剧院""塔拉特村夜游"等主题性、特色类文化旅游演艺产品,推动文旅融合发展。

(2)推动文旅产业融合发展

旅游要发展,交通要先行。在国家的基础设施建设大力投资下,近年来,阿勒泰环准噶尔沙漠高速公路、乌鲁木齐至阿勒泰市的铁路、阿勒泰民用机场相继修建完毕(谢卫国和杨群,2022)。依托"三轴N环"的道路交通网打造"快进慢游"旅游交通体系。制定《关于促进公路交通运输与旅游融合发展的指导意见》《阿勒泰地区旅游公路发展规划》,依托阿禾、铁贾等景区打造精品自驾旅游公路,加快G331、S21乌鲁木齐-阿勒泰沙漠公路、布尔津-喀纳斯机场高速公路、北屯-富蕴高速公路等项目建设,实施1元直通景区服务。阿富准铁路建成并投入运行,正式形成北疆环线。开通阿勒泰-福海城际铁路。开通与疆内12个地州市航线和北京、西安、成都、重庆、西宁等疆外直飞或经停航班。

(3)推动商旅产业融合发展

依托阿勒泰地区得天独厚的冬季冰雪资源优势和举办三届新疆冬季旅游产业交易博览的成功经验,积极争取冬博会永久落户阿勒泰,积极构建以博览和交易为核心的全疆乃至全国冬季文化旅游产品与项目交易平台。继续举办中国·国际黄金宝玉石文化节、冰雪装备和冰雪文创精品展以及各项节事活动,搭建商品展销平台,推动商旅产业融合发展。

(4)推动体旅产业融合发展

先后建设阿勒泰市将军山、野雪公园、野卡峡、富蕴新天地和可可托海国际滑雪场,正在建设沙尔阔布野雪公园、禾木国际滑雪度假区和青河青格里野雪公园。特别是可可托海国际滑雪场因其开园早、雪质优、落差大等优势被国家体育总局确定为国家体育训练基地,2020年雪期已有百名国家运动员在雪场训练;阿勒泰市将军山滑雪场将投资5亿元,建设越野、冬季两项和跳台滑雪场。持续举办赛马、环湖自行车赛、半程马拉松赛、喀纳斯国际探险越野赛、中国体育旅游露营大会、北京2022冬奥会倒计时1 000天系列体育活动、三北奥雪古老与现代越野滑雪赛、新年登高、古老毛皮板滑雪赛、高山滑雪邀请赛、冬立营等活动。

(5)推动马旅产业融合发展

完善马术运动场地,组织开展马术活动和骑乘项目,2019年累计举办各类赛事20余场次,开展青少年马术培训近2 000人次。特别是2020年6月在富蕴县开工建设的中蕴阿勒泰马产业园,占地7.7万 m^2,先期投资2亿元,建成后将成为全国最具科技创新能力的集马文化产业、马科学产业、马产品产业于一体,涵盖马乳制品、马生物制品、马文创用品等产品研发、检测、生产的工业旅游示范基地。

（6）推动工旅产业融合发展

持续提升哈巴河县阿舍勒矿业景区基础设施，完善旅游服务功能，扩大"全国工农业旅游示范点"的影响力。加快可可托海国家矿山公园基础设施提升，深入开展红色旅游。2020 年 7 月，新疆可可托海北疆明珠旅游发展有限责任公司成功创建自治区首批工业旅游示范基地。

（7）推动智慧旅游发展

建立智慧全域旅游平台，设立开通旅游资讯网、旅游公众号、落地短信、96111 旅游短号码。加大互联网营销力度，组织开展网红、达人等直播活动，与自治区网信办合作，组织开展"达人西游"等活动。近年来，阿勒泰地区也采取了一系列行动，先后印发了《关于推进实施商标品牌战略工作的意见》，出台了《阿勒泰市推进 5G 网络建设发展工作实施方案》，积极推进 5G 与旅游资源融合，提升旅游景点的数字化、智能化水平，助力智慧旅游建设（马洁等，2020）。

（8）推动康养旅游产业融合发展

依托地区中医院、中草药博物馆，启动国医堂建设，延伸问诊、药膳等阿勒泰特色养生文化产品，打造集医疗康复、医疗保健、养老、休闲度假于一体的康养胜地。新建中草药文化交流中心，壮大康元生物、旺源驼奶、戈宝红麻、彭氏蜂蜜等康养企业规模，实施万驼园、万驴园、万牛园等项目建设，开展特色旅游产品种养殖。

10.3.2.5　拓宽旅游营销渠道提升宣传效果

坚持地区统筹、县（市、景区）参与、企业联动的原则，采取"走出去""请进来"相结合的办法，全方位、全年度实施立体化、无缝隙旅游品牌宣传。

（1）精准分析客源市场

为了实现旅游信息的精准统一性，各旅游管理者要利用大数据对信息进行统一更正和管理（吴浩等，2021）。充分利用大数据平台，对客源地结构、目标人群结构、出行方式结构、消费渠道结构进行精准分析，加强与主客源地旅游部门、旅行社、策划机构、咨询单位的沟通联系，积极推动游客稳步增长。

（2）丰富宣传推广渠道

在信息技术与自媒体蓬勃发展的时代，游客早已不满足于传统的营销方式，相较于纸媒、平面媒体、广播与电视广告等传统方式而言，互联网信息技术使数字媒体的传播在时效性、传播速度、传播范围、传播效果等方面更为突出，而营销成本则要低得多，除微博、微信等早期自媒体营销方式外，近几年兴起的抖音、快手等短视频平台传播速度与范围更是异常惊人，互联网在线直播促销的效果一再刷新纪录，令人叹为观止

（陈学军，2022）。发挥平面媒体、网络媒体、自媒体等多种媒介宣传作用，开展主客源市场、直航城市等专场推介活动，积极参加旅博会、商博会、冬博会等会展活动，不断开拓旅游市场。近 3 年来，刊发旅游相关稿件 4 000 余篇，微信、抖音短视频等网络点击量达 80 亿人次。特别是 2020 年为应对疫情影响，组织 30 支旅游宣传推介小组，赴疆内 13 个地（州、市）和国内 29 个省（区、市）举办旅游专题宣传推介活动，不断扩大"净土喀纳斯·雪都阿勒泰"核心品牌影响力。歌曲可可托海的牧羊人全网传播 32 亿人次，极大提升了可可托海知名度。

（3）持续办好节庆活动

构建"月月有活动、全年不间断"的节庆活动体系，打造精品节事活动品牌，提升活动知名度、影响力。夏秋两季以避暑度假、观光休闲为主，举办千里画廊百车自驾游、黄金宝玉石文化节、布尔津县美食节、喀纳斯金秋摄影大赛、沙尔布拉克文化旅游节、福海路亚船钓公开赛、青河狼山汽车场地赛等活动，冬春两季以滑雪、嬉雪、冬捕等为主，举办"人类滑雪起源地纪念日"系列活动、福海冬捕节、布尔津雾凇节、禾木过大年、富蕴冰雪风情节等。

10.3.2.6 突破品牌建设打造精品旅游

近年来，随着阿勒泰地区旅游业发展迅猛，各项旅游品牌不断丰富、提升。先后提升布尔津县中俄老码头风情街、阿勒泰市桦林公园、吉木乃草原石城、青河三道海 4 家国家 4A 级景区；阿勒泰市五百里风情街、布尔津县七里滩渔村、喀纳斯酒厂、福海县海上魔鬼城、富蕴县赛马场、青河县三道海子、狼山景区 7 家景区创建为 3A 级景区；新增红景、大德、诚睿三星级饭店 3 家；吉木乃县萨吾尔生态园成功创建五星级农家乐；阿勒泰市阿塔麦肯庄园、户儿家文化大院、嘟唻咪休闲山庄、阿扎提音乐宴会厅、胖哥农家乐、福海县海江渔家 6 家创建为四星级农家乐；富蕴县可可托海景区、喀纳斯景区被自治区认定为"自治区级生态旅游示范区"。

继"人类滑雪起源地"品牌后，2018 年 8 月，全国气候与气候变化标准化技术委员会授予阿勒泰"中国雪都"国家气候标志。布尔津县成功创建为国家全域旅游示范区；喀纳斯景区禾木村、哈纳斯村和富蕴塔拉特村成功创建为全国乡村旅游重点村；阿勒泰市克兰河峡谷森林康养基地和白哈巴森林公园成功创建为国家森林康养基地；阿勒泰市诺改特村、布尔津合孜勒哈英村、吉木乃县塔斯特村、富蕴特拉特村、喀纳斯白哈巴村创建第一批自治区乡村旅游重点村；新疆可可托海北疆明珠旅游发展有限责任公司创建自治区首批工业旅游示范基地；阿勒泰市创建为自治区全域旅游示范区；富蕴县可可托海世界地质公园被评为自治区科普教育基地。

阿勒泰地区大力发展冰雪旅游，打造"人类滑雪起源地""中国雪都"宣传推广活动纳入文化和旅游部资源开发司发布"全国国内旅游宣传推广典型案例名单";"迎客游阿"旅游宣传推介活动荣获第五届博鳌国际旅游论坛 2020 年度全国品牌营销大奖。"新疆阿勒泰冬季旅游 IP(阿乐)"被第十一届中国广告主峰会评为 IP 营销类金奖。

10.3.2.7　夯实旅游基础提升旅游接待能力

以"三难一不畅"为旅游项目建设的落脚点,加快推进"旅游厕所革命",织密加油站、充电桩、停车场布局,加大重点道路沿线、景区景点、偏远农村通信基础设施建设。2019—2021 年,累计投入 6 亿元建设景区厕所、城区公厕、交通厕所、餐饮厕所、乡村公厕、农村户厕 6.5 万座,建设加油站 13 座、停车场 22 座、通信基站 2330 座,有效缓解"三难一不畅"问题。2019—2021 年累计投入资金近百亿元,实施旅游项目 59 个,开展草原石城、三道海子等景区基础设施提升,将军山、可可托海等滑雪场建设、泰都优享汽车营地、白桦林自驾营地等被列为重点项目;实施宾馆建设项目 78 项,新增床位近万张;阿勒泰市和田夜市、蓝湾夜市、布尔津县河堤夜市、哈巴河县桦林夜市、福海县昊泰夜市、帝苑夜市、富蕴县星光夜市、可可托海夜市、青河县步行街星光夜市、贾登峪和田夜市、鸿福烧烤广场、喀纳斯小吃街等相继完成建设并对外开业;不断加快阿肯艺术中心、地区博物馆、中草药文化交流中心、阿勒泰五百里、矿物陈列馆等项目建设,不断提升《喀纳斯盛典》等演绎水平。

10.3.2.8　完善保障机制推动旅游业健康发展

出台《阿勒泰促进旅游产业发展的八条措施》《阿勒泰地区冬季旅游奖励办法》,每年设立 1 000 万元旅游发展专项资金和 500 万元旅游市场拓展资金,投入 1 亿元对航线进行补贴,不断加大对旅游企业的扶持力度。特别是针对 2022 年疫情影响,实施了 2 轮优惠政策,投入 3 亿元从门票减免、景区消费券、住宿补贴、自驾游激励、旅行社补贴、"航空+旅游"补贴、"铁路+旅游"补贴、"阿勒泰人游阿勒泰"补贴等方面加大政策力度,积极促进旅游人流回潮。按照《阿勒泰地区关于应对新冠肺炎疫情支持中小微企业发展的工作方案》,积极帮助涉旅企业用足疫情期间支持政策,全地区 A 级景区、星级酒店、星级农牧家乐、旅行社等 200 余家涉旅企业享受各类扶持性政策累计 1 166.67 万元。

黑龙江、吉林两援疆省利用自身优势,结合阿勒泰地区旅游实际需求,在项目建设、资金投入、人才培养、客源引进等方面,加大"输血"力度,增强"造血"功能。每年开行黑龙江省"龙泰号""吉泰号"旅游援疆专列和包机,累计输送游客近 3 万人,带动百万人游阿勒泰。组织疆内外旅行商考察阿勒泰地区冬季旅游发展,为阿勒泰冬季旅游发展出谋划策。累计投入上亿元资金用于项目建设、宣传营销、冬季旅游、规划编制等,为阿勒泰地区旅游产业发展作出了积极贡献。

10.3.2.9　规范旅游市场秩序促进旅游业有序发展

成立副县级的地区文化市场综合执法队、旅游安全委员会、旅游协会（下设旅行社、导游、景区酒店委员会），形成"政府统一领导、部门依法监管、企业全面负责"的旅游安全责任体系。突出重点时段，组织文旅、公安、市场监管、应急管理、交通、消防、住建等部门，通过多种形式开展旅游市场秩序专项整治和安全生产大检查工作，严厉打击侵害游客合法权益的假冒伪劣、虚假宣传、虚假广告、强迫或变相强迫游客消费、欺客宰客、消费欺诈、"黑社""黑导""黑车"等扰乱市场秩序的各类违法违规行为，确保旅游市场和谐稳定，提升游客满意度。

结合《自治区文化旅游行业开展"微笑新疆"提升服务质量实施方案》，开展"服务品质提升年"活动，大力实施品质提升战略，制定阿勒泰地区景区、酒店、旅行社等七项旅游服务规范，加大旅游管理和培训力度，通过线上线下、"请进来"、"走出去"等方式培训从业人员10万余人次，不断提升旅游服务质量和行业素质，进一步树立阿勒泰旅游的良好形象。

10.3.2.10　加强中蒙俄哈四国跨边境区域交流

俄罗斯、哈萨克斯坦均是冰雪运动强国，他们在冬季项目的理论实践、组织、管理、场馆建设等方面有丰富的经验，并有优秀的教练员、运动员和管理者队伍。中俄哈的区位相近性、资源相似性、气候趋同性等条件，决定了其冰雪产业合作会具有地域便利性、产业基础性、科技引领性和市场补偿性等特征，在冰雪产业领域开展跨边境区域合作将推动各国实现多赢，推动阿勒泰地区的冰雪产业发展。

10.3.2.11　阿勒泰承办冬奥会的空间布局

阿勒泰地区承办冬奥会的功能区域主要由阿勒泰市和禾木新城承担。其中，奥运村、开闭幕式会场、国际奥委会酒店、冰上项目（花样滑冰、速度滑冰、冰球、冰壶、短道速滑）及部分雪上项目（越野滑雪、跳台滑雪、北欧两项、冬季两项、俯视冰橇、无舵雪橇、有舵雪橇）的功能区域分布在阿勒泰市，其他雪上项目（高山滑雪、单板滑雪、自由式滑雪）分布在禾木新城，详见图10-2。

阿勒泰地区自然生态旅游资源开发将充分发挥"净土喀纳斯·雪都阿勒泰""人类滑雪起源地""中国雪都"等核心品牌优势，依托"金山银水""千里画廊"自然资源禀赋，不断优化旅游总体布局、完善旅游基础设施、研发旅游精品路线、做好旅游品牌营销，加强与周边国家跨境旅游合作，加快旅游业提档升级，推动地区旅游实现全域化、四季化、国际化，促进四季旅游均衡发展，努力将阿勒泰地区打造为"中国最佳旅游目的地、世界旅游目的地、世界级冰雪运动目的地"，加快推动以旅游业为主体的地区社会经济高质量发展。

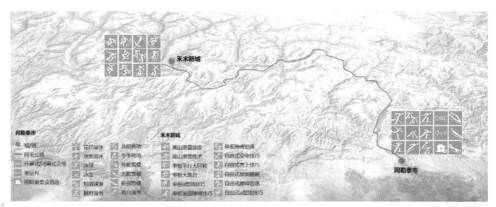

图 10-2　阿勒泰冰雪大区未来承办冬奥会的主要赛场布局

资料来源：《阿勒泰地区冰雪旅游业发展规划（2020—2035 年）》。

10.4　区域绿色农牧渔业发展

10.4.1　区域农牧渔业发展现状

　　阿勒泰地区有农场 3 个（阿勒泰市 1 个、福海县 2 个）、林场 1 个（阿勒泰市）、牧场 15 个（阿勒泰市 7 个、布尔津县 2 个、富蕴县 2 个、哈巴河县 1 个、青河县 1 个、吉木乃县 2 个）和渔场 1 个（阿勒泰市）。阿勒泰地区草地面积 13 293.40 万亩，其中，牧草地面积 11 110.75 万亩，其他草地面积 2 182.65 万亩。2020—2021 年，农业占农林牧渔业总产值比例由 47.47% 降低至 37.62%，林业占农林牧渔业总产值比例由 2.44% 上升至 2.51%，牧业占农林牧渔业总产值比例由 47.06% 上升至 52.57%，渔业占农林牧渔业总产值比例由 1.01% 上升至 1.65%。阿勒泰地区 2021 年全地区农林牧渔业增加值比 2020 年增加 4.1%，其中阿勒泰市增加了 7.9%，布尔津县增加了 4%，富蕴县增加了 2.5%，福海县增加了 3.0%，哈巴河县增加了 6%，青河县增加了 5.9%，吉木乃县增加了 3.7%（表 10-1）。

表 10-1　全地区农林牧渔业增加值

县（市）名称	计量单位	2020 年	2021 年	2021 年比 2020 年增减（±%）
阿勒泰地区	万元	622 615	606 254	4.1
阿勒泰市	万元	155 814	157 199	7.9
布尔津县	万元	42 058	39 478	4.0
富蕴县	万元	68 787	63 540	2.5
福海县	万元	200 263	195 063	3.0
哈巴河县	万元	96 435	94 083	6.0
青河县	万元	42 773	41 018	5.9
吉木乃县	万元	16 485	15 874	3.7

2009—2021 年全区畜产品和水产品产量情况如表 10-2 所示。2009—2021 年肉类总产量增加了 24 281.57 t，牛奶产量减少了 74 235 t，禽蛋产量减少了 2 723 t，水产品产量增加了 7 173 t。2009—2021 年全区牛肉增加了 4 194 t，猪肉减少了 2 793 t，羊肉减少了 2 253 t。

表 10-2　2009—2021 年全地区畜产品和水产品产量　　　　单位：t

年份	肉类总产量	牛	猪	羊	牛奶	禽蛋产量	水产品产量
2009	75 056.00	29 886.00	4 553.00	31 093.00	193 245.00	3 353.00	4 265.00
2010	72 225.00	27 901.00	4 395.00	30 963.00	208 765.00	3 479.00	5 483.00
2011	73 633.00	32 772.00	4 285.00	28 298.00	213 562.00	3 501.00	6 786.00
2012	76 541.00	35 853.00	4 114.00	28 903.00	228 441.00	3 804.00	7 089.00
2013	54 186.72	22 679.49	1 812.04	20 831.19	108 838.31	2 466.64	8 137.00
2014	54 758.62	24 754.20	1 822.68	19 459.74	104 286.66	2 517.59	8 911.00
2015	46 705.24	24 247.26	1 874.26	20 583.72	104 354.94	2 667.53	10 013.00
2016	49 903.44	26 008.82	1 095.37	22 799.24	105 676.88	2 893.88	11 554
2017	74 233.81	41 786.55	1 826.38	30 620.88	136 299.04	3 514.70	13 723
2018	91 853.85	53 709.18	1 071.15	30 856.08	118 083.77	3 632.8	16 033
2019	99 337.57	58 264.65	783.99	33 327.86	192 106.65	2 641.91	15 011
2020	—	42 900	1 780	48 020	302 840	4 130	9 957
2021	—	34 080	1 760	28 840	119 010	630	11 438

全区牲畜年末存栏数：2009 年，阿勒泰市、布尔津县、富蕴县、福海县、哈巴河县、青河县和吉木乃县分别是 50.49 万头（只）、31.71 万头（只）、60.51 万头（只）、40.43 万头（只）、37.95 万头（只）、32.36 万头（只）和 20.91 万头（只）；2019 年，阿勒泰市、布尔津县、富蕴县、福海县、哈巴河县、青河县和吉木乃县分别是 48.74 万头（只）、34.00 万头（只）、63.72 万头（只）、46.86 万头（只）、37.00 万头（只）、35.56 万头（只）和 21.04 万头（只）；全地区大畜年末存栏由 65.57 万头上升至 83.63 万头，全地区羊年末存栏由 206.85 万只降低至 202.42 万只。

全区最高饲养量：2009 年，阿勒泰市 78.17 万头（只）、布尔津县 58.06 万头（只）、富蕴县 100.57 万头（只）、福海县 62.71 万头（只）、哈巴河县 51.69 万头（只）、青河县 50.10 万头（只）和吉木乃县 33.70 万头（只），大畜 83.24 万头，羊 345.89 万只。2019 年，阿勒泰市 66.13 万头（只）、布尔津县 49.58 万头（只）、富蕴县 92.81 万头（只）、福海县 67.05 万头（只）、哈巴河县 51.32 万头（只）、青河县 46.59 万头（只）和吉木乃县 23.93 万头（只），大畜 104.78 万头，羊 290.63 万只。

10.4.2　区域农牧渔业发展规划

10.4.2.1　扩大农业领域有效投资

持续扩大有效投资，在补齐"三农"领域基础设施短板、夯实农业生产能力建设、改善农村人居环境上全面发力，进一步加强农业农村基础设施建设，为实现巩固拓展脱贫攻坚成果同乡村振兴有效衔接奠定坚实基础。

（1）夯实现代农业发展根基，优化水资源配置

统筹东中西三大区域水资源，东部片区推进乌伦古河中、下游生态供水工程，实现额尔齐斯河和乌伦古河连通，构建东部区域水网体系；中部片区以克孜加尔、塘巴湖等大中型水库为依托，加快中部水系连通工程的建设，助力高效节水现代化灌区示范发展，在保障中部城镇供水安全的同时维护生态安全；西部片区新建吉勒布拉克水资源配置工程，连通哈巴河、别列则克河、布尔津河、吉木乃诸小河，构建西部水资源配置网格。①加快重点水利工程建设。以重大水利工程建设为着力点，完善大、中、小相结合的水利工程体系，推动水利设施提质升级，构建系统完善、安全可靠的现代水利基础设施网络。重点实施齐背岭水库改扩建、塘巴湖水库扩建重大水利工程；加快补齐水利薄弱环节短板，提升供水保障能力，抓紧实施小型水库建设，加快额尔齐斯河、乌伦古河流域重点河段护岸工程建设，加强中小河流治理和山洪灾害防治，强化洪水风险管理和监测预警预报系统建设，完善防洪减灾体系，全面提高防洪保安能力。②加强农田水利建设。持续做好大中型灌区建设，重点实施福海水库大型灌区续建配套与现代化改造工程，积极推进 27 个中型灌区续建配套改造项目，建成供排水网络化、灌溉用水精量化、灌溉管理智能化的现代化节水型灌区。③大力实施高标准农田建设。针对农田管理不精细、流转不规范和机耕路、条田林网、渠系配套不到位等突出问题，坚持新建与改造并重，优先在永久基本农田、粮食生产功能区、重要农产品保护区和制种基地开展高标准农田建设，打通支渠、斗渠"毛细血管"，织密条田林网，提高土地流转组织化程度，不断提升土地规模化经营和智慧化管理水平，到 2025 年建成 210 万亩旱涝保收、高产稳产的高标准农田。

（2）筑牢现代畜牧业发展基础

发展以牛产业为重点的现代农区畜牧业。聚焦农区牛产业高质量发展，以华凌牧业为龙头，组建阿勒泰牛产业联盟，打造"基地成片、产业成带、集群发展"的肉牛养殖基地，加快"万牛园"建设，带动形成县（市）4 个五万头、3 个万头、乡镇 2 000 个百头、村 1 万个 30 头肉牛养殖场（户），提升养殖集约化、标准化、规模化水平。①优化以转场为特色的现代草原畜牧业。以建设"幸福驿站"为抓手，大力实施光明牧区、转场牧道、牧区阵地"五小"场所等工程，完善基础设施条件，丰富旅游业态，为打造转场旅

游文化品牌提供支撑。坚持草原畜牧业走高端打品牌发展模式，严控放牧牲畜数量，优化畜群质量，挖掘草原文化潜力，促进传统畜牧业转型升级。②壮大以市场为导向的专业合作社。着眼于构建紧密的"企业+合作社+农户"利益联盟机制，坚持集中养殖和分户饲养并举，健全农牧民以牲畜入股、保底分红等模式，把产业发展带来的就业岗位、增值收益尽量留给农牧民。突出"农民合作社"和"家庭农场"两个重点新型农业经营主体，开展生产托管、技术培训、疫病防控、质量监管、信息传递等社会化服务，让农牧民参与产业发展、分享产业收益。③培植以康养旅游为辅助的生态牧场。围绕创建绿色发展先行区目标，立足绿色农产品基地建设，结合环乌伦古湖防沙治沙、200万亩荒漠草原治理、吉木乃-哈巴河防沙治沙"三个百万亩"生态保护修复工程，大力推行"舍饲+牧羊"生态牧场饲养方式，鼓励每村建设一个"牛运动场"，提供绿色、安全、高品质畜产品，实现生产生态和谐共生。结合"中国美丽休闲乡村""休闲农业精品农庄""休闲观光农业示范点"推介和认定工作，加快推进生态牧场旅游配套设施建设，依托阿勒泰市马文化产业园、福海县骆驼小镇、布尔津县和富蕴县马道驿站、主题公园建设，打造集生产、科普、体验、观光、休闲、康养等功能于一体的产业基地。

10.4.2.2　发展现代农牧业，培育经济高质量发展新优势

围绕"牛羊马驼禽、水草药果奶"产业，坚持草原畜牧业走高端打品牌、农区畜牧业上规模增效益，抓好农产品原料基地建设和区域公用品牌建设，培育壮大一批龙头加工生产企业，构建现代化农牧业产业体系。

调整农牧产业结构。坚持安全、绿色、优质、特色发展，整合区域资源，优化种养结构，建设集约化、规模化的产业原料生产供应基地。稳定粮食生产供应，坚持粮食生产"区内平衡、略有结余"方针，深入实施藏粮于地、藏粮于技战略，全面落实永久基本农田保护制度，巩固提升粮食生产功能区管护水平，保障粮食安全。到2025年将保持现有耕地400万亩、种植面积390万亩，永久基本农田149万亩以上，粮食种植面积、总产量分别稳定在100万亩左右、70万t以上，其中小麦种植面积22万亩左右、产量将达到8万t；粮经草三元结构调整为25：37：38。扩大果药种植面积，坚持以基地建设为基础，推动规模化、标准化、集约化种植，将建成大果沙棘、黑加仑、枸杞种植基地50万亩，年产鲜果达到15万t，建成以甘草、黄芪、柴胡、板蓝根、黄芩等为主导品种的中草药种植基地50万亩。扩大优质饲草料生产，发展以油料、食葵、籽用瓜等特色农作物种植业，建立蔬菜生产供应保障基地、优质食葵种植加工基地。建设规模养殖基地，以良种繁育体系、规模化养殖基地建设为突破口，加速改造传统养殖方式，引导发展优质牲畜品种，提高肉牛肉羊养殖效益。建设"万牛园"，打造额尔齐斯河流域肉牛生产基地；牛存栏将达到100万头、羊存栏260万只、马存栏21万匹、骆驼存栏9万峰，生鲜乳总产量35万t。

参考文献

Carruthers J. 1989. Creating a national park，1910 to 1926[J]. Journal of Southern African Studies，15（2）：188-216.

Grime J P，Mason G，Curtis A V，et al. 1981. A comparative study of germination characteristics in a local flora[J]. Journal of Ecology，69（3）：1017-1059.

IUCN. 1982. The world national parks congress. International Union for Conservation of Nature and Natural Resources，Indonesian Directorate-General of Forestry[R]. Switzerland，Gland.

IUCN. 1993. Parks for life：report of the IVth world congress on national parks and protected areas[R]. IUCN，Gland，Switzerland.

IUCN. 1997. World conservation congress：resolutions and recommendations[R]. IUCN，Gland，Switzerland and Cambridge，UK.

IUCN. 2005. Benefits beyond boundaries：proceedings of the Vth IUCN world parks congress[R]. IUCN，Gland，Switzerland and Cambridge，UK.

Knaapen J P，Scheffer M，Harms B. 1992. Estimating habitat isolation in landscape planning[J]. Landscape and Urban Planning，23（1）：1-16.

Li Y J，Zhang L W，Qiu J X，et al. 2017. Spatially explicit quantification of the interactions among ecosystem services[J]. Landscape Ecology，32（06）：1181-1199.

Nepal S K. 2002. Involving indigenous peoples in protected area management：comparative perspectives from Nepal，Thailand，and China[J]. Environmental Management，30（6）：0748-0763.

Simpson R L，Leck M A，Parker V T. 1989. Ecology of soil seed bank[M]. San Diego：Academic Press.

WCPA，IUCN. 2000. Indigenous and traditional peoples and protected areas：principles，guidelines and case studies[R]. Gland.

党的二十大文件汇编[M]. 2022. 北京：党建读物出版社.

陈学军. 2022. 新型城镇化进程中边疆民族地区特色旅游开发——以赫哲族为例[J]. 社会科学家，（10）：54-61.

樊杰，钟林生，黄宝荣. 2019. 地球第三极国家公园群的地域功能与可行性[J]. 科学通报，64（27）：2938-2948.

樊影, 王宏卫, 杨胜天, 等. 2021. 基于生境质量和生态安全格局的阿勒泰地区生态保护关键区域识别[J]. 生态学报, 41 (19): 7614-7626.

方玲玲, 董智, 李红丽, 等. 2011. 沙柳方格沙障对土壤种子库的影响[J]. 中国水土保持学报, 9 (4): 78-85.

高瑞如, 赵瑞华. 2004. 干旱荒漠区植被恢复与重建的探讨[J]. 新疆环境保护, 26 (1): 21-24.

高生旺, 李萌, 郝爱民, 等. 2020. 跨境河流环境应急拦污坝及配套纳污湿地建设探讨[J]. 环境工程技术学报, 10 (2): 235-241.

龚建周, 夏北成, 陈健飞. 2008. 快速城市化区域生态安全的空间模糊综合评价——以广州市为例[J]. 生态学报, 28 (10): 4992-5001.

龚心语, 黄宝荣. 2023. 国家公园全民公益性评估指标体系: 以青藏高原国家公园群为例[J]. 生物多样性, 31 (3): 131-142.

黄培祐. 2002. 干旱区免灌植被及其恢复[M]. 北京: 科学出版社.

黄培祐, 潘伟斌, 李海涛, 等. 1992. 准噶尔盆地荒漠灌丛对融雪水空间分布的反馈初探[J]. 植物生态学与地植物学报, 6 (4): 346-353.

李鸿健, 任志远, 刘焱序, 等. 2016. 西北河谷盆地生态系统服务的权衡与协同分析——以银川盆地为例[J]. 中国沙漠, 36 (6): 1731-1738.

李苗苗. 2003. 植被覆盖度的遥感估算方法研究[D]. 北京: 中国科学院研究生院 (遥感应用研究所).

李胜. 2022. 新疆额尔齐斯河流域特种鱼类资源现状及增殖措施[J]. 黑龙江水产, 41 (2): 40-43.

李双成, 张才玉, 刘金龙, 等. 2013. 生态系统服务权衡与协同研究进展及地理学研究议题[J]. 地理研究, 32 (8): 1379-1390.

李新荣, 张景先, 刘立超, 等. 2000. 我国干旱沙漠地区人工植被与环境演变过程中植物多样性的研究[J]. 植物生态学报, 24 (3): 257-261.

梁佳. 2022. 加强文旅融合 助力阿勒泰旅游业高质量发展[J]. 中共乌鲁木齐市委党校学报, (1): 35-39.

林昆仑, 雍怡. 2022. 自然教育的起源、概念与实践[J]. 世界林业研究, 35 (2): 8-14.

刘昌明, 陈志恺. 2001. 中国水资源现状评价和供需发展趋势分析[M]. 北京: 中国水利水电出版社.

刘慧明, 高吉喜, 刘晓, 等. 2020. 国家重点生态功能区 2010—2015 年生态系统服务价值变化评估[J]. 生态学报, 40 (6): 1865-1876.

刘佳骏, 董锁成, 李泽红. 2011. 中国水资源承载力综合评价研究[J]. 自然资源学报, 26 (2): 258-269.

刘立程, 刘春芳, 王川, 等. 2019. 黄土丘陵区生态系统服务供需匹配研究——以兰州市为例[J]. 地理学报, 74 (9): 1921-1937.

刘锐. 2008. 共同管理: 中国自然保护区与周边社区和谐发展模式探讨[J]. 资源科学, 30 (6): 870-875.

刘维, 周忠学, 郎睿婷. 2021. 城市绿色基础设施生态系统服务供需关系及空间优化——以西安市为例[J]. 干旱区地理, 44 (5): 1500-1513.

马洁，周秀英. 李娟. 2020. 散文风景叙事资源与阿勒泰文化旅游开发创新路径探究[J]. 西部旅游，（12）：22-24.

蒙吉军，王雅，王晓东，等. 2016. 基于最小累积阻力模型的贵阳市景观生态安全格局构建[J]. 长江流域资源与环境，25（7）：1052-1061.

木合亚提·加尔木哈买提，海拉提·阿力地阿尔汗. 2012. 关于开办哈萨克医学学历教育的必要性和重要性[J]. 中国中药杂志，37（10）：1506-1508.

木黑亚提·加列力. 2012. 阿勒泰水文水资源特点及开发利用存在问题[J]. 农村科技，（11）：69-70.

彭建，李慧蕾，刘焱序，等. 2018. 雄安新区生态安全格局识别与优化策略[J]. 地理学报，73（4）：701-710.

彭建，赵会娟，刘焱序，等. 2017. 区域生态安全格局构建研究进展与展望[J]. 地理研究，36（3）：407-419.

秦春艳. 2006. 新疆布尔津县土地利用变化及其驱动力研究[D]. 乌鲁木齐：新疆农业大学.

阮仁良. 2003. 平原河网地区水资源调度改善水质的机理和实践研究[D]. 上海：华东师范大学.

尚占环，任国华，龙瑞军. 2009. 土壤种子库研究综述-规模、格局及影响因素[J]. 草业学报，18（1）：144-154.

邵全琴，樊江文，刘纪远，等. 2016. 三江源生态保护和建设一期工程生态成效评估[J]. 地理学报，71（1）：3-20.

宋经纬，郭汉麟，刁一飞，等. 2022. 新疆额尔齐斯河流域天然林主要树种生态功能性状分析[C]//中国环境科学学会 2022 年科学技术年会——环境工程技术创新与应用分会场论文集（四）. 国家林业和草原局林产工业规划设计院，国家林业和草原局森林生态与环境重点实验室：890-895.

苏杨，王蕾. 2015. 中国国家公园体制试点的相关概念、政策背景和技术难点[J]. 环境保护，43（14）：17-23.

孙丽慧，刘浩，汪丁，等. 2022. 基于生态系统服务与生态环境敏感性评价的生态安全格局构建研究[J]. 环境科学研究，35（11）：2508-2517.

台培东，孙铁珩，贾宏宇，等. 2002. 草原地区露天矿排土场土地复垦技术研究[J]. 水土保持学报，16（3）：90-93.

唐芳林. 2017. 国家公园理论与实践[M]. 北京：中国林业出版社.

王劲峰，廖一兰，刘盘. 2010. 空间数据分析教程[M]. 北京：科学出版社.

王涛，赵哈林. 1999. 中国沙漠化研究的进展[J]. 中国沙漠，19（4）：299-311.

王文杰. 2012. 可持续发展视域下大连建设节水型社会研究[D]. 大连：大连海事大学.

王希群，郭保香，张利. 2016. 新疆额尔齐斯河科克托海湿地自然保护区保护价值[J]. 林业资源管理，（5）：6-12.

韦宝婧，苏杰，胡希军，等. 2022. 基于"HY-LM"的生态廊道与生态节点综合识别研究[J]. 生态学报，42（7）：2995-3009.

吴浩，王菊. 2021. 基于大数据的旅游发展问题与对策分析——以昌吉市为例[J]. 中国集体经济，（5）：

127-128.

吴征镒. 1991. 中国种子植物属的分布区类型[J]. 植物生态学报, 13（S4）：1-3.

谢高地, 鲁春霞, 冷允法, 等. 2003. 青藏高原生态资产的价值评估[J]. 自然资源学报, 18（2）：189-196.

谢高地, 张彩霞, 张雷明, 等. 2015. 基于单位面积价值当量因子的生态系统服务价值化方法改进[J]. 自然资源学报, 30（8）：1243-1254.

谢少迪. 2023-06-10. 发挥比较优势 壮大特色产业 奋力推进阿勒泰经济高质量发展[N]. 新疆日报.

谢卫国, 杨群. 2022. 文化援疆视域下新疆阿勒泰文旅融合发展研究[J]. 中国集体经济,（33）：120-122.

徐建华. 2002. 现代地理学中的数学方法[M]. 北京：高等教育出版社.

杨丹丹, 杨丽雯, 张滋芳, 等. 2015. 人工与自然恢复煤矸石山种子库特征[J]. 山西师范大学学报（自然科学版）, 29（3）：54-60.

姚材仪, 何艳梅, 程建兵, 等. 2023. 基于MCR模型和重力模型的岷江流域生态安全格局评价与优化建议研究[J]. 生态学报, 43（17）：1-14.

于顺利, 蒋高明. 2003. 土壤种子库的研究进展及若干研究热点[J]. 植物生态学报, 27（4）：552-560.

张和钰, 周华荣, 叶琴, 等. 2016. 新疆额尔齐斯河流域典型地区灌木群落多样性[J]. 生态学杂志, 35（5）：1188-1196.

张涛, 陈智平, 车克钧, 等. 2017. 干旱区矿区不同立地类型土壤种子库特征[J]. 干旱区研究, 34（1）：51-58.

郑骁喆, 王智, 张建亮, 等. 2018. 拉市海高原湿地省级自然保护区保护成效评估研究[J]. 林业资源管理,（1）：80-9.

郑旭. 2022. 对话新疆维吾尔自治区阿勒泰地委副书记、行署专员杰恩斯·哈德斯代表 用好冰雪资源推动高质量发展[N]. 民生周刊, 371（22）：20-21.

周汝波, 林媚珍, 吴卓, 等. 2020. 基于生态系统服务重要性的粤港澳大湾区生态安全格局构建[J]. 生态经济, 36（7）：189-196.

周文, 李昌上, 李春美, 等. 2023. 梵净山-大苗山创建国家公园的路径研究——基于我国首批国家公园管理模式的比较[J]. 国家林业和草原局管理干部学院学报, 22（1）：14-21.

朱华晟, 陈婉婧, 任灵芝. 2013. 美国国家公园的管理体制[J]. 城市问题,（5）：90-95.

朱震达. 1991. 中国的脆弱生态带与土地荒漠化[J]. 中国沙漠, 4（1）：11-12.

后 记

山水林田湖草沙一体化保护和系统治理是党的二十大提出的美丽中国建设的目标任务，加快实施重要生态系统保护和修复重大工程，必须牢固树立和践行绿水青山就是金山银山理念，站在人与自然和谐共生的高度谋划发展。

20世纪中叶以来，额尔齐斯河流域毁林开垦、过度放牧、酷渔滥捕，大规模水土开发、水利水电工程建设等人类活动，对流域生态系统健康和安全构成巨大威胁。河谷林面积萎缩、林龄老化；河谷牧草退化，高度、盖度、生物量等显著降低；土著鱼类资源严重减少、珍稀鱼类濒临灭绝等现象加剧。

针对上述问题，阿勒泰地区深入贯彻习近平生态文明思想，树牢"山水林田湖草是生命共同体"的理念，高度重视额尔齐斯河流域生态保护与修复工作，特别是2018年在国家三部委的关心关爱下，在自治区党委、政府的全力支持下，额尔齐斯河流域山水林田湖草生态保护修复工程试点项目成功纳入国家第三批试点。为了项目有序开展，阿勒泰地区成立以中国科学院、中国工程院院士为主的专业技术指导委员会，指导各项技术工作标准的制定，为各项工作的顺利开展和验收奠定基础。中国环境科学研究院、中国科学院、生态环境部华南环境科学研究所、水利部水利水电规划设计总院、清华大学、首都师范大学、新疆大学、新疆维吾尔自治区环境保护科学研究院、新疆林业科学院、新疆维吾尔自治区畜牧科学院等科研院校专家组成技术指导团队，对流域内生态环境进行整体勘测、诊断、识别、设计，形成系统的修复保护实施方案。与此同时，项目实施结合群众利益，与环保突出问题整改结合起来，与脱贫攻坚结合起来，与乡村振兴、旅游发展结合起来，实现生态效益与社会效益双丰收，不断增强人民群众的幸福感、获得感。

通过额尔齐斯河流域实施工程，重点实现了两河一湖（额尔齐斯河、乌伦古河、乌伦古湖）生态健康水平显著提升、阿尔泰山生态服务功能明显提高、农牧民生态福祉大幅增强、人类活动生态风险明显降低、丝路通道生态安全得到有效保证、生态文明建设水平达到全疆领先水平等目标。试点工程为维护好阿尔泰山地森林草原国家重点生态功能区和额尔齐斯河生态安全、保护好丝绸之路经济带核心区绿色屏障、确保边疆地区社会稳定和长治久安提供了重要支撑。试点工程探索形成了西北干旱地区山水林田湖草沙生态保护修复的一系列典型模式，为我国西北干旱地区和"一带一路"沿线提供示范，为建立负责任的生态大国形象及支撑北冰洋权益提供了有力保障。

目前，额尔齐斯河流域山水林田湖草生态保护修复工程已列入"中国山水工程"，"中国山水工程"入选联合国首批十大"世界生态恢复旗舰项目"并向全球推广，"中国山水工程"将于2025年在联合国大会及其高级别政治活动中展示。因此，更需积极推广额尔齐斯河流域山水林田湖草生态保护修复工程修复理念和技术，展示生态保护修复成效，为"中国山水工程"提供新疆样本。

编委会

2023年8月